화학공학기초실험

화학공학기초실험 교재 연구회

사단법인 한국화학공학회
THE KOREAN INSTITUTE OF CHEMICAL ENGINEERS

CONTENTS

화학공학기초실험

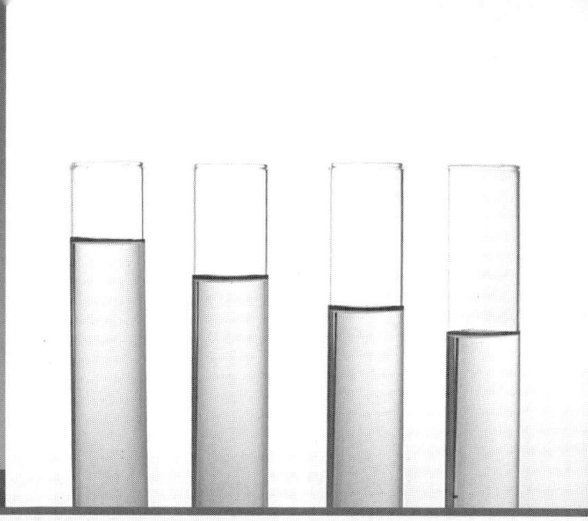

I. 서 문

I. 서문

인류가 새로운 지식을 창출하는 방법으로 스승과 제자와의 대화, 경험 등에서 벗어나 과학적인 실험을 시도한 지 약 300여 년이 지나고 있으며 인식의 지평을 여는 주요한 방법으로 정착되었음은 누구나 인정하고 있다. 근래에 와서 이러한 실험을 통해서 얻어지는 과학적 지식은 폭발적으로 늘어나고 있으며 이를 기반으로 인류가 직면한 문제를 해결하는 능력도 날로 증가하고 있다. 화학공학을 전공하는 학생들이 향후 마주치게 될 문제를 어떻게 해결하는 가는 과학적인 지식체계로 문제 정의를 하고 합리적인 실험장치를 설계하고 운영하는 능력에 달려있다고 해도 과언이 아니다. 그러나 실험을 통한 교육이 새로운 지식이 창출되는 과정을 배우고 문제해결 능력을 기르는 중요한 과정임에도 불구하고 교육 현장에서 매우 가볍게 여기는 경향이 있다. 과학이론 없이는 해결하려는 복잡한 현상을 이해할 수 없으며 오히려 과학적인 문제 정의를 하지 않으면 문제가 더 꼬이게 된다. 문제 정의를 잘못한 예로써 흑사병이나 콜레라가 들불처럼 번질 때 횃불을 들고 마녀사냥을 한 것을 들 수 있다. 파스퇴르 이후 눈에는 보이지 않은 병원균이 그 원인이라는 것을 알게 되었고 이러한 정확한 문제정의로 인하여 청결이 중요해지고 항생제 또는 백신의 개발로 문제를 해결하였다.

실험장치는 그에 해당하는 이론을 적재하고 있다. 즉 실험장치의 이론적재론은 이론 없이는 장치를 꾸밀 수 없고 어떠한 자료를 얻을지를 알지 못하며 얻은 자료를 어떻게 해석할지 모른다는 것을 시사한다. 우리가 세상의 현상을 이해하는 것은 이론의 틀 안에서만 가능하다. 이론에 포함된 가정에 갇혀서 세상을 바라보고 있다. 즉 우리는 아는 만큼 볼 수 있다. 실험장치를 설계하고, 운전하여 자료를 얻을 수 있는 것은 이론을 활용할 줄 안다는 것을 의미한다. 실험교육에서는 이러한 것에 착안하여 학생들에게 문제를 주고 학생들이 문제를 파악하고 정의할 때 어떤 이론이 적용되어야 해당 문제를 해결할 수 있는지를 생각할 수 있는 지적 사고훈련을 시켜야 한다. 즉, 실험교육에서 주어진 문제는 이론을 통해서 문제를 해결할 수 있기 때문에 이론을 이해하고 그것을 통하여 문제를 정의하고 푸는 과정에서 논리적 사고훈련(Training of logical thinking)을 할 수 있다.

일반적으로 이론들은 복잡한 현상을 기술하기 위하여 여러 가지 이상적인 가정(assumption)

들을 통하여 단순화된 형태를 가지는 방정식으로 표현된다. 이러한 가정들은 실제 실험장치에서 보이는 현상과는 차이가 나며 이러한 차이를 꼼꼼히 관찰하여 밝혀내는 것도 실험수업의 주요한 교육 목표이다. 즉 실험 수업을 통하여 학습자들의 관찰력이 증대되면 비판적 사고능력을 향상할 수 있다.

실험에서 새로운 지식을 창출해 나는 과정은 실험에 사용되는 이론의 가정을 건드려서 더 나은 이론으로 확장하거나 실험장치를 이론에 가깝게 개선하여 더 명료하게 현상을 이해하는 것으로부터 출발한다. 새로운 문제를 창제하기 위해서는 기존이론에 기반을 둔 지식체계에 비판적 사고를 통하여 새롭게 문제를 정의하고 이를 바탕으로 새로운 실험장치를 꾸미고 획득한 자료를 분석하여 새로운 결과와 결론을 창출해 내는 과정을 반복해야 한다. 이 과정에서 조금씩 지식의 지평이 열리는 것이다. 왜 실험장치와 과정은 이렇게 설계되었을까 라고 하는 의문을 제기하면서 개선된 실험장치를 제안하거나 다른 실험방법을 제시하고, 더 나아가 확장된 이론을 전개하도록 하여 비판적 사고 훈련(Training of critical thinking)을 하게 되면 새로운 문제를 만들어 낼 수도 있다.

2021년 한국화학공학회 교육 인재양성위원회의 요청으로 화학공학기초실험 교재 연구회가 출범하여 9명의 집필위원이 2주마다 실험교재의 집필철학을 공유하고 브레인스토밍을 통하여 24개 주제를 정하여 새로운 교재를 완성하였다. 이 교재를 작성하면서 화학공학교육의 전체 비전에 부합되도록 하면서도 화학전공에서 제공하는 일반화학 실험과 다르며 화학공학 특성을 반영된 세부 내용을 구성하여 화학공학기초실험의 '플랫폼'이 되도록 노력하였다. 특히, 2학년 대상 실험과목인 기초실험의 주제가 3·4학년 대상 실험과목인 '화학공정실험' 과목과 서로 연계하여 단계적 전공 지식 함양 및 연계 커리큘럼 기반을 제공하도록 실험 주제를 선정하였다. 또한, 많은 대학에서 이 교재를 채택할 수 있도록 간단한 장비나 계측기를 활용하는 단순화된 요소 실험을 많이 구성하였다. 이 교재는 한 학기에 약 10개의 실험을 매주 시행하여 많은 학생이 더 많은 주제를 경험할 수 있거나, 약 4~5개의 실험을 몇 주에 걸쳐서 실시하여 깊은 토론을 하도록 할 수도 있다. 또한, 실험보고서 작성에 도움이 되도록 실험보고서 작성법, 물질안전보건자료 검색과 활용, 품질관리에 대한 개괄적인 내용과 UV-VIS 분광광도계 사용법 등의 4가지 내용을 부록으로 수록하였다.

이 교재에 주어진 실험을 통해서 주어진 문제를 과학적 지식체계로 정의하고 공학적인 접근을 통하여 해결하는 과정에서 논리적 사고훈련을 하며, 실험에서 확보한 자료를 해석하는 데 필요한 이론에 포함된 가정들과 실제 장치의 성능 한계 또는 현실적 장치운전의 차이를 관찰하는 능력을 배양하고, 더 정교한 이론이나 개선된 장치와 방법을 제안하는 비판적 사고훈련을 통하여 문제해결 능력이 뛰어나고 문제창제형 인재가 배출되기를 바란다. 끝으로 멋진 프로젝트를 수행할 기회를 준 것에 대해 한국화학공학회의 지원과 교육인재양성위원회에 감사를 드린다.

집필위원

이윤우 서울대학교 화학생물공학부
나현빈 명지대학교 화학공학과
강종헌 서울대학교 화학생물공학부
김경민 강릉원주대학교 생명화학공학과
박용일 전남대학교 화학공학부
양지웅 대구경북과학기술원 에너지공학과
원용선 부경대학교 화학공학과
이광복 충남대학교 화학공학교육과
이홍식 한국생산기술연구원 청정생산시스템연구소

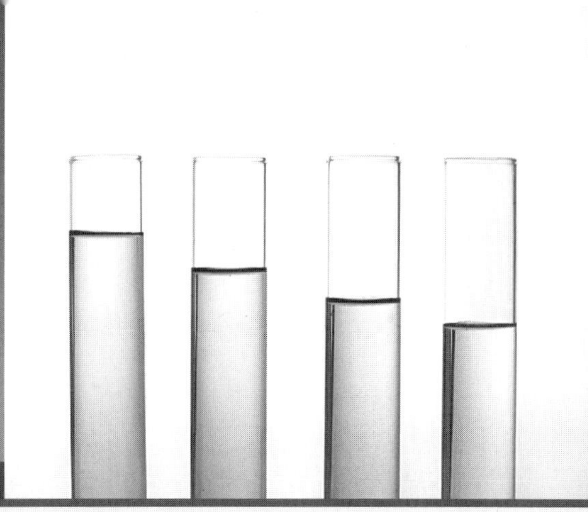

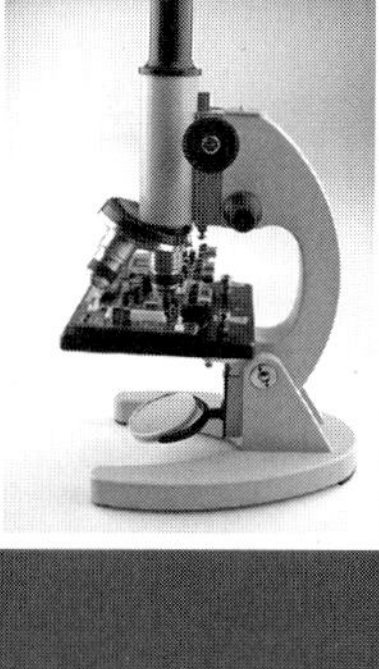

II. 실험실 안전 수칙

II. 실험실 안전 수칙

실험에 있어서 가장 중요한 것은 실험자의 안전이다. 대부분의 실험은 다양한 생물체, 시약, 실험기구 및 장비들을 이용한다. 따라서 실험자들은 실험실 내에서의 안전 수칙 및 실험방법에 대해 충분히 숙지하고 실험실에 입실하여야 한다.

1. 실험실 복장

- 실험실에서는 실험복을 반드시 착용한다.
- 반바지, 반소매 티 등 피부를 드러내는 옷은 착용하지 않는다.
- 긴 머리는 단정히 묶어 안전에 유의하고, 실험에 영향을 주지 않는다.
- 슬리퍼 등의 노출이 있고, 미끄러운 신발은 착용하지 않는다.
- 눈을 보호해야 하는 실험 시에는 고글을 착용한다.

2. 응급 상황시 대처법

- 가벼운 사고라도 실험실 내에서 발생한 모든 사고는 즉시 보고한다.
- 구급상자의 위치를 파악하고, 사용법에 대해 미리 숙지해 사고에 대응할 수 있어야 한다.
- 사고 및 화재 발생 시 보고 방법과 장소에 대해 충분히 숙지한다. 전화와 화재경보기의 위치를 미리 숙지하고 유사시에 즉시 보고하도록 한다.
- 화재 발생 시 우선하여 주변 사람들에게 알리고 그 이후에 현장으로부터 대피한다.

3. 화학 약품 사용 수칙

- 화학물질을 교수의 지도 없이 사용하지 않는다.
- 각종 화학 약품들을 충분한 배경지식 없이 섞지 않는다. 화학 약품의 혼합은 예상치 못한 물질을 생성 및 폭발의 위험이 있다.
- 흄 후드에 사용하는 화학 약품은 독성과 휘발성이 강하므로 항상 흄 후드 안에서 시약 용기의 뚜껑을 여닫는다.

- 산을 희석할 경우, 산에 물을 부어서 섞는다. 절대로 물에 산을 붓지 않는다.
- 피부나 옷 등에 묻은 산은 즉시 물로 씻어낸다. 산을 흘리면 반드시 교수나 조교에게 알리고 지시에 따라 행동한다.
- 화학 약품을 손으로 만지거나 맛보기, 냄새 맡기 등을 시도하지 않는다.

4. 유리 기구 사용 수칙

- 플라스틱 튜브를 유리 기구에 연결할 때 힘을 과도하게 주지 않는다. 윤활제를 사용하거나 플라스틱 튜브를 돌려서 유리 기구에 삽입하도록 한다.
- 완전히 건조된 유리 기구만을 사용한다.
- 가열된 유리 기구는 손으로 직접 만지지 않는다.
- 유리 기구 파편이나 절단에 의한 상처가 생기지 않도록 주의한다.
- 깨진 유리는 손으로 만지지 않고 청소 도구를 이용해 깨끗하게 처리한다.
- 실험실 유리 기구를 이용하여 음식물을 섭취하거나 음료를 마시지 않는다.

5. 날카로운 금속류 사용 수칙

- 실험용 칼이나 면도날을 사용할 때는 세심한 주의를 기울여야 하며, 물건을 자르거나 깎을 때는 몸 바깥쪽으로 밀어내면서 사용한다.
- 칼이나 면도날은 사용 후 따로 보관하는 전용 폐기 통에 처리한다.
- 상처가 생겼을 경우 교수나 조교에게 즉시 알리고 응급처치를 한다.

6. 실험 종료 후

- 실험이 끝난 후 실험대를 깨끗하게 정리하고, 사용한 기구와 장비, 시약들은 방법에 맞게 정리한다.
- 손을 깨끗하게 씻고 버너, 물, 가스 밸브 등을 제대로 잠갔는지 확인하고 퇴실한다.

화학공학기초실험

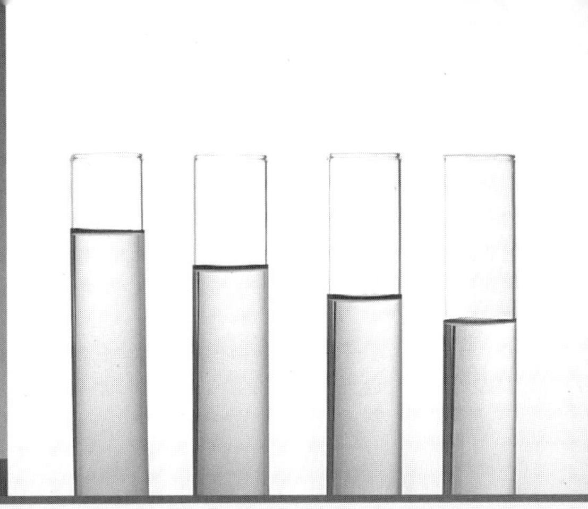
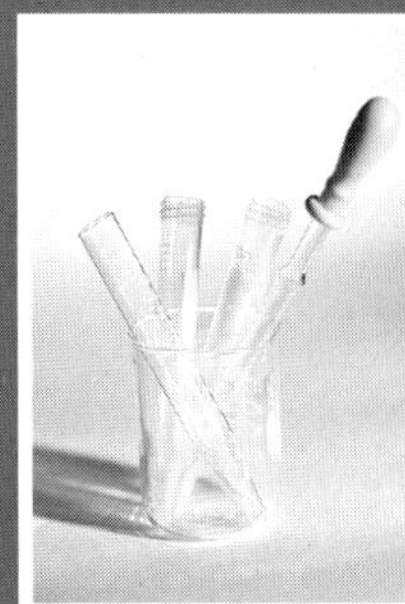

III. 실험

실험 1
단열과정 및 구름생성 실험

1. 개 요

단열 과정에 대해 실험해보고 이 때 발생하는 계의 열역학적 상태변화를 이해한다. 이를 통해 열역학 제1법칙에 대해 이해해본다.

2. 이 론

2-1. 열역학 제1법칙

$$\Delta U = Q + W \tag{1}$$

열역학 제1법칙에 따라 고립계의 에너지 총합은 일정하다. 어떤 기체(계)의 내부 에너지 변화량은 그 기체(계)에 더해진 열 에너지와 그 기체(계)에 가해진 일을 양의 합과 같다.

- U: 계의 내부 에너지, 어떤 기체의 분자들이 가진 운동 에너지의 총합.
  $U \propto T$ (T: 온도)인 관계가 성립.
- Q: 열량.
- W: 계에 행해진 일의 양. $W \propto V$인 관계가 성립. (교과서에 따라서 계가 한 일의 양을 사용하는 경우가 있으며, 그러한 경우에는 부호가 반대임.)

2-2. 단열과정

단열 과정에서 열에너지의 출입이 없기 때문에 Q=0. 단열팽창을 하는 기체의 부피는 늘어나기 때문에 기체에 가해진 일의 양 W는 음수(-)이다 (기체가 한 일의 양을 기준으로 할 경우는 부호가 반대로 양수(+)이다). 따라서 ΔU가 음수(-)가 되어야 하고, $U \propto T$이기 때문에 온도의 변화량 역시 음수. 즉, 단열팽창을 하면 온도가 감소한다.

3. 실험장치 및 시약

1) 시약: 증류수, 향, 라이터
2) 실험장치: 단열 압축팽창 키트(다양한 제조사의 단열 압축팽창키트가 존재한다. 그림 1의 예시와 같이 실험 도중 압력 및 온도 변화 관찰을 위한 압력계·

온도계와 감압·가압을 위한 밸브가 있는 제품이면 본 실험을 진행하기에 무리가 없으며, 제품에 따라 가압 밸브에는 시린지 혹은 압축 펌프를 연결하여 계 내부를 가압할 수 있다.)

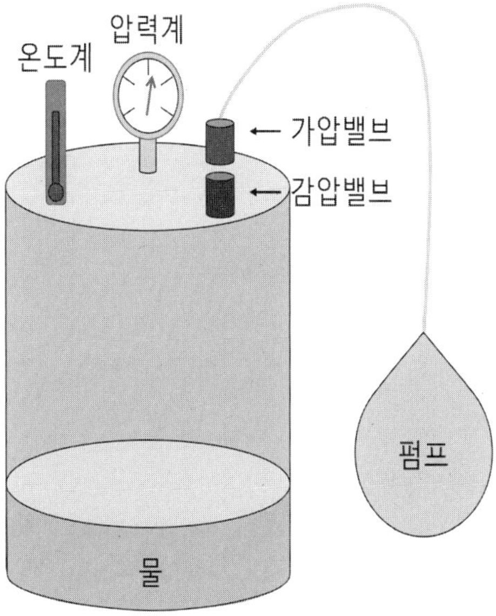

그림 1. **단열 압축팽창키트 모식도.**

4. 실험방법

4-1. 단열팽창 실험

1) 단열팽창 장치를 준비하여 닫힌계가 되도록 장치를 잘 닫는다.
2) 펌프(혹은 시린지)를 눌러 최대한 압력을 가한 후 온도 변화를 측정한다.
3) 밸브를 열고 온도를 측정하면서 계의 변화를 관찰한다.
4) 본 실험을 다수 반복하여 압력에 따른 온도 변화를 측정한다.

4-2. 구름발생 실험

1) 단열팽창 장치 안에 물을 조금 넣고, 닫힌계가 될 수 있도록 장치를 닫는다.
2) 펌프(혹은 시린지)를 눌러 최대한 압력을 가한 후 온도 변화를 측정한다.
3) 밸브를 열고 온도를 측정하면서 계의 변화를 관찰한다.
4) 향을 준비한 후, 향에 불을 붙여 장치 안에 넣고 1)-3)을 다시 반복하여서 계의 변화를 관찰한다.

5) 본 실험을 다수 반복하여 압력에 따른 온도 변화를 측정한다.

5. 결 과

5-1. 단열팽창 실험

1) 계의 압력변화에 따른 온도 변화를 측정하여 Data Sheet에 기록한다.
2) 실험 결과의 신뢰성 확보를 위해 다수 반복하여 Data Sheet에 기록한다.

5-2. 구름발생 실험

1) 향이 없는 경우에 대해 계의 압력변화에 따른 온도 변화를 측정하여 Data Sheet에 기록한다.
2) 1)의 과정에서 계의 변화에 대해 사진을 촬영하여 Data Sheet에 기록한다.
3) 향이 있는 경우에 대해 향이 없는 경우에 대해 계의 압력변화에 따른 온도 변화를 측정하여 Data Sheet에 기록한다.
4) 3)의 과정에서 계의 변화에 대해 사진을 촬영하여 Data Sheet에 기록한다.

6. 토 론

1) 단열팽창과 단열압축과정에서 계 내부의 변화에 대해 기술하여라.
2) 실험결과가 이상적인 단열팽창과 어떻게 그리고 왜 다른지 기술하여라. 단열 팽창과정과 구름발생 실험 및 장치에 대한 문제점을 지적하고 어떻게 실험장치를 개선할 수 있는지 기술하여라.
3) 향의 유무에 따른 실험결과를 비교하고 향의 역할에 대해 기술하여라.
4) PV선도에서 이상기체법칙을 따르는 등온선(T_1, T_2) 2개를 스케치하고 단열팽창하면서 온도가 T_1에서 T_2로 변하는 과정을 스케치하여라. 이 곡선의 식은 수학적으로 어떻게 표현할 수 있는지를 생각하여 보아라. (예비리포트)
5) 단열과정의 압력과 부피의 관계식 PV^{γ}=const를 열역학 제1법칙으로부터 유도하시오. (예비리포트)

7. 참고문헌

1) 토머스 엥겔, 필립 리드, 필수 물리화학, 카오스북(2018).

Data Sheet

실험제목: 단열과정 실험

강좌번호: 실험조: 조장: 확인:

실험일: 년 월 일

실내온도:

1. 단열팽창 실험

압력-온도 측정결과(압력의 단위는 장비마다 다르므로 실험자가 결정하여 작성):

측정1		측정2	
압력	온도(℃)	압력	온도(℃)

2. 구름발생 실험

압력-온도 측정결과(압력의 단위는 장비마다 다르므로 실험자가 결정하여 작성):

측정1 (향이 있을 때)		측정2 (향이 없을 때)	
압력	온도(℃)	압력	온도(℃)

실험 2
헤스의 법칙을 이용한 마그네슘의 연소열 결정

1. 개 요

열량계를 이용한 반응엔탈피의 측정방법을 이해하고 이상적인 단열공정과 실제 공정의 차이를 보정하는 과정을 통해 반응엔탈피를 측정한다. 엔탈피의 상태함수 성질에 기반한 헤스의 법칙을 이용해 다른 반응들의 반응열로부터 마그네슘의 연소열을 결정하는 방법을 다룬다.

2. 이 론

2-1. 반응엔탈피와 헤스의 법칙

화학반응 중에 온도 변화가 수반되는 경우에는 반응기를 합리적으로 설계하고 안전하게 운전하는 데 있어서 열효과를 고려해야 한다. 화학반응이 일어날 때 흡수되거나 방출되는 열의 양을 반응열이라 하며, 특히 정압 환경에서 반응엔탈피(enthalpy of reaction)라고 한다. 반응열은 실험을 통하여 측정하며, 연소반응의 반응열인 연소열에 관한 연구가 많이 이루어졌다. 그러나 반응열을 비롯한 열 효과들의 자료를 모두 기록하고 활용하는 것이 불가능하여, 압력 1 bar로 정의된 표준상태(standard state)의 반응열인 표준 반응엔탈피(standard enthalpy of reaction, ΔH_R°) 데이터를 이용하여 다양한 방법으로 열효과를 계산한다.

실제로 무수히 많은 화학반응의 표준 반응열 데이터를 확보하는 것은 불가능하다. 대신에 반응에 참여하는 화합물들의 표준 생성엔탈피(standard enthalpy of formation, ΔH_f°)을 활용하여 같은 온도에서 임의 반응의 표준 반응열을 계산할 수 있다.

$$\Delta H_R^\circ = H_{Products}^\circ - H_{Reactants}^\circ = \sum_{Products} \Delta H_{f,i}^\circ - \sum_{Reactants} \Delta H_{f,j}^\circ \qquad (1)$$

실험적 제약으로 인해 특정한 반응의 반응열을 측정하기 어려우면 헤스의 법칙(Hess's law)를 활용한다. 헤스는 엔탈피가 경로에 무관한 상태함수이라는 점에 착안하여 **그림 1**처럼 반응열을 이미 알고 있는 몇 가지 반응식들을 대수학적으로 결합시켜 임의 반응의 반응열을 구하였다.

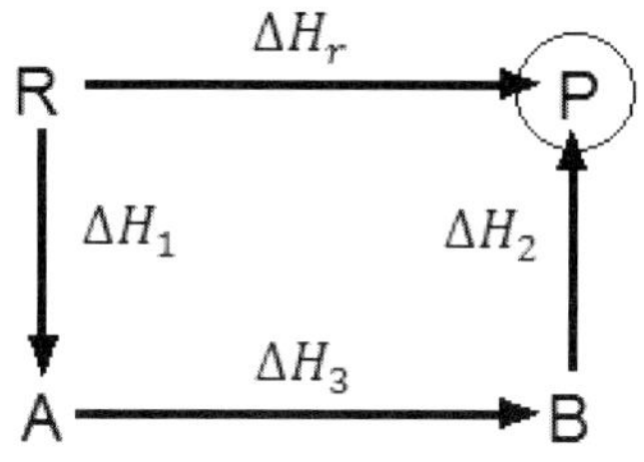

$$\Delta H_r = \Delta H_1 + \Delta H_2 + \Delta H_3$$

그림 1. **헤스의 법칙을 이용한 반응 엔탈피 계산**.

헤스의 법칙을 사용하려면 반응물과 생성물을 포함한 모든 화학종이 포함된 여러 반응식을 결합해 원하는 반응물과 생성물만으로 구성된 반응식을 생성할 수 있어야 한다.

이 실험에서는 마그네슘의 연소열을 구하는 것이 목적이다. 마그네슘은 산소와 반응해 열의 방출뿐 아니라 빛에너지를 방출해 반응열을 직접 측정하는 것이 어려우나, 아래 반응들의 반응열로부터 헤스의 법칙을 이용해 간접적으로 계산할 수 있다.

$$MgO\ (s) + 2HCl\ (aq) \rightarrow MgCl_2\ (aq) + H_2O\ (l) \qquad (2)$$

$$Mg\ (s) + 2HCl\ (aq) \rightarrow MgCl_2\ (aq) + H_2\ (g) \qquad (3)$$

$$H_2\ (g) + 1/2O_2\ (g) \rightarrow H_2O\ (l) \qquad (4)$$

따라서, 위 반응의 반응열의 측정값으로부터 아래의 마그네슘 연소반응의 반응열을 구하는 것이 목적이다.

$$Mg(s) + 1/2O_2(g) \rightarrow MgO(s) \qquad (5)$$

단, 액체 물의 생성열(반응 3)은 문헌 값(-285.84 kJ/mol)을 이용한다.

2-2. 열량계의 열용량 측정

본 실험은 단열 용기, 온도계, 뚜껑으로 구성된 간단한 열량계를 이용해 몇 가지 발열반응의 엔탈피 변화를 측정한다. 열량계 내에서 진행되는 반응으로 방출되는 에너지는 열량계와 용매(본 실험에서는 물)에 의해 흡수된다. 이러한 열량계와 용매에 흡수되는 열(q_{cal})은 온도계를 이용해 온도변화를 측정하고, 아래와 같은 식으로 계산될 수 있다.

$$q_{cal} = C \cdot \Delta T \qquad (6)$$

여기서 C는 열량계와 용매의 열용량이며, ΔT는 열량계 내부의 온도 변화이다.

열용량은 대상의 온도를 1°C 상승시키는데 필요한 열의 크기로 정의되며, 이 실험에서는 용기와 용매의 양을 일정하게 유지하여 실험하므로 C는 일정하다.

엔탈피는 크기 성질(extensive quantity) 이므로 반응으로 생성되는 열(q_r)은 아래와 같이 표현된다.

$$q_r = n \cdot \Delta H_r \tag{7}$$

여기서 n은 반응 몰수를 의미하며 ΔH_r은 해당 반응 1몰당 엔탈피 변화이다.

열역학 제1법칙에 따라 전체 에너지는 보존되므로 계(반응)의 에너지 변화와 주위(열량계 및 용매)의 에너지 변화량은 0이다. 따라서 아래와 같이 쓸 수 있다.

$$q_{sys} + q_{surr} = q_r + q_{cal} = n \cdot \Delta H_r + C \cdot \Delta T = 0 \tag{8}$$

본 실험에서는 우선 열량계와 용매의 열용량(C)를 실험적으로 결정하고, 이로부터 반응 엔탈피를 도출한다.

$$\Delta H_r = -C \cdot \Delta T / n \tag{9}$$

열용량의 측정은 알려진 반응을 이용해 진행하며, 본 실험에서는 반응열(ΔH = −55.83 kJ/mol)이 알려진 아래의 반응을 이용한다.

$$HCl\ (aq) + NaOH\ (aq) \rightarrow H_2O\ (l) + NaCl\ (aq) \tag{10}$$

반응을 실제 실험과 동일한 열량계, 같은 부피의 용매(동일한 C를 가지는)에서 일정량(n)의 반응물/생성물을 반응시켜 ΔT를 측정하면 열용량(C)를 아래 식을 통해 구할 수 있다.

$$C = -n \cdot \Delta H / \Delta T \tag{11}$$

2-3. 불완전한 단열공정에서 온도 변화의 도출

열량 측정실험에서 가장 어려운 것은 정확한 온도 변화(ΔT)의 측정이다. 초기온도(T_i)는 온도계를 이용해 반응물의 온도를 직접적으로 측정할 수 있으나, 최종온도(T_f)를 정확하게 측정하기 어렵다. 이는 반응물들 사이의 반응이 즉각적이고 동시에 일어나지 않기 때문이며, 또한 열량계가 완벽하게 단열 상태가 아니므로 시간에 따라 열이 천천히 외부로 방출되기 때문이다. 만약 완벽하게 단열인 열량계에서 일어나는 발열반응을 가정한다면, 반응으로 발생한 모든 열은 열량계 내부에 보존되어 온도가 일정하게 유지되어야 한다. 이럴

때는 반응이 즉각적으로 일어나지 않아도 최종온도는 동일하게 결정될 것이다. 그러나 열량계가 완벽하게 단열 상태가 아닌 경우 반응속도와 외부로의 열전달 속도에 따라 최종온도가 다르게 결정된다.

이 열량 측정 실험에서도 반응이 순간적으로 발생하지 않으며 열량계가 완벽하게 단열되어 있지 않다. 따라서, 발열 반응이 진행되는 초반에는 온도가 상승하나 반응 후반에는 열이 외부로 점차 빠져나가기 때문에 최고온도, 즉 최종온도(T_f)가 정확하게 나타날 수 없다. 이러한 문제를 해결하기 위해 온도-시간 곡선을 작성 후 외삽(extrapolation)으로 최종온도(T_f)를 도출한다. 먼저, 시간에 따른 내부의 온도 그래프를 작성하고, 최고온도 도달 이후에 온도-시간 곡선이 선형적으로 변화는 구간을 선택해 외삽을 진행한다. 이 때 시간(t)이 0인 지점으로 외삽하면 최종온도(T_f)를 도출할 수 있다. 외삽을 통해 얻어진 최종온도는 열량계와 용매가 단열상태로 가정된 온도라고 간주할 수 있으며, 이 온도를 이용해 ΔT를 결정한다.

3. 실험장치 및 시약

1) 시약: 마그네슘(Mg), 산화마그네슘(MgO), 1 M HCl 수용액, 1 M NaOH 수용액
2) 실험장치: 일회용 종이컵 또는 스티로폼컵 2개 (300 mL 이상), 마개, 메스실린더 (100 mL), 온도계, 저울

4. 실험방법

4-1. 열량계의 열용량 측정

1) 그림 2와 같이 일회용컵 두 개를 겹치고 뚜껑에 구멍을 뚫어 온도계를 꽂아 열량계를 조립한다.

그림 2. **일회용 컵, 마개, 온도계로 구성된 열량계.**

2) 열량계 내부가 깨끗하고 물기가 없는지 확인한다.
3) 메스실린더를 물로 세척한 후 약간의 1 M NaOH 수용액으로 헹군다. 메스실린더를 이용해 1 M NaOH 수용액 50 mL를 열량계 내부에 넣고, 온도를 측정하여 데이터 표에 기록한다. 온도는 0.1°C 정도의 정밀도로 측정한다.
4) 메스실린더를 물로 세척한 후 약간의 1.0 M HCl 수용액으로 헹군다. 메스실린더에 1 M HCl 수용액 50 mL를 준비한 후, 온도를 측정하여 데이터 표에 기록한다. 두 용액의 온도를 평균하여 초기 온도(T_i)를 결정한다. 평균 온도를 데이터 표에 기록한다.
5) HCl 수용액을 NaOH가 담긴 열량계에 넣은 즉시 시간과 온도의 측정을 시작한다. 용기 마개와 온도계를 장착한 후 열량계를 약하게 흔들어 용액이 섞이게 한다.
6) 30초 간격으로 7분 동안 온도를 측정하여 기록한다. 데이터 측정 중에 용기를 자주 흔들어 주고 뚜껑이 닫혀 있도록 한다.
7) 데이터 측정이 끝난 후 열량계의 내부를 물로 씻어낸다. 온도계를 증류수로 씻은 후 가능한 건조시킨다.

주의사항

1. 온도계와 용기를 스탠드 등에 지지하여 용기 바닥을 뚫거나 용기가 쓰러지지 않도록 주의한다.

4-2. 마그네슘의 연소열 결정

4-2-1. 산화마그네슘과 염산의 반응

1) 1 M HCl 수용액 100 mL를 열량계에 넣어서 초기 온도(T_i)를 측정한다.
2) 1 g 정도의 산화마그네슘 분말을 준비해 건조된 열량계에 넣는다. 산화마그네슘의 질량은 0.01 g 단위까지 측정한다.
3) 산화마그네슘을 열량계에 넣은 즉시 시간과 온도 측정을 시작한다. 용기를 간혹 흔들어 혼합하면서 1분 간격으로 온도를 측정하여 기록한다. 온도가 최고에 도달한 이후 7~8분 동안 더 측정한 후 종료한다. 이 반응에서 HCl이 과량이므로 모든 MgO는 반응한다. 그러나 MgO 분말이 잘 녹지 않으면 반응이 어려울 수 있으므로 열량계를 지속해서 흔들어 준다.
4) 데이터 측정이 끝난 후 열량계의 내부를 물로 씻어낸다. 온도계를 증류수로 씻은 후 가능한 건조시킨다.

주의사항

1. 용액을 버리기 전에 모든 MgO가 반응되었는지 확인한다. MgO 분말이 남아있다면 실험이 올바로 진행되지 않은 것이므로, 실험을 반복해야 한다.

4-2-2. 마그네슘과 염산의 반응

1) 1 M HCl 수용액 100 mL를 열량계에 넣어서 초기 온도(T_i)를 측정한다.
2) 0.3 g 정도의 마그네슘을 준비해 건조된 열량계에 넣는다. 마그네슘의 질량은 0.01 g 단위까지 측정한다.
3) 마그네슘을 열량계에 넣고 반응시켜 산화마그네슘 반응 실험과 동일한 방법으로 시간과 온도를 측정한다.
4) 데이터 측정이 끝난 후 열량계의 내부를 물로 씻어낸다. 온도계를 증류수로 씻은 후 가능한 건조시킨다.

주의사항

1. 실험 시는 H_2가 발생하므로, 화기를 조심해야 한다.

5. 결 과

5-1. 열량계의 열용량 측정

1) Data sheet에 작성한 반응시간 및 온도 데이터로 Excel 등의 프로그램을 이용해 시간에 따른 온도 그래프를 작성한다.
2) 최고온도 지점, 최고 온도 도달 이후의 데이터들로부터 선형 추세선을 구한다.
3) 추세선에 $t = 0$을 대입하여 외삽하여 얻어진 온도를 최종온도 T_f로 결정한다.
4) T_i와 T_f를 이용해 ΔT를 구한다
5) HCl (또는 NaOH)의 부피와 몰(mol)량을 이용해 반응 몰량(n)을 결정한다.
6) 반응 몰량과 알려진 반응열($\Delta H = -55.83$ kJ/mol)을 이용해 예상 반응열(q_{cal})을 계산한다.
7) 식 (11)를 이용해 열량계와 용매의 열용량(C)를 계산한다.

5-2. 마그네슘의 연소열 결정

1) 5-1과 동일한 방법으로 산화마그네슘-HCl 반응 및 마그네슘-HCl 반응의 Data sheet에 작성한 반응시간 및 온도 데이터로 Excel 등의 프로그램을 이용해 최종온도 T_f를 각각 결정하고, T_i와 T_f를 이용해 ΔT를 각각 구한다.
2) 반응물의 몰 수로 반응 몰량(n)을 각각 결정한다.
3) 5-1에서 계산된 열용량(C)와 ΔT를 이용해, 식 (7)로부터 1몰당 반응열($\Delta H_{r,1}$ 및 $\Delta H_{r,2}$)을 각각 구한다.
4) 산화마그네슘의 반응열, 마그네슘의 반응열 및 액체 물의 생성열(반응 3, −285.84 kJ/mol)을 이용해 헤스의 법칙으로부터 마그네슘의 연소열을 구한다.
5) 마그네슘의 연소반응은 발열반응인가 흡열반응인가? 마그네슘 연소열의 문헌값은 −601.83 kJ/mol이다. 실험으로 얻어진 값의 오차(%)를 계산하여라.

6. 토 론

1) 마그네슘의 연소열을 실험으로 직접 측정하지 않고, 헤스의 법칙을 이용하여 산출하는 이유를 설명해보자.
2) 실험값과 문헌값을 비교하여 오차의 원인을 조사해보자.
3) 화학반응이 일어날 때 열을 방출하거나 흡수하는 원인은 무엇인가?
4) 열량계를 금속재질의 용기를 사용했다면, 온도-시간 그래프가 어떻게 달라지겠는가? 용기와 용매의 질량이 같다고 가정했을 때, 스티로폼 용기를 사용했을 때와 비교해 유사한 열용량을 가지겠는가? 그 이유를 설명해보자.
5) 이 실험의 대부분 반응은 발열반응이다. 흡열반응의 온도-시간 그래프를 예측해 스케치하여 보아라. 단, 반응이 즉각적으로 일어나지 않고 천천히 진행되었으며, 완벽한 단열 공정이 아닐 경우를 가정해보자.

7. 참고문헌

1) 토머스 엥겔, 필립 리드, 필수 물리화학, 카오스북(2018).
2) John C. O'C. Young, "Coffee Cup Calorimeter Heat Loss Correction," Chem. Educator, 21, 53-62(2006).

Data Sheet

실험제목: 헤스의 법칙을 이용한 마그네슘의 연소열 결정

강좌번호: 실험조: 조장: 확인:

실험일: 년 월 일

실내온도:

1. 열량계의 열용량 측정

NaOH 수용액의 초기온도 :

HCl 수용액의 초기온도 :

두 온도의 평균값(T_i) :

시간(t, 분)	온도(T, ℃)
0.0	
0.5	
1.0	
1.5	
2.0	
2.5	
3.0	
3.5	
4.0	
4.5	
5.0	
5.6	
6.0	
6.5	
7.0	

추세선 함수 : T(t) = ____________________

외삽으로 결정한 T_f :

ΔT ($T_f - T_i$) :

반응 몰량(n) :

q_{cal} (J) :

C (J/℃) :

2. 마그네슘의 연소열 결정

2-1. 산화마그네슘과 염산의 반응

산화마그네슘(MgO)의 질량 :

MgO의 몰(mol) 수 :

추세선 함수 : T(t) = ______________

외삽으로 결정한 T_f :

ΔT ($T_f - T_i$) :

1몰당 반응열(ΔH_{r1}, kJ/mol) :

2-2. 마그네슘과 염산의 반응

마그네슘(Mg)의 질량 :

Mg의 몰(mol) 수 :

추세선 함수 : T(t) = ______________

외삽으로 결정한 T_f :

ΔT ($T_f - T_i$) :

1몰당 반응열(ΔH_{r2}, kJ/mol) :

시간(분)	MgO + HCl	Mg + HCl
	온도(℃)	온도(℃)
0.0		
1.0		
2.0		
3.0		
4.0		
5.0		
6.0		
7.0		
8.0		
9.0		
10.0		
11.0		
12.0		

2-3. 마그네슘의 연소열

1몰당 연소열(ΔH_C, kJ/mol) :

오차(%):

[참고] Mg (s) + 1/2 O_2(g) → MgO (s) 반응열의 문헌값 : -601.83 kJ/mol (25℃, 1기압)

실험 3
증기압 측정

1. 개 요

압력에 따른 순수한 액체의 증기압을 측정하여 이로부터 순수 물질의 포화증기압 그래프를 그리며 압력에 따른 끓는점, 증기압과 상평형도를 공부한다. Clausius-Clapeyron 식을 유도하여 이 식으로부터 증발열을 구해보고 이의 의미를 공부한다. 또한, 액체에 염을 첨가하였을 때 끓는점 오름 현상을 확인하며, 끓는점 오름 식을 유도하고 끓는점 오름 상수를 도출한다.

2. 이 론

2-1. 증기압(Vapor Pressure)

증기압은 고체나 액체와 평형상태에 있는 증기의 압력을 말한다(그림 1). 그림 2[1]의 압력-온도 상평형도에서 기체가 고체 및 액체와 공존하는 경계선(승화곡선, 증기압력곡선)이

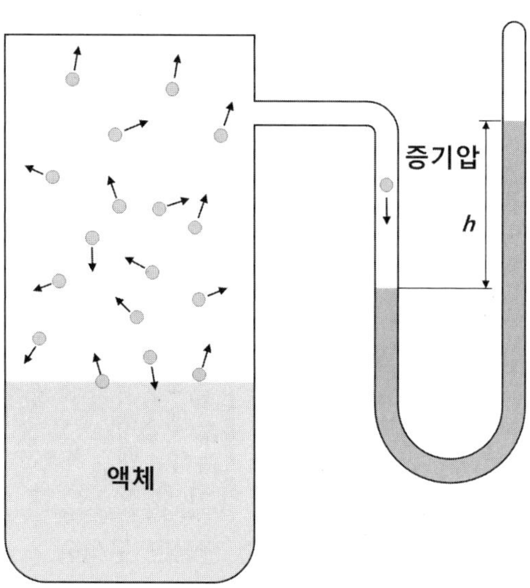

그림 1. 증기압.

1) 압력-온도 상평형도에서 고체-액체의 경계선(용융 곡선)은 대부분의 물질에서 양의 기울기를 갖는다. 그러나 물의 경우 특이하게 음의 기울기(그래프의 파선)를 갖는다.

주어진 온도에서의 증기압을 나타낸다. 증기압력이 높아 상온에서도 쉽게 증발되는 물질을 휘발성 물질로 표현하며, 주어진 온도와 압력에서 기-액 평형에 있는 2성분계 혼합물에서 특정 물질이 기체상에 얼마나 분포하는 가를 비휘발도로 표현한다. 비휘발도는 증류를 이용한 분리가 쉬운지를 판단하는 기준이 되기도 한다. 증기압은 액체가 증발하려는 힘이라고도 할 수 있는데, 순수 물질이 끓는다는 것은 주어진 온도에서 액체의 증기압이 기체의 압력보다 높은 상태라고 할 수 있다. 또한, 액체에 비휘발성 용질이 녹으면 표면에서의 기화를 방해하여 증기압이 올라가는 끓는점 오름(elevation of boiling point) 현상이 발생한다(그림 3).

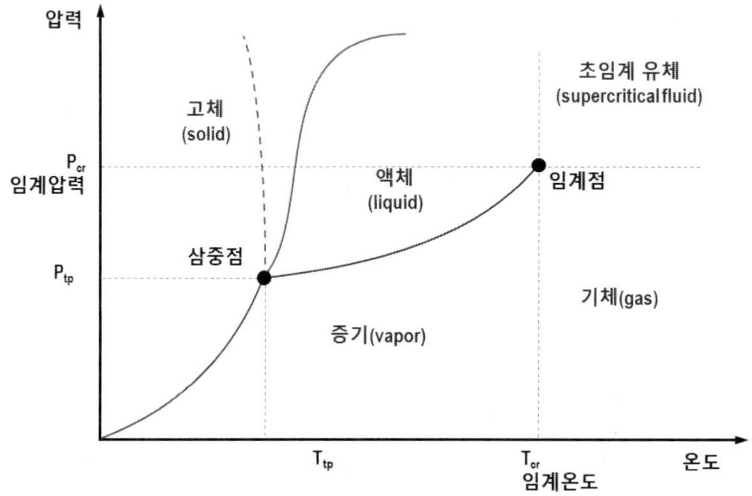

그림 2. **상평형도 예시.**

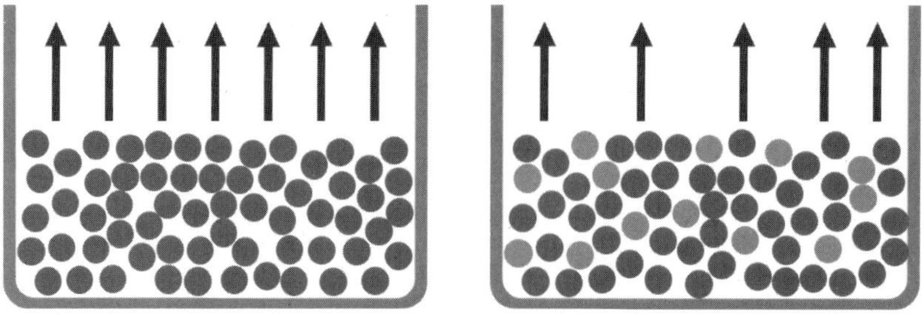

그림 3. **끓는점 오름 현상의 모식도.**

물질의 상변화에는 열에너지의 출입이 수반된다. 분자의 활동성이 클수록 높은 에너지 상태에 있게 되므로 고체에서 액체, 기체 상태가 되기까지 열에너지를 외부로부터 흡수해야 하며, 이때 필요한 열을 승화열(고체→기체), 융해열(고체→액체), 기화열(액체→기체)이라고 한다.

2-2. 상 경계 표현

상평형도에서 승화곡선 및 증기압력곡선 위의 점은 각각 고체와 기체, 액체와 기체가 평형을 이루고 있는 상태의 온도와 압력을 나타낸다. 평형을 이루고 있는 두 상은 화학 퍼텐셜(chemical potential)이 같다. 곡선을 따라 미소하게 압력과 온도가 변한다면, 이때 두 상 α, β에 대한 화학 퍼텐셜은 $d\mu^{\alpha} = d\mu^{\beta}$가 성립한다. 깁스에너지의 미분형태식 $dG = VdP - SdT$이 각 상에 대해 성립하므로 화학 퍼텐셜의 관계는

$$V_m^{\alpha} dP - S_m^{\alpha} dT = V_m^{\beta} dP - S_m^{\beta} dT$$

로 표현된다. 여기서 V_m^{α}, S_m^{α}는 α상에서, V_m^{β}, S_m^{β}는 β상에서의 몰 부피와 몰 엔트로피이다. 위 식의 양변을 압력과 온도에 대해서 정리하면

$$(V_m^{\alpha} - V_m^{\beta})dP = (S_m^{\alpha} - S_m^{\beta})dT$$

가 되며, 양변에 상변화에 대한 몰 부피의 변화 $\triangle_{trs}V$와 몰 엔트로피의 변화 $\triangle_{trs}S$를 적용하여 정리하면 상경계선의 기울기는 다음의 Clapeyron식으로 표현된다.

$$\frac{dP^{sat}}{dT} = \frac{\triangle_{trs}S}{\triangle_{trs}V}$$

여기서 P^{sat}는 증기압, T는 온도이다. 일정 압력에서 열 출입은 엔탈피의 변화로 표현되므로 이식은 다음과 같이 쓰일 수 있다.

$$\frac{dP^{sat}}{dT} = \frac{\triangle_{trs}H}{T\triangle_{trs}V}$$

승화 및 기화에 있어서는 기체의 몰 부피가 액체나 고체에 비해 훨씬 크므로 $\triangle_{trs}V$를 기체의 부피변화로 대체하고, 이상기체($V = RT/P$)를 가정하면 다음의 Clausius-Clapeyron 식을 얻을 수 있다.

$$\frac{d\ln P^{sat}}{dT} = \frac{\triangle_{trs}H}{RT^2}$$

이 식을 통해 끓는점에 따른 증기압의 데이터가 주어지면 증발 혹은 승화열 $\Delta_{trs}H$을 구할 수 있다.

비휘발성 용질(B)이 액상에 혼합된 경우, 평형상태에서 용매 증기(순수 성분 A)와 용액 중의 용매 사이의 화학 퍼텐셜은 다음과 같다.

$$\mu_A^v = \mu_A^l + RT\ln x_A$$

여기서 μ_A^α는 α상에서 용매의 화학퍼텐셜, x_A는 용액 내 용매의 몰분율이다. 양변을 T로 미분하고 Gibbs-Helmholtz 식($(\frac{\partial(G/T)}{\partial T})_P = -H/T^2$)과 결합하면 다음의 식을 얻는다.

$$\frac{d\ln x_A}{dT} = -\frac{d(\Delta_{vap}G/T)}{RdT} = -\frac{\Delta_{vap}H}{RT^2}$$

양변을 $x_A(T_1) = 1$부터 $x_A(T_2)$까지 $\Delta_{vap}H$가 충분히 작은 온도변화에 대해 일정한 조건에서 적분하면

$$\ln(1-x_B) = \frac{\Delta_{vap}H}{R}\left(\frac{1}{T_2} - \frac{1}{T_1}\right)$$

이 된다. 묽은 용액($\ln(1-x_B) \approx -x_B$)에서 온도 변화가 매우 작은 경우($T_1 \approx T_2$, $T_1 - T_2 = \Delta T_b$) 위 식은 다음과 같이 끓는점 오름에 대한 식으로 정리된다.

$$\Delta T_b = Kx_B, \quad K = \frac{RT_2^2}{\Delta_{vap}H}$$

여기서 K는 끓는점 오름 상수이다. 실험을 통해 끓는점 상수를 구할 때, 끓는점 오름은 몰랄농도(molality) b에 비례($\Delta T_b = K_b b$)하는 형태로 사용하기도 한다.

3. 실험기구 및 시약

1) 시약: 증류수(또는 증기압 측정을 위한 대상 액체-에탄올, 톨루엔 등), 비휘발성 염(소금 등), 끓임쪽
2) 실험기구: 둥근 플라스크, Heating mantle, 냉각기, 압력조절 장치(진공펌프, 역압력 조절기(back pressure regulator), 니들밸브), 압력계, 온도계

4. 실험방법

4-1. 실험기구 준비[2)]

1) 그림 4에 공정구성 예시를 간략히 도시하였다. Heating mantle위에 둥근 플라스크를 위치하고, 플라스크의 상부에는 배관이 삽입된 마개를 설치한다. 상기 배관에는 압력계 및 역압력 조절기를 설치한다. 역압력 조절기는 상황에 따라 니들밸브로 대체할 수 있다. 플라스크가 실험하고자 하는 압력에서 사용할 수 있는 제품인지 확인한다.
2) 마개 혹은 플라스크의 다른 입구를 통해 온도계를 설치한다. 이때 온도계는 액체 표면 위 증기의 온도를 잴 수 있도록 한다.
3) 위 1)의 플라스크 상부 배관 혹은 플라스크의 다른 입구에 배관 및 진공펌프를 설치한다. 진공펌프는 상압 이하의 압력에 대한 증기압을 측정하기 위한 목적으로 설치가 불가한 경우 이를 제외하고 역압력 조절기 혹은 니들밸브를 이용하여 가압 상태에서의 증기압만을 측정할 수 있다. 진공펌프의 운전을 손쉽게 제어-펌프의 동작이 일정하지 않을 때 시스템에 일정한 수준으로 전달하기 위해 플라스크와 진공펌프 사이에 일정한 부피를 갖는 vessel을 설치할 수 있다. 또한, 진공펌프의 용량이 너무 큰 경우에는 그림 5을 참조하여 시스템에 가해지는 진공상태를 조정할 수 있다. 진공 펌프 앞에 유니온 tee를 설치하여 한쪽은 시스템에, 한쪽은 대기에 노출시킨다. 대기에 노출시킨 쪽에 니들밸브를 설치한다. 진공펌프가 가동되면 진공펌프는 시스템(플라스크의 내부 기체)과 대기를 동시에 흡입하게 된다. 니들밸브를 조절하면 빨아들이는 공기의 양을 조절할 수 있어 플라스크 내부에 미세한 압력조절이 가능하다.
4) 플라스크의 내부에 측정하고자 하는 액체 및 끓임쪽을 넣는다.
5) 시스템의 용매로부터 배출되는 증기로부터 진공 펌프를 보호하기 위하여 펌프 앞에 냉각응축기를 설치하여 증기를 응축하여 트랩에 포집할 수 있다.
6) 안전한 실험을 위해 배출되는 기체(역압력 조절기가 설치된 배관 및 진공펌프의 배출부)를 water bath를 이용하여 식히거나 흄후드를 통해 배출한다.

---

2) 배관 및 밸브의 종류와 연결에 대하여 실험 21의 "실험장치 구성을 위한 피팅과 튜빙 실습"을 참고할 수 있다.

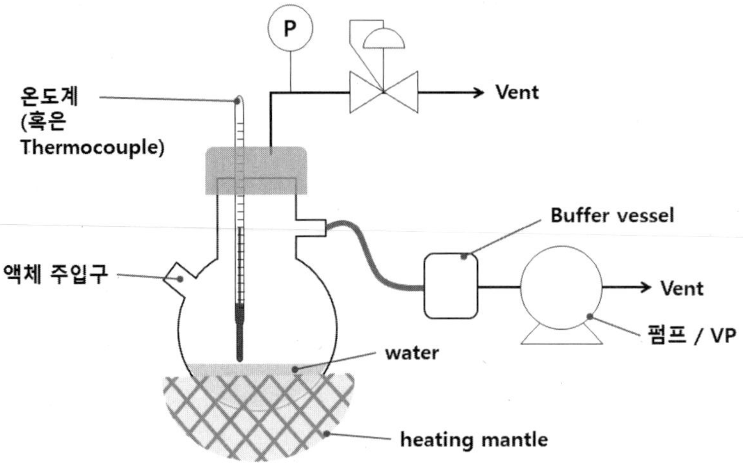

그림 4. 실험기구 세팅 예시.

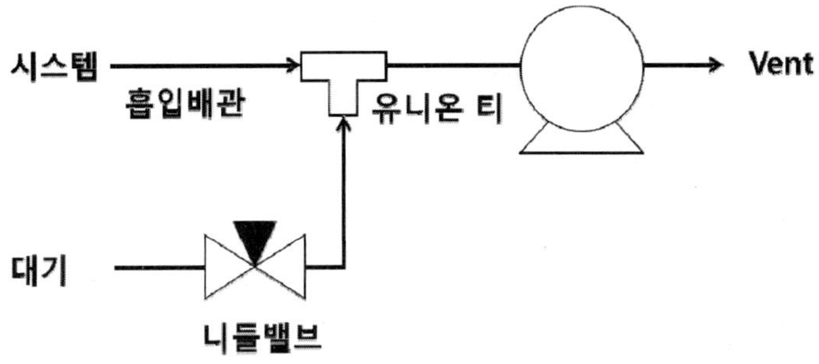

그림 5. 진공펌프의 용량이 큰 경우 세팅 예시.

4-2. 실험 절차

1) Heating mantle을 이용하여 플라스크를 가열하면서 액체가 끓을 때, 온도(끓는점)와 압력(증기압)을 기록한다.
2) 압력조절장치(역압력 조절기, 니들밸브, 진공펌프)를 이용하여 플라스크 내부의 압력을 바꾸어가면서 끓는점과 증기압을 측정하여 기록한다. 역압력 조절기 혹은 니들 밸브를 잠그게 되면 플라스크 내부의 증기가 쉽게 빠져나가지 못해 플라스크 내부의 압력이 오르며, 진공펌프를 가동하는 경우 플라스크 내부 압력이 내려간다. 플라스크의 압력을 높이는 경우 heating mantle을 그대로 두고 실험하여도 무방하나, 낮출 때는 heating mantle을 끄고 진행하여 내부의 액체가 급격히 끓는 것을 방지한다.
3) 동일한 실험을 다양한 액체에 대해서 수행한다.
4) 용질을 농도별로 녹여가면서 수행한다. 이때는 측정하는 순간의 플라스크 내 남아있

는 액체의 높이를 기록해둔다. 실험을 용이하게 하기 위해 상압에서만 여러 농도에 대해 실험을 수행한다.

5. 결과

5-1. 상평형도 및 용해도 상수 결정

1) 순수 액체에 대하여 측정한 온도별 증기압 곡선을 압력-온도 선도에 도시한다.
2) Clausius-Clapeyron식을 이용하여 순수 액체의 기화열을 계산한다. 최소한 3점을 측정하고, 이 중 2개의 데이터 세트로부터 $\frac{d\ln P^{sat}}{dT} \approx \frac{\ln P_1^{sat} - \ln P_2^{sat}}{T_1 - T_2}$, $T = \frac{T_1 + T_2}{2}$로 가정하여 총 3개의 온도에 대한 $\Delta_{vap}H$값을 구할 수 있다.
3) 문헌으로부터 사용한 액체의 증발열 $\Delta_{vap}H$을 얻어 실험값과 비교한다. 물의 경우 열역학 textbook 등에 제공되는 steam table을 참조한다. 그 외 다양한 화학물질들의 물리화학 특성데이터를 미국국립표준기술연구소(NIST, National Institute of Standards and Technology)에서 제공하고 있다[3]. 만약 온도에 대한 증발열 값을 얻기 어렵다면, 주어진 증발열의 온도와 가장 유사한 온도의 값과 비교한다[4].

5-2. 끓는점 오름 상수 결정

1) 비휘발성 용질과의 혼합액체에 대한 증기압을 순수 액체의 증기압과 비교하여 끓는점 오름 현상을 확인하고, 용질의 농도에 따른 끓는점 오름을 도시한다.
2) 위 그래프에서 최소자승법을 이용하여 실험값에 가장 알맞은 1차 방정식의 기울기로부터 끓는점 오름 상수 K ($\Delta T_b = Kx_B$)를 도출한다. 이때 측정시점의 플라스크 내부의 액위를 이용하여 액체의 양을 다시 산출하여 몰농도 x_B를 보정하여 사용한다. 기록해놓은 액위까지 물을 채우고, 이를 다시 메스실린더에 옮겨 담아 부피를 측정할 수 있다.
3) 이론적인 끓는점 오름 상수 $K = \frac{RT_2^2}{\Delta_{vap}H}$와의 오차를 구한다.

---

3) NIST 홈페이지의 Chemistry WebBook (https://webbook.nist.gov/chemistry/)에서 이름 혹은 화학식으로 물질을 검색한 후 "Phase change data"에서 확인이 가능하다.
4) 증발열은 온도에 따라 달라지지만 변하는 정도가 크지 않다.

6. 토 론

1) 문헌을 통해 얻은 증기압 데이터, 증발열, 끓는점 오름 상수와 실험결과를 비교하고, 오차를 줄이기 위한 실험의 개선방안을 검토해보자.
2) 실험이 이상적으로 진행된다고 해도 실험 결과는 실제 증발열과는 차이를 가질 것이다. Clausius-Clapeyron의 유도과정으로부터 이유를 생각해보자.
3) heating mantle에 공급되는 시간당 열량의 크기, 둥근 플라스크의 크기, 투입하는 액체의 양에 따라 실험결과가 달라질 것인지 판단해보자.
4) 비휘발성 용질과의 혼합액체에 대해서 용질의 종류에 따라 끓는점 오름 상수값이 어떻게 달라질 것인지 토의해보자.

7. 참고문헌

1) Atkins, P., de Paula, J., Keeler, J., Physical Chemistry, 11th ed., Oxford(2018).
2) Smith, J. M., Van Ness, H. C., Abbott, M. M., Swihart, M. T., Introduction to Chemical Engineering Thermodynamics, 8th ed., McGrawHill(2018).

Data Sheet

실험제목: 증기압 측정

강좌번호: 실험조: 조장: 확인:

실험일: 년 월 일

실내온도:

1. 순수 물질의 증기압

1) 증기압 측정결과

물질명:		물질명:		물질명:	
압력(atm)	온도(℃)	압력(atm)	온도(℃)	압력(atm)	온도(℃)

2) 순수 물질의 상평형도 도시

압력 (기압)

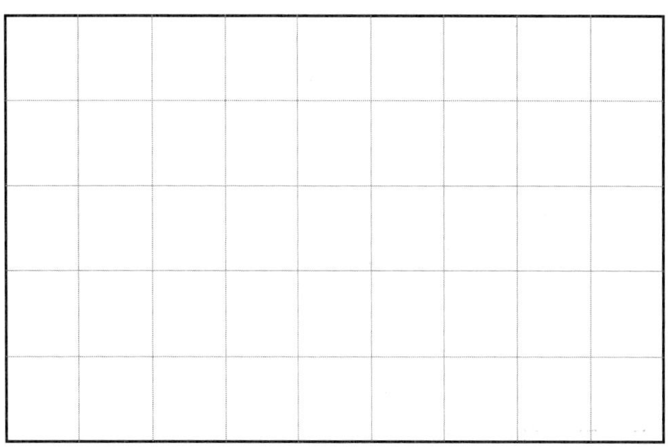

온도(℃)

3) 증발열

물질명 :

T_1	T_2	P_1	P_2	증발열(kJ/mol)	문헌값(kJ/mol)	오차(%)

물질명 :

T_1	T_2	P_1	P_2	증발열(kJ/mol)	문헌값(kJ/mol)	오차(%)

물질명 :

T_1	T_2	P_1	P_2	증발열(kJ/mol)	문헌값(kJ/mol)	오차(%)

2. 혼합액체의 끓는점 오름

1) 끓는점 측정결과

물질명:		물질명:		물질명:	
몰분율(-)	온도(℃)	몰분율(-)	온도(℃)	몰분율(-)	온도(℃)

2) 끓는점 오름 그래프

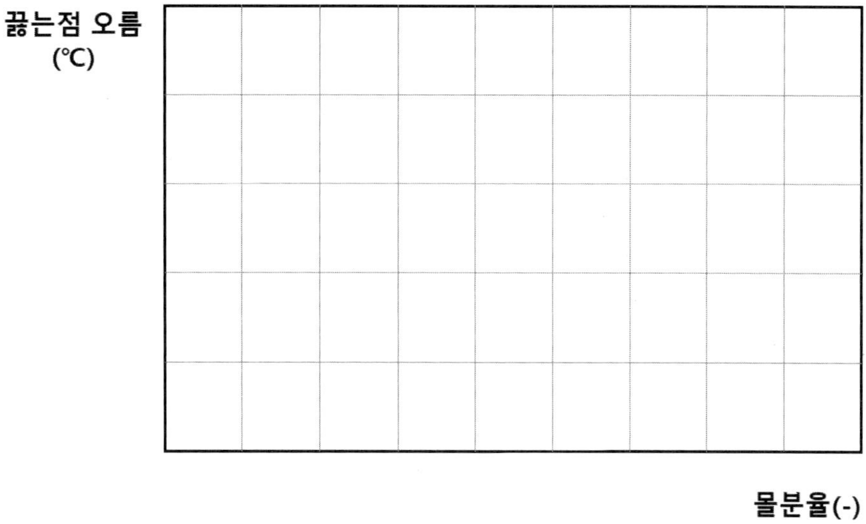

3) 끓는점 오름 상수

물질명: (실험값) , (이론값) , (오차) %

물질명: (실험값) , (이론값) , (오차) %

물질명: (실험값) , (이론값) , (오차) %

실험 4
회분식 액액추출

1. 개 요

아세트산-물 혼합물에서 부틸아세테이트를 이용하여 아세트산을 추출하는 회분식 액액추출을 실시하고 분배계수와 같은 혼합물의 열역학적 특성을 측정하는 등 추출 이론을 공부한다. 분산상, 연속상, 공급액, 용매, 용질, 추출액, 추잔액과 같은 추출공정의 기본적 개념들을 이해하고 추출장치를 설계하기 위한 3성분계 상평형도의 해석법을 숙지한다.

2. 이 론

추출(抽出, extraction)은 고체상이나 액체상의 혼합물(제 1의 상)에 그와 섞이지 않는 액체나 초임계유체 등 유체(제 2의 상)을 도입, 용해도의 차이와 계면을 통한 물질전달을 이용하여 특정 성분을 분리하는 분리공정으로, 화학산업에서 가장 중요한 단위공정 중 하나이다.[5] 추출은 여러 분리공정 중에서도 우리 실생활에서 쉽게 접할 수 있다. 우리는 차(茶)를 한 잔 준비할 때에도 티백의 찻잎(고체상)에 뜨거운 물(액체상)을 도입하여 차의 성분(원하는 성분)을 찻잎과 물의 계면을 통한 물질전달하며, 초임계 이산화탄소를 이용하여 추출된 참기름이나 기타 식물유를 요리에 사용한다.

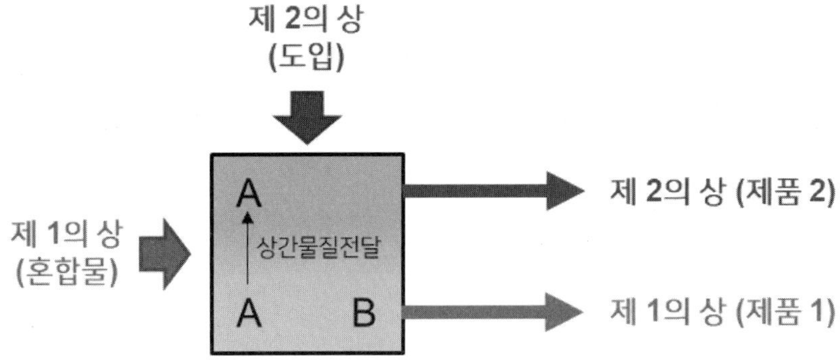

그림 1. **일반적인 추출공정의 모식도.**

5) 기체 혼합물의 경우, 특정 성분을 액체상을 도입하여 분리하는 공정은 흡수(absorption)공정이라 하며, 다공질의 고체상을 도입하여 특정 성분을 기체상으로부터 분리하는 공정은 흡착(adsorption)공정이라 한다. 계면(interface)을 통한 물질전달 및 관련된 열역학을 이용한다는 관점에서 보았을 때 추출, 흡수, 흡착은 유사한 이론적 배경을 공유한다.

추출은 사용되는 상에 따라서 액액추출(liquid-liquid extraction), 고체상 추출 또는 침출(solid-phase extraction 또는 leaching), 초임계추출(supercritical fluid extraction) 등으로 구분된다. 또한, 공정의 운전방식에 따라서 회분식 추출(batch extraction)과 연속식 추출(continuous extraction)로 나뉠 수 있으며, 산업적으로 요구되는 규모와 원하는 성분의 물리화학적 특성, 그리고 용매의 종류에 매우 다양한 종류의 추출장치가 설계되고 화학공학 현장에서 널리 활용되고 있다.

2-1. 혼합물의 열역학

2-1-1. 화학포텐셜

추출을 통한 혼합물의 분리는 원하는 물질이 한쪽 상에서 그와 섞이지 않는 다른 상으로 이동함으로써 성립된다. 이때 계면을 통한 물질이동의 구동력이 화학포텐셜(chemical potential)이다. 다상계에서 계면을 통한 특정 용질의 이동은 그 물질의 화학포텐셜이 높은 쪽에서 낮은 쪽으로 이루어진다. 용액상에서 용질 A의 화학포텐셜은 다음과 같이 주어진다.

$$\mu_A = \mu_A^0(p, T) + RT\ln a_A$$

a_A는 활동도(activity)로서 해당 용액상 내에서 A의 몰분율 x_A에 비례한다. 비례상수는 활동도계수(activity coefficient) γ_A이다.

$$a_A = \gamma_A x_A$$

일반적으로 농도가 증가하면 활동도도 증가하고, 그에 따라서 화학포텐셜도 증가한다. 하나의 상(상 α)에서 그와 접하고 있는 다른 상(상 ß)으로 용질 A가 이동한다고 하자. 그러면 상 α에서는 용질의 활동도와 화학포텐셜이 감소하고, 상 ß에서는 반대로 활동도와 화학포텐셜이 증가한다. 용질의 이동은 양 쪽 상에 걸쳐서 화학포텐셜이 동등해지는 ($\mu_A^\alpha = \mu_A^\beta$) 열역학적 평형(thermodynamic equilibrium)상태가 될 때까지 일어난다. 충분히 긴 시간이 지나면 용질 A는 두 상에서 열역학적 평형에 도달하게 된다.

만약 시간과 비용이 충분해서 아주 큰 분리공정 장치에서 2개의 상을 아주 오랜 시간동안 접촉시킬 수 있다면 이론적인 한계인 열역학적 평형을 달성할 수 있을 것이다. 하지만 이런 경우는 실제 장치운전에서는 매우 드물고, 많은 경우 자본과 시간은 한정적이기 때문에 화공 엔지니어는 최대한 빠르게 열역학적 평형에 가까이 갈 수 있는 추출설비를 설계할 수 있어야 한다.

2-1-2. 분배계수

용질 A가 접촉하고 있는 서로 섞이지 않는 2개의 용액상 α, β에서 열역학적 평형에 도달했을 때, 두 개의 상에서 용질 A의 분배비를 분배계수(partition coefficient)라고 한다. 분배계수는 다음과 같이 두 개의 상에서 용질 A의 몰분율의 비로 정의된다.

$$P_{\alpha/\beta} = \frac{x_A^\alpha}{x_A^\beta}$$

분배계수는 용액상 α, β를 이루는 각각의 용매가 용질 A를 얼마나 잘 녹이는지를 나타낸다. 만약 A가 α의 용매에 잘 녹고 β의 용매에 잘 녹지 않는다면 분배계수 $P_{\alpha/\beta}$는 1보다 큰 값을 나타낼 것이다. 분배계수는 각각의 용매에 의해서도 결정되며, 온도와 압력의 함수이기도 하다. 혼합물 상 대비 도입되는 상에 대한 용질의 분배계수가 크면 추출이 쉬워져서 추출공정 설비의 설계에 있어 비용과 시간을 절감할 수 있다. 추출공정에서 원하는 목표를 달성하기 위해 유리한 분배계수를 보장하는 시스템을 선별하는 것 또한 중요한 화공 엔지니어의 몫이라고 할 수 있다.

2-2. 물질전달과 경막이론

추출을 포함한 다양한 분리공정들에서 핵심적인 기작은 바로 계면을 통한 물질전달이다. 열역학이 '어디까지 도달할 것인가'를 결정한다면 계면을 통한 물질전달속도는 '얼마나 빨리 분리할 수 있는지'를 결정한다. 같은 크기의 추출장치를 사용해서 상계면을 통한 물질전달을 통해 더 빠르게 열역학적 평형에 다가갈 수 있다면 분리의 효율은 더 높아지고 더 작고 경제적인 추출장치를 설계할 수 있지만, 운전비용이 비싸져서 이들 사이의 최적화가 필요하다.

섞이지 않는 두 유체 사이의 계면을 통한 물질전달을 설명하는 이론으로 '경막이론(film theory)'이 있다. 계면 양쪽에서 유동이 존재하면서 동시에 계면을 통한 물질전달이 일어나는 비정상상태(non-steady state)를 기술하는 것은 매우 복잡하므로 단순화가 필요하다. '경막이론'에서는 모든 물질전달 저항이 계면 근처에 존재하는 얇은 '경막(film)'에 존재한다고 가정한다. 이 실험에서 다루는 회분식 액액추출에서는 계면 양쪽 상에 계면이 존재하는 '이중경막(two-film)'을 가정한다. 이때 상 계면에서는 언제나 두 상 간의 열역학적 평형이 매우 빠르게 이루어지고 있고, 물질전달 저항이 존재하지 않는다고 가정한다.

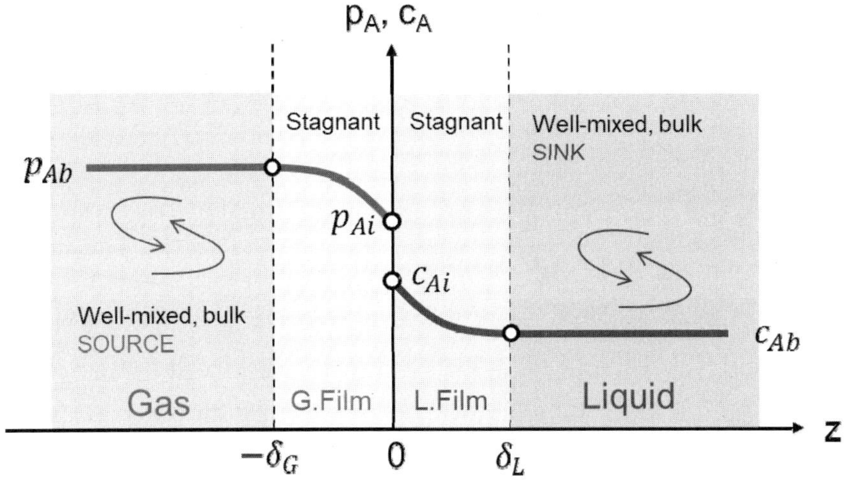

그림 2. **이중경막이론의 개요.**

기-액 계면을 통한 물질전달을 설명하기 위한 이중경막 모델을 그림 2에 도시하였다. 이중경막이론에서 계면 상에서는 항상 열역학적 평형($p_{Ai} \Leftrightarrow c_{Ai}$)이 달성되어 있다. 그리고 계면 양 쪽에는 정체(stagnant)되어 있는 경막이 존재하며, 경막 내 유동은 무시할 수 있다고 가정한다. 경막 외부는 난류에 의해 잘 섞여서 일정한 농도(부분압력)를 유지한다. 그리고 총괄물질전달속도는 전적으로 경막 내 물질전달속도에 의해서 결정되는 것을 가정한다.

경막 내 농도구배는 확산에 의한 물질전달 속도를 결정한다. 따라서 경막을 얇게 만들 수 있다면 물질전달속도를 향상할 수 있다. 연속상에서 유동을 더 빠르게 한다면 경막이 얇아지기 때문에 연속상 측의 물질전달속도는 더 빨라질 것이다. 반면 분산상의 경우 상 내부에 난류를 만들기가 쉽지 않다. 따라서 분산상 측에서 물질전달을 빠르게 하는 방법은 분산되어 있는 상 자체의 크기를 줄이는 것이다. 이를 바탕으로 도출할 수 있는 분리공정의 대원칙은 '연속상은 잘 교반하고, 분산상은 잘게 쪼개 주어라.'이다.

2-3. 액액추출계의 구성과 해석

2-3-1. 액액추출계의 구성

추출하고자 하는 용질 A가 녹아 있는 액체상 α에 섞이지 않는 또 다른 액체상 β를 이루는 용매를 도입, 액액추출을 실시한다고 하자. 여기서 통상적으로 최초 추출 대상이 되는 상 α를 공급액(feed, F), 도입되는 순수한 용매상 β를 용매(solvent, S)라고 칭한다. α와 β를 한 공간에 넣고 섞으면 A의 일부는 $\alpha \rightarrow \beta$방향으로 이동하게 된다. 이때 α와 β가 섞여 있다고 가상하는 혼합물(mixture, M)이라 한다. 분리공정이 종료된 시점에서 상 α로부터 용질 A를 받아온 상 β를 추출상(extract, E), 도입된 상 β에 의해 원래 녹아 있던 용질 A를 일부 또는 대부분 빼앗긴 상 α를 추잔상(raffinate, R)이라고 한다.

2-3-2. 3성분계 상평형도의 해석

액액추출에는 통상적으로 3개의 성분(추출 대상이 되는 용질과 서로 섞이지 않는 2개의 용매)이 관여한다. 따라서 액액추출의 해석에는 3성분계 상평형도(ternary phase diagram)가 흔히 사용된다. 3성분계 상평형도는 일반적으로 그림 1과 같은 정삼각형의 형태를 가지고 있다. 각 꼭지점은 3가지 성분의 순물질에 해당하고 3개의 변(축)에는 각각의 물질의 몰분율 또는 무게분율(weight fraction)이 표시되어 있다. 그림 1에서 3성분계 상평형도 (a)는 몰분율 기반, (b)는 무게분율 기반으로 그려져 있다. 3가지 성분이 만드는 임의의 조성은 이 3성분계 상평형도 상의 하나의 점에 대응한다. 각각의 성분은 보조선을 따라 각각의 축에 해당하는 값을 읽음으로써 알 수 있다. 예를 들어 몰분율로 나타낸 그림 1(a)에서 혼합물 X를 이루는 A, B, C의 몰분율은 각각 0.6, 0.2, 0.2가 된다. 세 몰분율의 합은 반드시 1이 되어야 하므로 2개의 몰분율이 결정되면 나머지 하나의 몰분율은 자동으로 결정된다. 3성분계 상평형도는 등온, 등압 조건에서 결정된다.

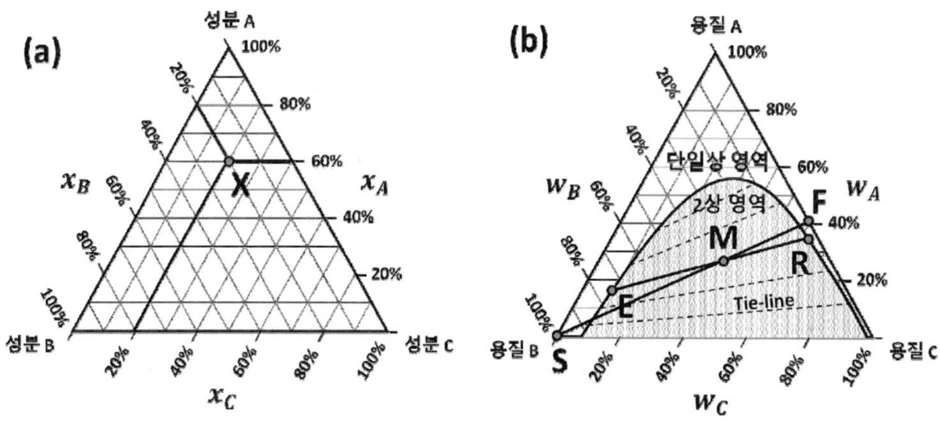

그림 3. (a) 3성분계 상평형도를 읽는 방법 예시 (b) 섞이지 않는 2상 영역을 가진 3성분계 상평형도에서 공급액 F, 용매 S, 혼합물 M, 추출상 E와 추잔상 R을 표시한 결과.

액액추출계가 성립하기 위해서는 서로 섞이지 않는 2상 영역을 가진 3성분계 상평형도를 이루는 두 개의 용매가 필요하다. 그러한 3성분계를 그림 3(b)에 나타내었다. 그림 3(b)에서 채색된 영역은 섞이지 않는 2개의 상이 공존하는 2상 영역이다. 용질 A와 용매 S는 모든 조성에서 단일상의 용액을 이루며, 용질 A와 용매 T 또한 그러하다. 그러나 용매 S와 용매 T는 대부분의 조성 영역에서 섞이지 않는 것을 확인할 수 있다.

공급액 F(용질 A와 용매 T로 이루어짐. A와 T를 이은 변 상에 위치)로부터 용매 S를 이용하여 용질 A를 추출하는 경우를 그림 3(b)에 도식하였다. 그림 3(b)의 삼각선도는 몰 분율 기반으로 그려진 그림 3(a)의 경우와 달리 무게 분율 기반으로 그려져 있다. 일정량의 F와 S를 섞으면 서로 섞이지 않는 2상계가 형성된다. 이 2상계의 총괄조성 M은 F와 S의 양으로 결정된다. 그림 3(b)에서 선분 SM과 선분 MF의 길이비는 공급액 F와 용매 S의 무게비와 같다. ($\overline{SM}$: $\overline{MF}$= $w_F : w_S$) 이를 지렛대 법칙(lever rule)이라 한다. 그림 3(b)에서 총괄조성 M은 2상계 내에 위치하여 있다. 이 2상계가 평형에 도달하였을 때 평형을 이루는 두 계의 조성은 M이 위치한 연결선(tie-line)의 양 끝의 조성과 같다. 연결선의 양 끝 중 S에 가까운 쪽의 조성이 추출상 E, F에 가까운 쪽의 조성이 추잔상 R이 된다. 평형을 이루는 추출상과 추잔상의 무게비 또한 마찬가지로 지렛대 법칙을 이용해서 얻을 수 있다. ($\overline{EM}$: $\overline{MR}$= $w_R : w_E$)

3. 실험기구 및 시약

1) 시약: 물(증류수), 부틸아세테이트(butyl acetate), 아세트산(acetic acid), 페놀프탈레인 지시약, 0.1 N NaOH 표준용액
2) 실험기구: 전자저울, 250 ml 비커 3개, 500 ml 분별깔때기 및 마개 1set, 10 ml 피펫 또는 자동피펫, 50 ml 뷰렛 및 뷰렛스탠드 1set, 100 ml 삼각플라스크, 100 ml 메스실린더 또는 부피정량플라스크

4. 실험방법

4-1. 회분식 액액추출을 통한 아세트산의 분리

1) 약 20 g의 물과 약 20 g의 아세트산을 칭량하여 250 ml 비커에서 혼합하여 공급액을 제조한다. 칭량한 값을 결과지에 기록한다.
2) 혼합물을 500 ml 분별깔대기에 옮겨 담는다.
3) 약 160 g의 부틸아세테이트(용매)를 칭량하여 분별깔대기에 넣는다. 칭량한 값을 결과지에 기록한다. 상분리가 일어나는 것을 확인한다.
4) 뚜껑을 닫고 흔들어서 교반한다. 혼합과정에서 혼합물의 밀도가 변하여 압력차가 발생할 수 있으므로 간헐적으로 뚜껑을 살짝 열어서 압력이 차는 것을 방지한다.

5) 충분히 교반한 후 추출상(부틸아세테이트+아세트산)과 추잔상(물+아세트산)을 깨끗한 비커에 모은다.

4-2. 정량분석을 통한 분배계수의 추산

1) 추잔상 10 ml를 취해 100 ml 메스실린더 또는 부피정량플라스크에 옮기고 부피비로 10배로 묽혀서 100 ml로 만든다.
2) 묽힌 추잔상 10 ml를 취해서 삼각플라스크에 넣고 페놀프탈레인 지시약 1방울을 넣는다.
3) 50 ml 뷰렛에 0.1 N 수산화나트륨 표준용액을 채우고 묽힌 추잔상 10 ml에 대해서 산·염기 적정을 실시하여 추잔상의 몰농도(묽힌 추잔상 농도의 10배)를 추산한다. 실험오차를 고려하여 적정을 3회 반복하고 추산된 몰농도의 평균값을 취한다.
4) 추잔상에서 아세트산의 몰분율을 추산한다. 해당 농도에서 추잔상의 비중은 대략 1.01이므로 단순히 1을 근사치로 사용할 수 있다.
5) 추출상으로 넘어온 아세트산의 몰 수와 추잔상에 남아있을 아세트산의 몰 수를 추산하여 추출상에서 아세트산의 몰분율을 추산한다.
6) 물-부틸아세테이트 2상계에서 아세트산의 분배계수를 추산한다.

주의사항

1. 유기용매는 환기가 잘 되는 장소나 품 후드 내에서 다루도록 한다.
2. 아세트산은 자극성과 부식성이 강하므로 반드시 보호안경, 실험장갑과 같은 적절한 보호장구를 갖추고 환기가 잘 되는 곳에서 다루어야 한다.
3. 수산화나트륨 표준용액은 강한 염기성이므로 마찬가지로 반드시 보호안경, 실험장갑과 같은 적절한 보호장구를 갖추어야 한다.

5. 결 과

5-1. 혼합물의 조성

1) 분별깔대기 내에서 혼합된 부틸아세테이트, 아세트산, 물의 질량과 몰수를 기록한다. (몰질량: 물(MW=18.02 g/mol), 부틸아세테이트(MW=116.16 g/mol), 아세트산(MW=60.05 g/mol))

5-2. 적정을 통한 추잔상의 정량

1) 산염기적정을 실시할 10배로 묽힌 추잔상의 양(ml)을 결과지에 기록한다.
   (참고: 위 4-2-2)단계에서 취한 약 10 ml에 해당하는 값)
2) 적정이 완료된 시점에 투입된 0.1 N 수산화나트륨 표준용액의 양을 결과지에 기록한다.
3) 10배로 묽힌 추잔상에서 아세트산의 농도를 계산해 결과지에 기록한다. 이를 3회 반복한다.
4) 원 추잔상 내의 아세트산의 농도를 계산하고 평균을 내어 추잔상 내 아세트산의 농도를 결정한다.
5) 4)에서 결정된 아세트산의 농도로부터 추잔상 내 아세트산의 몰분율과 양을 결정한다.

5-3. 추출상 조성 및 분배계수 산출

1) 전체 투입된 아세트산의 양에서 추잔상 내 아세트산의 양을 빼서 추출상 내 아세트산의 양을 결정한다.
2) 추잔상 내 아세트산의 몰분율을 결정한다.
3) 최종적으로 분배계수를 산출한다.

6. 토 론

1) 다음은 아세트산, 부틸아세테이트, 물의 3성분계 상평형도이다.

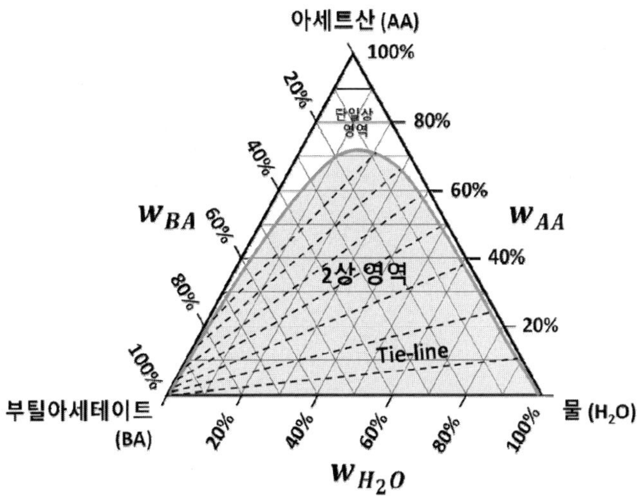

위 3성분계 상평형도상에 앞서 실시한 실험에서 공급액(F), 용매(S), 혼합물(M), 추출상(E), 추잔상(R)의 조성을 각각 표시하라. 추출상과 추잔상의 조성을 산출하라.

2) 위에서 확인한 바와 같이 추출상과 추잔상 또한 부틸아세테이트, 물, 아세트산의 3성분으로 이루어져 있다. 그러나 앞서 분배계수를 산출하는 데 있어서 물과 부틸아세테이트의 상호 용해도는 없는 것으로 간주하였다. 위 3성분계 상평형도를 바탕으로 이 가정의 타당성에 대해서 논의하라.
3) 위 실험과정의 추출실험-④단계에서 분별깔때기를 이용해서 긴 시간동안 잘 흔들어 섞었다면 평형에 도달했다고 간주할 수 있을 것이다. 만약 교반이 충분하지 못했다면 그 결과로 산출되는 분배계수는 이론값보다 크게 나올 것인가? 아니면 작게 나올 것인가?
4) 앞서 실시한 실험에서 물과 부틸아세테이트의 무게비는 1:8이다. 결과적으로 물 상이 2상계 혼합물 내에서 훨씬 많은 부피비를 차지한다. 교반이 충분히 이루어 진다면 물 상과 부틸아세테이트 상 중 어느 쪽이 연속상이고 어느 쪽이 분산상인가?
5) 용질인 아세트산의 2상 사이에서 이동할 때 물질전달저항은 어디에 존재하는지 이중경막에 스케치하고 토론하여라.

7. 참고문헌

1) Kim, J-. K. and Park, D-. W., "Liquid-liquid Equilibrium for the Ternary Systems of Solvents+Water+Propionic Acid at 25°C and Atmospheric Pressure," Korean J. Chem. Eng., 22(2), 256-263(2005).

Data Sheet

실험제목: 회분식 액액추출

강좌번호: 실험조: 조장: 확인:

실험일: 년 월 일

실내온도:

1. 혼합물 정보

1) 혼합물 내 아세트산의 양: g (mol)

2) 혼합물 내 부틸아세테이트의 양: g (mol)

3) 혼합물 내 물의 양: g (mol)

2. 적정을 통한 추출상의 정량

1) 적정 데이터

Trial #	묽힌 추잔상의 양 (ml)	넣어 준 0.1N NaOH의 양 (ml)	묽힌 추잔상에서 아세트산의 농도 (mol/L)	추잔상 내 아세트산의 농도 (mol/L)
1				
2				
3				
				평균값: mol/L

2) 추잔상 내 아세트산의 몰분율(x_R):

3) 추잔상 내 아세트산의 양: g (mol)

3. 추출상의 조성 및 분배계수 산출

(1) 추출상 내 아세트산의 양: g (mol)

(2) 추출상 내 아세트산의 몰분율(x_E):

(3) 분배계수(x_E / x_R):

실험 5
액상 흡착

1. 개 요

고체의 표면에 불균형이 존재하거나 잉여의 힘이 있기 때문에 고체는 접촉하고 있는 기체상이나 액체상에 존재하는 특정 분자들을 고체 표면에 끌어 당긴다. 따라서 고체의 표면에 흡착되어 있는 분자들의 농도는 용액이나 기체상에 있는 해당 분자들의 농도보다 증가하게 되는데, 이러한 현상을 흡착(adsorption)이 일어난다고 말한다. 기체의 혼합물이나 용액으로부터 특정 기체나 용질을 흡착하는 고체를 흡착제(adsorbent), 고체에 의해서 흡착되는 가스와 용질을 흡착질(adsorbate)이라고 한다. 흡착은 흡착질의 농축이 흡착제 표면에서 이뤄진다는 점에서 흡수질(absorbate)이 고체나 액체 흡수제(absorbent)의 몸체로 완전히 스며들어 화합물이나 혼합물을 형성하는 흡수(absorption)와의 차이를 갖는다. 일반적으로 기공이 많고 입자의 크기가 작은 고체 흡착제가 흡착공정에서 사용된다. 우리는 그 중에서도 활성탄을 이용하여 용액으로부터의 용질의 흡착을 알아보고자 한다.

본 실험에서는 활성탄을 이용하여 수용액으로부터 아세트산의 흡착에 관한 물질의 거동과 평형을 이해하고, 얻어진 결과로부터 계의 흡착현상이 Freundich 또는 Langmuir 등온흡착반응식 중 어느 것에 보다 잘 적용되는지 확인한다.

2. 이 론

2-1. 흡착

흡착이란 물체의 계면에 기체나 용해된 물질이 달라붙어 주위보다 농도가 증가하는 현상이다. 흡착된 물질의 양은 흡착제와 피흡착질 간의 응집력, 온도 및 흡착제와 피흡착질의 농도에 의존한다. 흡착제와 흡착질 간에 상호작용하는 힘은 약한 비극성 van der Waals 힘으로부터 강한 화학적 결합력에 이르기까지 넓은 범위를 갖는다. 이러한 흡착력의 차이에 의해 흡착을 물리흡착(physical adsorption)과 화학흡착(chemical adsorption)으로 분류한다. 이온결합이나 공유결합에 의해서 흡착되는 예로서는 염화은 표면에 염소이온의 흡착(이온결합), 금속의 표면에서 산소-금속 결합(공유결합)이 형성하는 산소의 흡착 등이 있다. 흡착은 발열과정($\Delta H < 0$)이기 때문에 일반적으로 온도가 증가할수록 고체의 단위 무게 당 흡착되는 기체의 분자 수는 감소한다. 즉, 온도가 상승할수록 흡착의 반대현상인 탈착

(desorption)현상이 더 잘 일어난다. 또한, 온도가 증가할 때 피흡착 분자[6]의 운동에너지가 증가하여 흡착제와의 상호인력을 감소시키기 때문에 흡착에서 온도는 매우 중요한 인자이다. 화학흡착은 흡착질과 흡착제 물질 간 화학반응에 의한 결합으로 경우에 따라 온도의 증가가 흡착량을 증가시키기도 한다.

2-1-1. 물리흡착

물리흡착은 흡착제 표면과 흡착질 사이에 van der Waals 힘에 의해 발생하며, 전자가 이동하지 않고 흡착하기 때문에 분자의 구조가 달라지지 않는다. 따라서 장거리성이지만 약하고, 분자 간 물리흡착이 이루어질 때 내놓는 에너지가 용액 내 분자들 사이의 결합력과 유사한 세기를 가진다. 이 에너지는 격자의 진동 에너지로 흡수된 다음 열운동으로 발산되며, 이 과정에서 고르지 않은 표면 위로 튀던 분자들은 점차 에너지를 잃어 표면에 붙게 된다. 물리흡착 엔탈피는 열용량이 알려진 시료의 온도상승 정도를 측정해서 구할 수 있는데 대체로 매우 작다(약 10 kcal/mol 이하). 물리 흡착은 아주 적은 양의 에너지로는 결합이 끊어지지 않는다. 따라서 물리 흡착된 분자는 굽혀질 수는 있으며 그 상태가 그대로 유지된다. 또한, 이 힘에 의해 피흡착분자들끼리 서로 응집되는 경우가 많아 여러 겹으로 흡착이 이루어지는 경우가 많다.[7]

물리흡착은 가스의 액화/응축 현상과 비슷하고, 분석기기에서 흡착제의 전체 표면적, 기공크기, 기공크기분포 등의 측정에 사용된다. 또한, 활성화 에너지가 적어서 표면에 충돌함과 동시에 흡착이 일어나기 때문에 흡착속도가 매우 빠르고, 평형에 도달하는 시간이 짧다. 물리흡착은 가역반응이기에 흡착과 탈착이 모두 가능하며, 압력이나 온도변화에도 가역적이다. 따라서 흡착 온도나 기체의 압력 등의 물리적 조건들을 맞춰주기만 하면, 물질의 종류와는 관계없이 모든 고체에서 물리적 흡착이 일어날 수 있다. 엔탈피가 작고 발열반응이 일어나기 때문에 온도가 낮을수록, 압력이 높을수록 유리하다. 그림 1에는 물리흡착의 개념을 도식적으로 나타내었다.

---

6) 흡착되는 물질은 '흡착질'이라고도 한다.

7) 흡착제에 피 흡착분자들이 달라붙는 형상은 여러가지 가정에 의해 잘 정립되어 있다. 대표적으로 Langmuir는 흡착제 표면에 흡착분자들이 단 분자층으로 흡착된다고 가정하였으며 흡착된 분자들은 서로간에 상호작용을 하지 않는다고 가정하였다. 반면에, BET(Brunauer, Emmett, Teller) 이론에 따르면 흡착된 분자위에 또 다른 분자가 흡착할 수 있다고 가정하였고, 이는 분자간 상호작용에 의해 응집되려는 성질에 기인하다고 해석하였다.

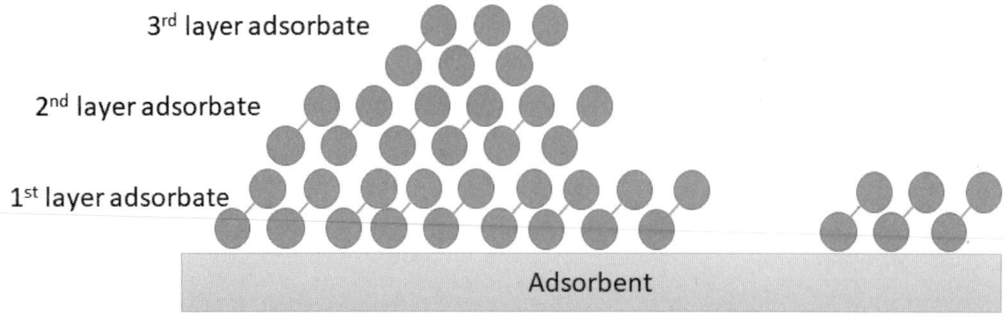

그림 1. **물리흡착의 개념 (다층흡착, 약한 흡착력).**

2-1-2. 화학흡착

화학흡착은 흡착제 표면과 흡착질 사이에 정전기적 인력에 의한 이온결합, 전자쌍을 공유하는 공유결합, 전자쌍을 제공하는 배위결합 등의 화학결합에 의한 작용으로 전자가 이동하는 흡착이다. 흡착제와 흡착질의 화학적 작용으로 일어나기 때문에 흡착반응은 화학적 결합의 파괴 및 재형성과정을 포함하고 화학흡착 엔탈피는 물리흡착 엔탈피에 비해 매우 크다(10~1000 kcal/mol). 흡착제와 피흡착 분자 간의 결합으로 화학흡착은 반드시 단분자층을 이루는 과정이기 때문에 물리흡착과 구분을 할 수 있다.

화학흡착은 흡착제에 존재하는 특정 금속의 표면적을 측정하는 데 주로 사용되며 물리흡착과는 다르게 활성화 에너지가 필요하므로 어느 정도의 온도 이상에서만 진행된다. 따라서 흡착속도가 느린 편이다. 화학흡착은 엔탈피가 높고, 물질의 선택성이 높아서 특정 물질 사이에서만 발생한다. 화학흡착에서는 흡착제와 흡착된 물질 간의 인력의 범위가 짧으므로 최대 흡착정도는 흡착제의 표면을 모두 덮는 단분자층 흡착이며, 물리흡착보다 비가역적인 경향이 많아 재생이 쉽게 일어나지 않는다. 그림 2에는 화학흡착의 개념을 도식적으로 나타내었다.

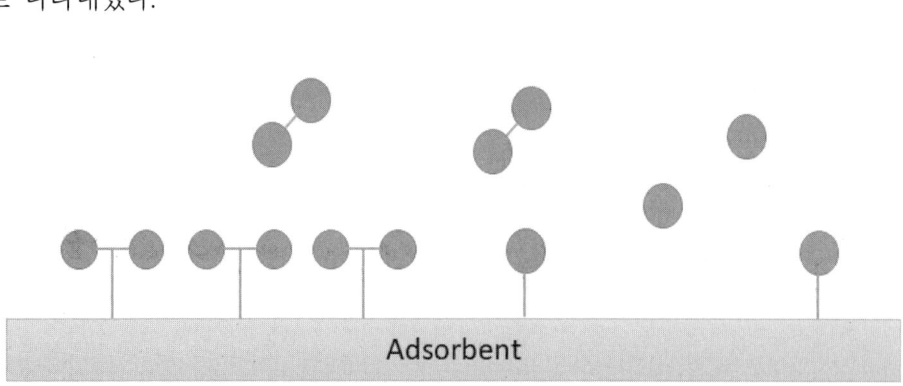

그림 2. **화학흡착의 개념 (단층흡착, 강한 흡착력).**

위에서 설명한 내용을 바탕으로 그림 3에 화학흡착과 물리흡착의 포텐셜과 흡착열(엔탈피)의 상대적인 차이를 고체표면에서 흡착질이 떨어진 거리에 따라서 표현하였다. 화학흡착은 흡착제와 흡착질을 구성하는 원자의 전자분포 범위가 겹쳐지면서 혼성 오비탈을 형성하여 안정한 흡착을 구현하지만, 물리흡착은 화학흡착보다 상대적으로 거리가 떨어진 상태에서 안정한 흡착이 구현되며 원자끼리 서로의 전자분포 영역을 침범하지 않는다.

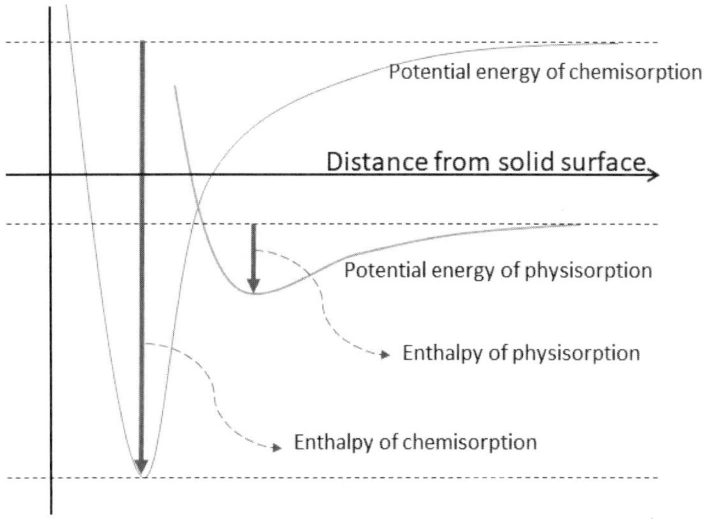

그림 3. **물리흡착과 화학흡착의 포텐셜 및 엔탈피 차이.**

2-2. 흡착 등온식

흡착 등온선은 일정한 온도에서 압력을 가할 때 흡착제에 의해 흡착되는 기체의 양의 변화를 나타내는 곡선을 말한다. 흡착 등온선의 예로는 Langmuir 등온선, Freundlich 등온선, BET (Brunauer-Emmett-Teller) 등온선 등이 있다. Langmuir 등온선은 기체가 약하게 흡착되었을 때 상당히 잘 맞는 식이며, BET 등온선은 다공성 흡착제에 다분자 층(multilayer)이 흡착되는 경우에 사용된다. Freundlich 흡착 등온식의 경우 액체로부터의 흡착에 대한 가장 잘 맞는다고 알려져 있다. 본 실험에 앞서 이론적 배경으로 Langmuir 흡착 등온식과 Freundlich 흡착 등온식을 학습한다. BET 흡착 등온식의 이론은 본 실험에서는 다루지 않는다.

2-2-1. Langmuir 등온흡착식

Langmuir 흡착은 단분자층 흡착이라고 하며, 다음과 같은 가정에 기초하여 개발되었다. 흡착제 표면에 일정하고 동일한 흡착점(adsorption site)을 가지고 있으며, 흡착된 분자 간에는 인력이나 척력이 작용하지 않아서 상호영향이 없으므로 새로운 물질의 흡착에너지는 흡착된 분자의 영향을 받지 않는다. 또한, 흡착점이 흡작질 분자에 의해 점유되면 그 흡착된 분자 위에는 더는 다른 분자가 흡착되지 않아 단분자 흡착층을 이룬다. 흡착공정이 평형에 도달하였을 때에는 흡착속도는 탈착속도와 같아 동적 흡착평형을 이룬다. 이를 정리하면 다음과 같다.

① 흡착제 표면에 흡착된 분자들은 단일 층을 형성한다. 즉, 흡착된 분자 위에 다른 분자가 흡착할 수 없다.
② 흡착된 분자 사이에는 인력이나 척력이 작용하지 않기 때문에 새로운 물질의 흡착에너지는 흡착 정도, 혹은 덮힘률(coverage)에 영향을 받지 않는다.
③ 평형상태에서 흡착속도는 탈착속도와 같다.

위 가정을 기초로 Langmuir 흡착을 유도할 수 있다. 주어진 기체의 압력과 온도에서 흡착평형은 흡착속도와 탈착속도가 같을 때 도달한다. 흡착속도는 다음과 같이 나타낼 수 있다.

$$r_a = k_a P(1-\Theta) \tag{1}$$

r_a: 흡착속도
k_a: 흡착속도 상수
P: 기체압력
Θ: 흡착질의 덮힘률(coverage)

탈착속도는 흡착질의 덮힘률에 비례한다고 가정하면,

$$r_d = k_d\Theta \tag{2}$$

k_d: 탈착 반응속도 상수
평형상태에서는 흡착속도와 탈착속도가 같으므로 $(r_a = r_d)$

$$k_a P(1-\Theta) = k_d\Theta \tag{3}$$

따라서 식을 정리하면

$$\Theta = \frac{k_a P}{k_a P + k_d} = \frac{KP}{1 + KP} \tag{4}$$

$K = \dfrac{k_a}{k_d}$: 흡착평형 상수

위 방정식 (4)를 이용하여 P에 따른 Θ의 그래프를 그림 4에 나타내었다.

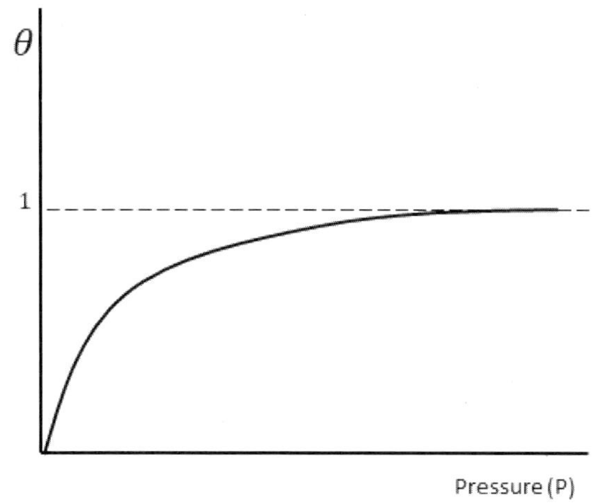

그림 4. Langmuir 흡착등온선.

낮은 압력, 즉 KP 《 1에서는 방정식 (4)가 $\Theta = KP$가 되므로, Θ는 압력이 증가함에 따라서 직선적으로 증가한다. 높은 압력에서는 KP 》 1이 되어 Θ는 1에 근접하게 된다. 다시 말해 높은 압력에서는 흡착제 표면이 흡착질에 의해서 거의 덮히게 되므로 압력의 변화는 흡착량에 영향을 주지 않는다. 이러한 현상은 단분자층 흡착만이 가능하다는 것을 암시한다.

만일 용액으로부터의 물질의 흡착에 대한 상황을 고려한다면, 방정식 (4)에서 압력은 농도 C로 대치되어 아래와 같이 기술할 수 있다.

$$\Theta = \frac{K_L C}{1 + K_L C} \tag{5}$$

K_L: 용액의 흡착에서 평형상수

C: 용질의 평형 농도

덮힘률 Θ는 평형에서 흡착된 몰수(N)를 총 흡착가능량, 즉 단일층 형성에 필요한 흡착질의 양(N_M)으로 나누어 표시할 수 있으므로,

$$\Theta = \frac{N}{N_M} \tag{6}$$

$$\frac{N}{C} = \frac{N_M}{C} \times \frac{K_L}{1+K_L} \tag{7}$$

$$\frac{C}{N} = \frac{C}{N_M} + \frac{1}{K_L N_M} \tag{8}$$

위 식을 정리하여 다음과 같이 도식화할 경우 직선의 기울기를 통해 N_M을 구할 수 있다.

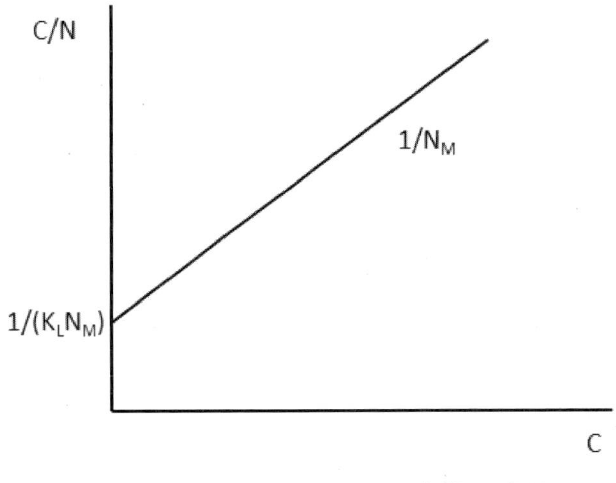

그림 5. **용액에서의 Langmuir 흡착 등온식.**

만일 흡착 등온식을 두 개 이상의 다른 온도에서 결정할 때, 흡착점은 온도에 무관하여서 C에 대한 C/N의 그래프 그림 5에서 기울기는 모두 동일할 것이며, 이 경우 Langmuir 이론이 잘맞는 흡착시스템이라고 할 수 있다. 그러나 K_L은 온도에 대한 함수이므로 절편값은 온도에 따라서 변하게 된다.

용액으로부터의 흡착에 대한 열역학적 이론은 매우 복잡하므로, 본 실험에서는 다음과 같이 나타낸 결과만을 이용하는 것으로 한다.

$$\left(\frac{\partial \ln C}{\partial \mathrm{T}}\right)_P = \frac{\Delta H}{RT^2} \tag{9}$$

ΔH: 일정한 P와 Θ에서의 흡착열

액상 흡착에서는 용질 분자뿐만 아니라 용매 분자들의 흡착과 변위도 고려해야 하므로 실제 ΔH의 계산과정은 매우 복잡하다. 하지만 희박한 아세트산 용액의 용질이 활성탄에 흡착되는 것은 단분자층 흡착에 대한 조건이 잘 만족하는 것으로 알려져 있다.

2-2-2. Freundlich 등온흡착식

Freundlich 흡착 등온식은 Langmuir 흡착 등온식에 흡착열이 표면 덮힘의 정도에 따라 지수적으로 감소된다는 내용을 도입하여 유도된 식으로 다음과 같이 나타낼 수 있다.

$$\frac{x}{m} = kC_e^{1/n}\ (n > 1) \tag{10}$$

$\frac{x}{m}$: 단위 중량당 흡착된 흡착질의 양(mg/g)

k, n: Freundlich 흡착 등온식의 상수

C_e: 용액중의 평형농도(mg/L)

위 식을 로그 함수로 취하면 다음과 나타난다.

$$\log\frac{x}{m} = \frac{1}{n}log C_e + \log k \tag{11}$$

여기서 상수 n과 k는 각각 기울기와 절편으로부터 각각 구할 수 있다.

Freundlich 흡착 등온식의 상수 k는 흡착제의 흡착능에 대한 척도로서 크면 클수록 흡착능이 양호함을 의미하며, n은 흡착동력의 크기를 나타내는 것으로 일반적으로 n이 2 이상일 때 흡착이 쉽게 일어나며 n이 1 이하인 물질은 흡착이 잘 일어나지 않는 것을 의미한다. 일반적으로 Freundlich 등온식은 단분자층 흡착이 아니어도 적용할 수 있지만, 흡착의 대략적인 거동만 설명할 수 있다. 낮은 농도에서 $\frac{x}{m}$은 종종 농도(C_e)에 비례하고, 높은 농도에서 $\frac{x}{m}$은 보통 농도 C_e에 무관한 일정한 한계 값에 접근한다. 즉, Freundlich

등온식은 흡착질의 농도(혹은 압력)가 낮거나 높은 곳에서는 잘 맞지 않는다.

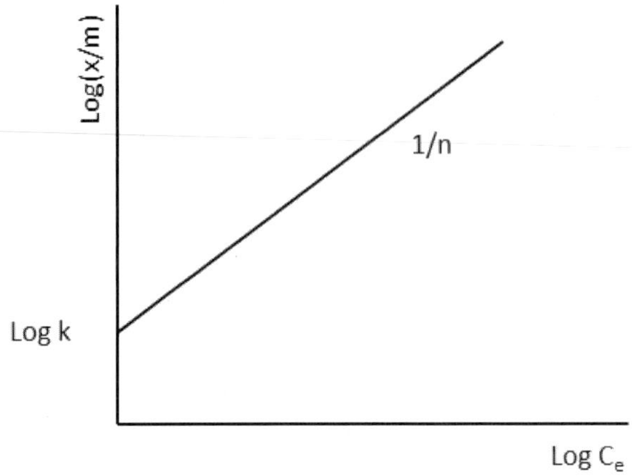

그림 6. **용액에서의 Freundlich 흡착 등온식.**

3. 실험장치 및 시약

3-1. 시약

0.4N 아세트산(acetic acid), 0.1N NaOH, 활성탄, 페놀프탈레인 용액

3-2. 실험장치

250 mL 플라스크, 유리 또는 고무마개, 자석 교반기, 자석 교반막대, 거름종이, 감압 거름장치, 저울, 피펫

4. 실험방법

4-1. 실험도구

- 자석교반기
- 감압거름장치

4-2. 실험절차

① 0.4 N 아세트산용액과 0.1N NaOH 용액을 준비한다.

② 6개의 250 mL 삼각플라스크를 세척한 후 건조시킨다. 삼각플라스크는 유리마개나 고무마개와 같이 준비한다. 각 플라스크에 번호를 기입한다.

③ 약 1 g의 활성탄을 각 플라스크에 넣는다. (mg단위까지 정확히 측정하고, 숯을 흡착제로 사용할 때는 다른 불순물을 제거하기 위해 증류수로 3에서 4회 세척하고, 120℃에서 가열하면서 완전히 건조하여 사용한다.) 그리고 다음 표에 따라 플라스크에 각 용액을 준비한다. 준비된 용액은 진공오븐에 넣고 가열 없이 진공을 가하여 흡착제의 기공에 들어있는 기체를 제거하는 degassing 작업을 수행한다.

	1	2	3	4	5	6
0.4N CH_3COOH (ml)	100	75	50	25	15	10
증류수 (ml)	0	25	50	75	85	90
총 용액 부피 (ml)	100	100	100	100	100	100

④ 플라스크를 완전히 밀봉한 후 30분 동안 주기적으로 흔들어준다. 흔들어 준 후에는 항온조에서 25℃로 보관한다. 평형에 도달시키기 위해서는 적어도 2시간 이상 보관한다.

⑤ 거름종이와 감압여과장치를 사용해서 모든 시료를 거른다. 이때 산이 거름종이에 흡착되어 실험결과에 오차를 발생시킬 수 있으므로 여과액 10 mL를 버린다.

⑥ 각 용액의 여과액을 10 mL씩 삼각플라스크에 채취한 후 페놀프탈레인 지시약을 사용하여 0.1N NaOH 용액으로 적정한다[8].

⑦ 실험에 사용한 아세트산용액의 정확한 농도를 결정할 수 있도록 0.1N 표준 NaOH 용액을 사용하여 0.4N 아세트산용액 10 mL를 적정한다.

⑧ ①~⑦의 과정을 반복하되 이번에는 항온조의 온도를 10℃로 유지하여 실험을 진행한다.

주의사항

1. 흡착제의 칭량에 주의하고 최대한 정확한 흡착제의 질량을 측정하시오.
2. 항온조에 보관된 흡착제와 액체의 혼합물은 주기적으로 흔들어서 물질전달의 제한을 없애 주는 것이 좋다.

8) 적정을 통한 아세트산의 농도분석과 관련하여 엄밀한 실험을 위해서는 분석방법의 타당성에 대한 검토가 필요하다. 수업의 편의상 이러한 과정이 생략되나 실험자들은 관련사항을 부록 3의 “품질관리(QA/QC)”를 참고할 수 있다.

5. 결 과

1) 아세트산 원액의 정확한 농도로부터 각 시료에 대한 아세트산의 초기농도 C_0를 계산하시오.
2) 시료적정을 위해서 사용된 0.1N NaOH 용액의 부피로부터 각 시료에 대한 아세트산의 평형농도 C를 계산하시오.
3) 활성탄(숯)의 그램 당 흡착된 아세트산의 몰수 N을 계산하시오.
4) N대 C의 도표에서 25℃와 10℃의 등온선을 그리고, 그래프에 대하여 간단하게 기술하시오.
5) C에 대한 C/N의 그래프를 그리시오. 데이터를 지나는 가장 좋은 직선을 그리고, 그 직선의 기울기로부터 N_M을 계산하시오.
6) 각 시료에 대한 흡착제 표면이 덮여진 부분의 분율 θ를 계산하시오.
7) 두 개의 다른 온도에서 진행한 실험결과를 이용하여 흡착열을 계산하시오.

6. 토 론

6-1. 예비리포트

1) 흡착평형을 어떻게 판단할 수 있을까? 무한대의 시간 동안 흡착제와 용액을 내버려 두면 흡착평형을 보장할 수 있지만, 실용적인 방법도 아니다. 그렇다면 실용적으로 평형 흡착시간을 어떻게 결정해야 할지 논의하시오.
2) 흡착제를 실험에 사용하기 전에 흡착제를 전처리해야 한다. 흡착제 전처리 방법과 이유에 관해서 기술하시오.

6-2. 결과리포트

1) 실험 과정에서 플라스크를 완전히 밀봉하는 이유는 무엇인지 기술하시오.
2) 이 실험에서 실행한 흡착공정은 Freundlich 또는 Langmuir의 등온흡착식 중 어느 식에 잘 적용되는지와 그 이유를 기술하시오.
3) 용액의 농도 및 온도가 흡착에 미치는 영향에 관해 기술하시오.
4) 이 실험의 흡착 현상은 화학흡착인가? 물리흡착인가? 이를 판단하기 위해서는 어떤 자료가 필요한지 토론하시오.
5) 활성탄이 담긴 용액에 진공을 걸어서(degassing) 실험을 하는 것과 degassing없이 실험하는 것의 차이점을 논의하시오.

6) 물과 아세트산을 분리하는 다른 공정을 간략히 기술하고 장단점을 비교하시오.

7) 이 실험의 개선점을 논의하시오.

7. 참고문헌

1) 강용, 조헌영, 물리화학실험, 물리화학연구회, 충남대학교, 대전(1993).

2) 유만형, 송희열, 유인상, 화학공학실험, 심광출판사(1995).

Data Sheet

실험제목: 이성분계의 기-액 평형 실험

강좌번호: 실험조: 조장: 확인:

실험일: 년 월 일

실내온도:

		대조군	1	2	3	4	5	6
0.4N 아세트산의 비율(%)		100	100	75	50	25	15	10
적정에 사용할 시료 용액의 부피(mL)		10	10	10	10	25	25	25
활성탄의 무게(g)		0						
0.1 N NaOH (ml)	1							
	2							
	평균							
각 시료에서 아세트산의 초기농도(mol/L)								
아세트산의 평형농도(mol/L)								
활성탄 1 g에 흡착된 아세트산의 몰수								
흡착제 표면이 덮여진 분율 θ								

실험 6
흡수에 의한 이산화탄소 포집

1. 개 요

기상 반응기의 구조 및 운전 원리를 이해하고, 액상 반응과의 차이점을 파악한다. 또한, 기상 반응기 운전에 사용되는 유량계, 압력조절기 등의 원리를 이해하고 조작 방법을 습득한다. 기상 반응의 한 예시로써 기체 흡수공정의 기본 원리를 이해하고 주요 변수의 영향을 파악한다.

2. 이론

2-1. 기체의 이송과 유량 제어

잘 알려져 있다시피 액체와 기체는 구별되는 특성을 많이 가지고 있지만, 반응기 운전에서 중요하게 작용하는 차이점은 이송 방식이라고 할 수 있다. 액체는 분자 사이의 응집력이 우세하기 때문에 외력(중력, 열에너지 등)이 작용하지 않는 경우 이동하지 않고 정지된 상태를 유지한다. 반면 기체는 외력이 존재하지 않을 때도 정지되어 있지 않고 확산하려는 성질을 지니고 있으므로 일정한 공간(용기) 내에서 외부로 팽창하려는 힘, 즉 압력을 자체적으로 지니고 있다.

따라서 액체를 이송할 때는 펌프 등을 이용하여 기계적인 힘을 가할 필요가 있지만, 압축성인 기체을 이송할 때에는 기체가 자체적으로 지닌 압력을 이용하여 압력이 보다 낮은 쪽으로 자발적으로 이동하도록 할 수 있다. 이때 액체 또는 기체가 이송되는 속도, 즉 유속이 결정되는 방식에도 차이가 생긴다. 액체의 경우에는 정지한 물질에 외력을 가해 이동시키기 때문에 외력이 가해지는 강도와 속도에 비례하여 유속이 결정되게 된다. 반면 기체는 스스로 지닌 압력을 필요한 수준으로 억제하여 배출하는 방식으로 이송하기 때문에 베르누이의 정리에 따라 양쪽의 압력 차이, 기체의 밀도 등에 의해 유속이 결정된다.

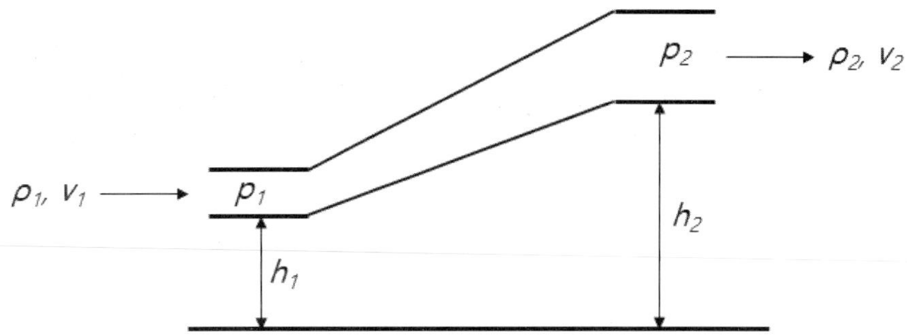

p_n : 유체의 압력
ρ_n : 유체의 밀도
v_n : 유체의 선속도
h_n : 각 지점에서의 수두
g : 중력가속도

$$p_1 + \rho_1 g h_1 + \frac{\rho_1 v_1^2}{2} = p_2 + \rho_2 g h_2 + \frac{\rho_2 v_2^2}{2} \tag{1}$$

기체의 경우 밀도가 낮아 위 식에서 위치에너지 항(ρgh)은 무시해도 좋은 경우가 대부분이므로 일반적으로 다음과 같은 형태로 사용한다.

$$p_1 + \frac{\rho_1 v_1^2}{2} = p_2 + \frac{\rho_2 v_2^2}{2} \tag{2}$$

탱크에 저장되어 있는 기체를 사용하는 경우 v_1=0으로 볼 수 있으므로, 기체의 유속 v_2는 다음과 같이 계산할 수 있다.

$$v_2 = \sqrt{\frac{2(p_1 - p_2)}{\rho_2}} \tag{3}$$

기체의 배출 압력을 원하는 수준으로 억제하여 유속을 조절하기 위해 일반적으로 압력조절기(pressure regulator)를 사용한다. 압력조절기는 기체가 지나가는 유로 가운데에 스프링에 의해 장력을 조절 가능한 피스톤 또는 다이어프램이 설치된 구조로 이루어져 있다. 이때 유로를 지나가는 기체의 압력이 설정된 장력 이상으로 높아지면 피스톤 또는 다이어프램이 상승하면서 유로를 차단하게 되며, 이와 같은 원리를 통해 일정 수준 이상으로 배출 압력이 높아지는 것을 억제하게 된다. 스프링의 장력은 압력조절기의 손잡이를 돌려서 조절할 수 있으며, 펌프와 같은 별도의 수단이 없는 한 입구 압력보다 출구 압력이 높아지게 할 수는 없다.

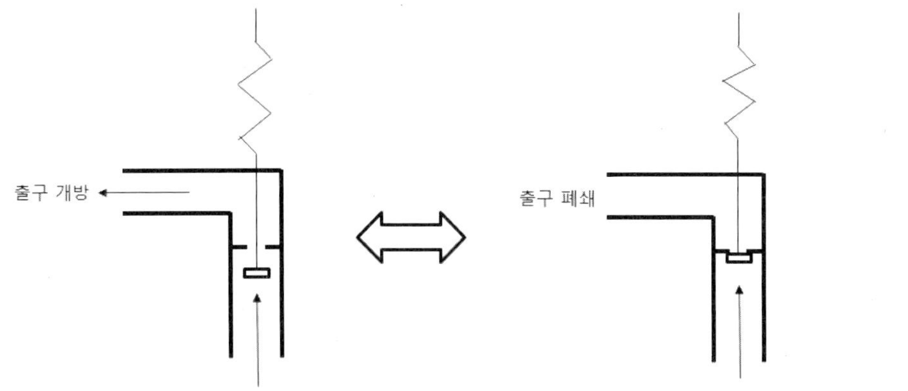

(설정 압력 이하일 경우)　　　　(설정 압력 초과일 경우)

유체의 유량을 측정하는 장치인 유량계에는 측정 원리에 따라 차압식, 면적식, 체적식, 전자식 등 다양한 종류가 있으나, 여기에서는 실험실에서 많이 이용되는 면적식 유량계에 관해 설명한다. 면적식 유량계는 수직의 관 내부에 일정 면적을 지닌 플로트를 설치한 후 아래에서 위로 유체가 흐르게 하여, 플로트가 떠오르는 높이를 통해 유량을 측정하는 장치이다. 일정 높이에서 플로트가 정지해 있을 때 유체가 플로트를 위로 밀어올리는 힘과 플로트가 받는 중력은 평형을 이루고 있으므로, 다음과 같이 표현할 수 있다.

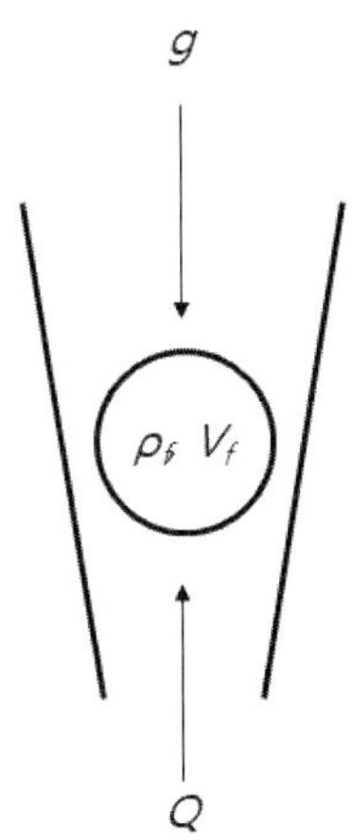

V_f : 플로트의 부피
ρ_f : 플로트의 밀도
ρ : 유체의 밀도
g : 중력가속도
p_1 : 플로트 상류측의 압력
p_2 : 플로트 하류측의 압력
A_1 : 유량계 튜브의 단면적
A_2 : 플로트 둘레의 면적 (유통 면적)
Q : 유체의 부피유량

$$A_f(p_1 - p_2) = V_f(\rho_f - \rho)g \tag{4}$$

이 식과 위에서 언급한 식 (2)를 조합하면 다음과 같이 기체의 유량을 계산할 수 있다.

$$Q = \frac{A_1 A_2}{\sqrt{A_1^2 - A_2^2}} \sqrt{2g\left(\frac{\rho_f - \rho}{\rho}\right)\frac{V_f}{A_f}} \tag{5}$$

2-2. 석회수와 이산화탄소의 화학반응

석회수는 산화칼슘과 수산화칼슘 성분이 많이 포함된 물로, 지반이 석회암으로 되어 있는 유럽이나 중앙아시아 등지의 식수원에서 주로 볼 수 있다. 석회수는 식수로 바로 이용할 경우 다소 불쾌한 맛과 향이 나고 때에 따라 배탈을 유발하기도 하여 정수 과정이 필요하다. 석회수의 주요 성분인 탄산칼슘과 이산화탄소가 만나면 물에 녹지 않는 탄산칼슘을 생성하여 침전이 발생하게 된다.

$$CaO(aq) + CO_2 \rightarrow CaCO_3 \downarrow$$

이처럼 이산화탄소를 이용해 석회를 분리하여 물을 정제할 수 있으므로 유럽 지역에서는 탄산수를 식수로 많이 이용한다. 최근 들어서는 기후변화 대응을 위해 대기 중의 이산화탄소를 포집할 수 있는 하나의 대안으로도 주목받고 있다.

3. 실험장치 및 시약

3-1. 시약

CO_2/Air 혼합 가스, CaO 수용액

3-2. 실험장치

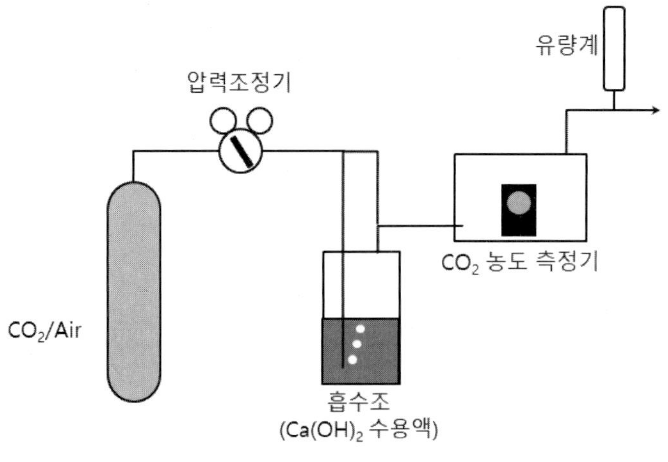

※실험 장치 구성 시 주의사항

- 안전을 위해 장치의 배관 및 흡수조 등은 될 수 있으면 스테인리스 재질로 제작하고, 실험 진행 시 최대 압력이 0.5 MPa를 넘지 않도록 조작한다. 플라스틱 재질의 공기 호스를 대체하여 사용하는 것도 가능하나, 이 경우 압력이 높아지지 않도록 특히 주의한다.
- CO_2/Air 혼합 가스가 흡수조를 거치지 않고 CO_2 농도 측정기로 기체가 바로 흐를 수 있는 우회로를 배치한다.
- CO_2 농도는 가정용 CO_2 농도 측정기를 이용하여 측정할 수 있다. 측정조는 흡수조와 마찬가지로 고압을 견딜 수 있으면서 내부를 볼 수 있는 관찰창(강화유리 등)이 설치된 형태를 권장하나, 플라스틱 재질의 용기(탄산음료용 PET 병 등)로 대체하여 활용하는 것도 무방하다. 이 경우 내부에 과도한 압력이 가해지지 않도록(PET 병의 경우 0.2 MPa 이하) 출구의 직경을 충분히 크게 만든다.

4. 실험방법

1) 실험 장치의 구조 및 조작 방법을 숙지하고 누출 검사를 수행한다.
2) 봄베를 열고 압력 조정기를 이용하여 제시된 유량으로 기체가 흐르도록 조작한다.
3) 우회관을 열어 봄베 내 기체가 측정조로 바로 흐를 수 있게 한 후 CO_2 농도를 측정한다.
4) 제시된 농도와 양의 석회수를 제조하여 흡수조에 투입한다.
5) 흡수조를 통해 혼합 기체를 흐르게 하여 일정 시간 간격으로 CO_2 농도 변화를 측정한다.
6) 흡수조의 농도 및 양을 달리하여 동일한 방법으로 시간에 따른 CO_2 농도 변화를 측정한다. 3가지 이상의 조건에서 측정을 수행한다.

5. 결 과(자료분석)

1) 기체 압력변화에 따른 기체 유량의 상관관계를 확인한다.
2) 실험 조건에 따른 CO_2 농도의 변화 양상을 비교해보고, 이러한 양상이 나타나는 이유를 설명한다.

6. 토 론

1) 두 가지 이상의 기체를 소정의 농도 비율로 혼합하여 공급할 방법을 논하시오.
2) 액상 반응기와 비교하여 기상 반응기의 구조적 차이점을 찾아보고, 이러한 차이가 생기는 이유를 논하시오.
3) 이 실험장치에서 CO_2 흡수 효율을 높이는 방법을 구상하여 서술하시오.
4) 면적식 유량계의 단면적이 변화 정도가 다르게 하여 제작하면 유량 측정 범위를 변경할 수 있음을 토론하여라.

7. 참고문헌

1) James O. Wolkes, 윌키스의 화학공학 유체역학(윤도영, 서양곤, 이우걸, 서동철 역), 사이플러스(2020).
2) 정용택, 압력센서, 유량센서, 레벨센서의 기본원리, 공감북스(2015).

Data Sheet

실험제목: 흡수에 의한 이산화탄소 포집

강좌번호: 실험조: 조장: 확인:

실험일: 년 월 일

실내온도:

실험 번호	1	2	3
기체 압력			
기체 유량			
석회수 농도 (wt%)			
석회수 양 (mL)			
초기 CO_2 농도 (ppm)			
경과 시간		**CO_2 농도 (ppm)**	
min			
min			
min			
min			
min			

실험 7
이성분계 기-액 평형

1. 개 요

서로 다른 비점을 가진 혼합물질로 구성된 액체를 가열하여 휘발성 성분을 기체로 분리하여 농축시키는 조작을 증류(distillation)라고 한다. 이러한 증류 조작을 다단계로 실시하면 혼합물에 포함된 성분들을 고순도로 분리할 수 있다. 실제로 많은 산업 분야에 사용되고 있으며, 이번 실험을 통해서 우리는 이러한 증류의 원리를 이해하기 위해서 기상과 액상 간의 평형 관계에 대해 학습하고자 한다.

이 실험에서는 증류의 기본적인 원리인 2성분계의 기-액 평형에 대한 물리적인 현상을 관찰하게 될 것이다. 특히, 비이상거동을 보여주는 이성분계(물/에탄올)에 대해 임의의 조건을 가하여 기-액 평형을 유도하고 관찰하고자 한다. 보다 세부적으로는 혼합물에 대하여 끓는점과 액상/기상의 특정성분의 몰분율을 함께 도시하는 방법을 익힘으로써 2성분계 기-액 평형의 원리를 이해하고자 한다.

2. 이 론

2-1. 기-액 평형

두 가지 종류 이상의 성분으로 섞인 액체를 일정한 온도와 압력 하에서 충분히 오래 방치하면[9] 액체와 그 액체의 증기가 평형상태를 이루는데 이러한 상평형 상태를 기-액 평형(VLE, Vapor-Liquid Equilibrium)이라 한다. 이러한 평형상태에서 기상에는 액상보다 끓는점이 낮은 성분이 많이 존재하며, 액상에는 기상보다 끓는점이 높은 성분들이 더 많이 존재한다. 기-액 평형이 완성된 상태에서는 겉보기로는 기상과 액상에서 물질의 이동이 없는 듯 보이지만 사실은 끊임없이 물질의 이동이 일어나고 있다. 다만, 기상과 액상이 물질을 교환하는 속도가 같은 동적평형(dynamic equilibrium)을 이루고 있기 때문에 실질적인 물질의 이동이 없는 것처럼 보이게 된다. 다시 말해, 기-액 평형은 기상과 액상이 추가적인 조성의 변화없이 공존하는 상태이다. 우리는 혼합물의 열역학적인 상태를 규정하기 위해서는 일정수의 독립변수(상률변수)를 고정해야 하는 것을 잘 알고 있으며 이는 Gibbs의 상규

9) 열역학적인 개념에서는 '무한히 방치하면'이 올바른 표현이겠지만 현실세계에서 시간적 제한이 있으니 실험자에게 허락되는 충분한 시간으로 표현한다.

칙($F = 2 + C - P$, F: 자유도, C: 화학종의 수, P: 상의 수)에 의해 정의된다. 예를 들어, 2개의 화학성분이 기-액 평형(P=2) 상태에 있다면 자유도(Degree of Freedom)는 상규칙에 따라서 2가 된다. 완전 기화되거나 완전 액화되었다고 하여도 적어도 하나의 상이 존재하여야 하므로 (P=1), 자유도 즉, 상률 변수의 최대값은 3이다. 이 경우에는 열역학적 상태를 규정하기 위한 상률변수는 온도, 압력 및 몰분율이 된다.

2-2. 라울의 법칙 (Raoult's law)

1888년 프랑스의 물리화학자 F.M.라울(François-Marie Raoult)이 실험을 통해 발견한 법칙으로 비휘발성 용액에서, 용액 속 용매의 증기압은 **용매의 몰분율**에 비례하며, 또 용매의 증기압 내림율은 **용질의 몰분율**과 비례한다는 원리를 포함하는 법칙이다.

용액 속의 용질 분자의 수가 많으면 그 만큼 액체 속에서 탈출하는 용매 분자 수가 줄어 증기압이 낮아지게 되며 결과적으로 용액의 끓는점도 높아진다. 예를 들면 비휘발성인 설탕을 물에 녹인 용액은 설탕 분자가 물이 증발하는 것을 부분적으로 방해하기 때문에(물분자와 설탕분자의 상호작용으로 인하여) 설탕물의 증기압은 순수한 물보다 더 낮아진다.

라울의 법칙은 i성분의 분압을 일정온도 T에서의 순수액체 i의 증기압(P'_i)과 액상에서의 i성분의 몰분율(x_i)로 표현할 수 있다.

라울의 법칙을 수학적으로 표현하자면 다음과 같다.

$$P_i = P'_i \cdot x_i$$

이 라울의 법칙을 따르는 용액을 이상용액이라 한다. 사실 라울의 법칙을 정확하게 따르는 용액은 실제로 존재하지 않는다[10]. 서로 다른 물질의 분자간의 상호작용이 같은 물질끼리의 상호작용과 정확하게 일치할 수 없기 때문이다. 이러한 가상의 이상용액에서는 라울의 법칙은 액상조성의 전 범위 ($0 < x_i < 1$)에 걸쳐서 적용된다. 이 이상용액이 성분 A와 성분 B로 구성되어 있다면, 이들 상호간에 작용하는 분자간의 인력이나 척력은 존재하지 않으며 라울의 법칙의 수학적 정의에서 벗어나지 않게 된다.

비이상용액에서는 라울의 법칙으로 본 이상용액 증기압과는 다른 양상을 보이게 된다. 만일 성분 A와 B로 구성된 비이상용액에서는 A분자들 사이의 분자회합(분자들 간의 일정

10) 실제 기체나 액체 내 분자들 사이에는 상화작용이 반드시 존재한다. 각 조건에 따라 다르긴 하지만 분자들의 종류에 따라 분자 사이의 인력이나 척력이 제각기 다르게 작용하기 때문에 라울의 법칙을 실제 현상에 적용하기는 어렵다. 이를 개선한 법칙들이 존재하며 활동도 개념을 적용하여 실제의 기-액 평형에 적용하고 있다.

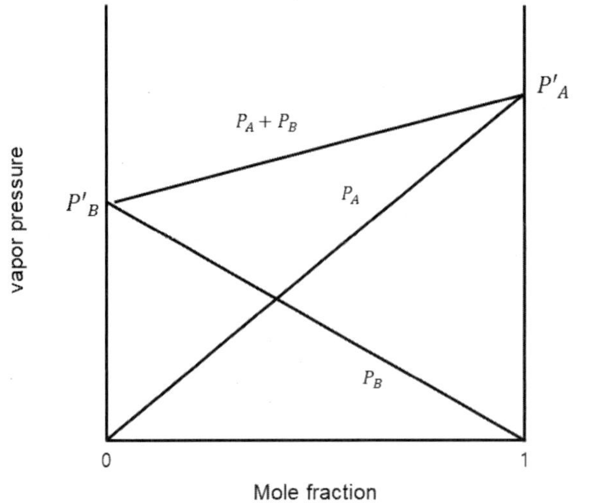

그림 1. **2성분계 이상용액에 대한 증기압 vs. 몰분율.**

한 인력으로 만들어진 군집형태)가 B분자들이 첨가됨으로서(혹은 그 반대로) 어떠한 형태로든 파괴되는 현상이 생겨난다. 이러한 현상은 A-B 상호작용이 A-A나 B-B 상호작용 보다 강하거나 혹은 약하게 작용하기 때문에 일어난다. A-B 상호작용이 보다 강하게 작용하는 경우는(혼합할 때 발열[11]), A-B 혼합물에서 A(혹은 B)성분의 증기압이 라울의 법칙으로부터 예상된 증기압 보다 상대적으로 감소된다. 이러한 현상은 라울의 법칙으로부터 음성편차를 나타내고 A-B 상호작용이 보다 약하게 작용하는 경우는(혼합할 때 흡열), 두 성

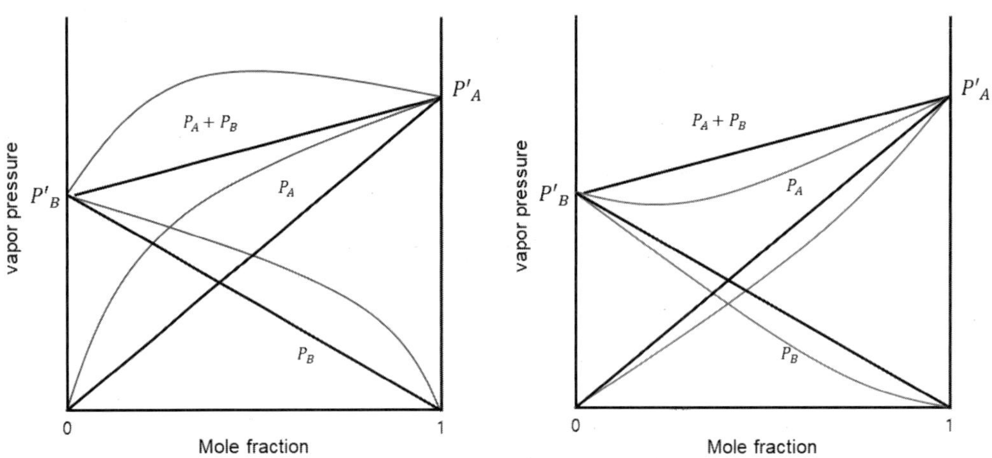

그림 2. **2성분계 비이상용액에 대한 증기압 대 몰분율 도표 (왼쪽: 양성편차, 오른쪽: 음성편차).**

11) A-B 혼합물의 에너지 준위가 A-A 혼합물의 에너지 준위보다 낮기 때문에 혼합과정에서 발열이 일어난다.

분들의 증기압이 라울의 법칙으로부터 예상된 값보다 증가되며, 이러한 현상은 라울의 법칙으로부터 양성편차12)를 나타낸다.

그림 3에는 액체와 증기의 조성에 대한 함수인 이상용액의 증기압을 보여주고 있다. 두 곡선으로 감싸진 빗금친 영역에서는 한 압력점에서 수평선을 연결하여 액상과 기상의 조성을 나타낼 수 있다. 즉 두 지점을 연결하는 각 선들은 주어진 압력에서 평형을 이루고 있는 상을 나타낸다. 두 평형상이 나타내는 각각의 조성(x_i와 y_i)은 서로 다른 값을 갖는다. 조금 더 쉽게 설명하자면 평형을 이루고 있는 기상과 액상은 혼합물의 휘발성에 따라서 서로 다른 조성을 갖게되며 이는 주어진 조건에서 자연적으로 나타나는 현상이고 규정된 열역학적 상태(즉, 고정된 상률변수)를 변화시키지 않는 한 그 값은 변함이 없다. 이는 매우 중요한 사실이며 이런 원리를 통해 증류에 의해서 액체를 분리하는 방법이 개발되었다.

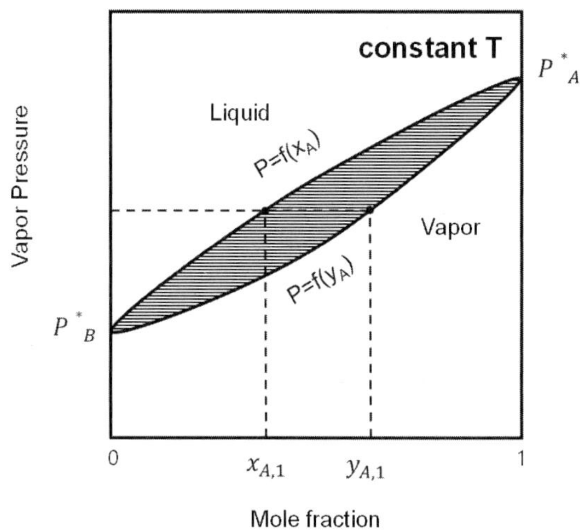

그림 3. **이상용액의 조성 대 기상의 증기압 도표.**

그림 4에는 분자의 종류가 바뀌더라도 분자 간 상호작용이 동일한(즉, 이상조건의) 2성분계 용액의 끓는점을 도표로 나타내었다. 이상용액의 경우 액상 혹은 기상의 조성에 따라 변하는 끓는점을 순수한 성분 A와 B의 끓는점을 기준으로 비례 예측이 가능하다. 물론 기상과 액상이 공존하는 영역 때문에 선이 아닌 면으로 끓는점 분포가 나타나지만, 끓는점이 높은 성분이 우세하면 혼합물의 끓는점도 높아지고, 반대로 끓는점이 낮은 성분이 우세하면 혼합물의 끓는점도 낮아진다는 식으로 예측이 가능하다.

12) A-B 상호 인력이 약할 경우 외부 에너지 투입에 따라 기화되려는 성질이 A-A 시스템에 비하여 강해지고 이로인해 증기압이 상승한다.

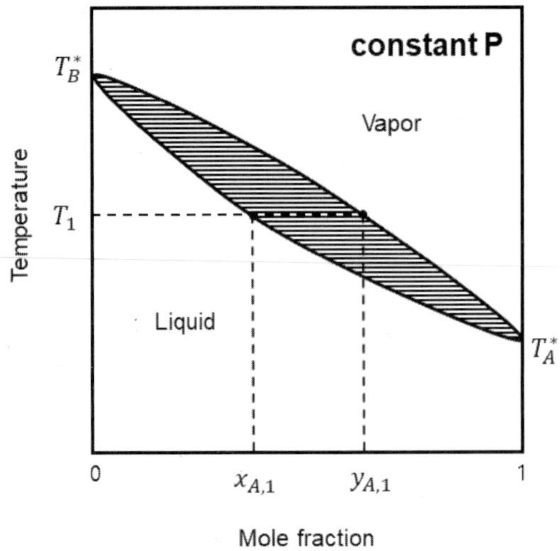

그림 4. **이상용액의 액상과 증기상의 조성에 대한 끓는점 도표.**

그림 5는 이상용액의 액상과 기상의 조성에 대한 끓는점을 나타낸다. 만약 여기서 라울의 법칙에서 음성 혹은 양성 편차를 나타내는 비이상용액계를 고려한다면, 최대점 혹은 최소점이 나타나게 된다. 최대점은 각각의 순수한 성분의 끓는점보다 높게, 최소점은 순수한 성분들의 끓는점보다 낮게 나타날 것이다.

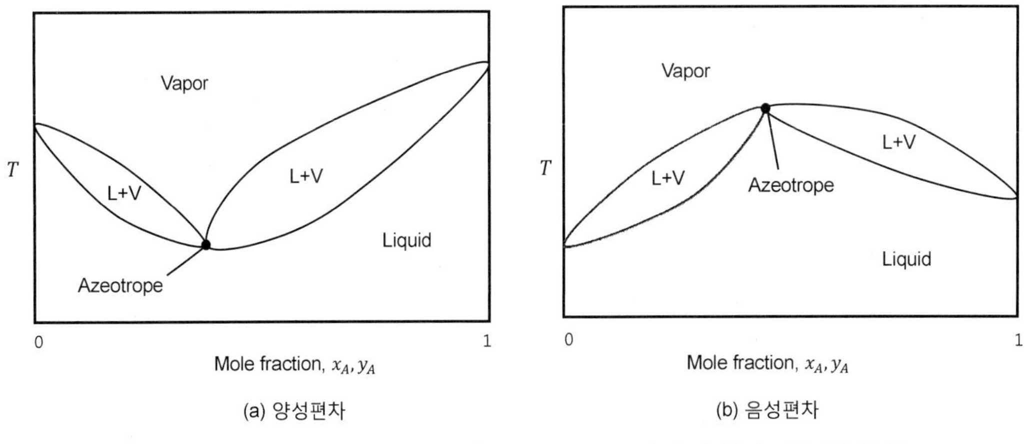

그림 5. **라울의 법칙으로부터 편차를 보이는 공비점 용액의 끓는점 분포.**

위 그림에서 학생들이 조심해야 하는 것은 양성과 음성의 일반적인 개념에 따라 위로 볼록하기 때문에 양성이라 생각하는 경우가 종종 있다는 것이다. 아래로 오목할 경우 이상용액보다는 끓는점이 낮아지게 되고, 같은 온도에서 한 성분이 기화되려는 경향이 커지기 때문에 양성편차라고 판단하는 것이 옳다. 반대로 위로 볼록할 경우에는 끓는점이 이상용액보다 높게 나타나게 된다는 의미이고, 기화하려는 경향이 작아짐을 뜻한다. 즉 음성편차로 판단하는 것이 적절하다. 즉 라울의 법칙으로 예측한 압력보다 더 높은 압력에 있는 계를 라울의 법칙으로부터 양성편차를 가진다고 정의됨을 기억할 필요가 있다.

최대점 혹은 최소점을 나타내는 독특한 A-B조성을 공비(azeotrope)조성이라 부른다. Azeotrope는 그리스 언어로부터 유래된 것으로, '변화 없이 끓는다'라는 의미가 있다. 공비점의 물리적인 의미는 A-B혼합물을 증류하여 분리하고자 할 때, 일정 조성의 공비점에서 혼합물이 끓고 액상과 기상의 A-B조성이 같아진다는 것이다. 이 상태에서는 액상과 기상의 조성이 동일하기 때문에 기상과 액상의 조성차를 이용하는 일반적인 단증류 방식으로는 A-B 성분들을 분리하는 것이 불가능하다.

기-액 평형 데이터를 표현하는 다른 방식으로는 2성분계 혼합물의 한 성분에 대하여 기상과 액상의 조성을 일정한 압력에서 도시하는 x-y 도표가 있다. 이러한 도표는 같은 온도에서 기상과 액상이 가지는 한 성분의 조성, 즉, x와 y를 온도 T에 대하여 도식화하면 얻을 수 있다. 일반적으로 여기서 취하는 한 성분은 구성성분중에서 끓는점이 낮은 성분을 가르킨다. 따라서, 별도로 하첨자로 성분을 구분할 필요는 없다. 이러한 x-y 도표를 평형곡선이라고 한다.

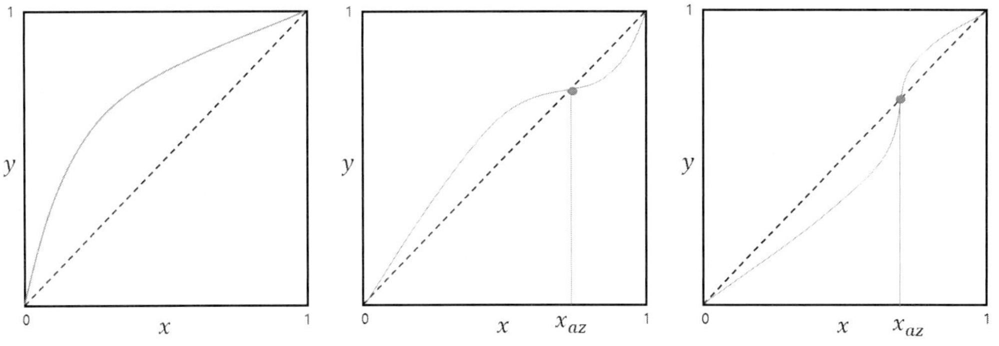

(a) 유사 이상용액　　(b) 양성편차　　(c) 음성편차

그림 6. 이상용액 그리고 양성편차, 음성편차를 가지는 이성분계 혼합물의 평형곡선.

그림 6의 (a)에 해당하는 대표적인 예는 벤젠-톨루엔 혼합물, (b)에 해당하는 대표적인 예는 아세톤-이황화탄소, 그리고 (c)에 해당하는 대표적인 예는 아세톤-클로로포름 이다.

본 실험에서는 안전상의 이유로 에탄올-물 혼합물에 대해서만 다루도록 한다.

3. 실험장치 및 시약

3-1. 시약

증류수, 에탄올

3-2. 실험기구

기액 평형장치, 주정계, 전자저울, 100 ml 비커 10개, 스포이드, 파라필름, 샘플 채취용 주사기

4. 실험방법

4-1. 실험장치

이번 실험의 목적은 2성분계 기-액계의 T-x 상도표를 작성하는 것이므로 실험적으로 접근하기 위해서는, 끓고 있는 액체와 평형상태에 있는 증기(액체로 응축된)중에 있는 두 성분 중 한 성분을 제거하는 것이 필요하다. 이 때 액체 중에 있는 한 성분 또한 제거되며, 변하게 되는 두 시료 간의 조성은 주정계를 사용하여 결정한다. 이와 같은 조작은 일정한 압력 (대기압) 하에서여러 벌크 조성을 갖는 A-B 혼합물을 가지고 각 혼합물에 대한 정확한 비점을 측정하면 된다.

4-1-1. 기-액 평형장치의 운전

기-액 평형장치는 간단한 유리기구로 구성되어 있다. 이성분 혼합물을 증류플라스크에 넣고 히팅 맨틀(heating mantle)로 가열하면 끓는점 근처에서 혼합물의 일부가 기화되어 장치상부로 이동하게 된다. 기상물질은 응축기(condenser)로 이동하여 냉각수가 흐르는 외벽과 접촉하여 다시 액화된다. 액화된 혼합물은 아래로 떨어져 증류플라스크 가지관을 통해 원래의 액상으로 돌아가게 된다. **그림 7**에는 기-액 평형장치 모식도를 나타내었다. 증류플라스크와 상부 직선관의 옆가지에는 셉텀(septum)이 장착되어 있어 바늘이 긴 주사기를 사용하여 액체 혹은 기체 시료를 쉽게 채취할 수 있다. 증류된 시료를 채취하고자 할 때는, 주사기의 바늘 끝이 액상 표면에 근접하게 위치하도록 조절한 뒤 주사기의 피스톤을 당겨 기체를 채취한다. 채취된 기체는 상온으로 냉각되면서 액화되고 한 두 방울의 액체가 형성된다. 잔류물 시료의 채취는 단순하게 액상에 주사기 바늘을 살짝 담그고 액상 시료를 끌어올리면 된다. 온도계는 0.1℃의 정밀도를 가지는 열전쌍을 사용하여 측정한다. 열전쌍의 끝단은 액상의 상부층에 살짝 잠기도록 위치시켜 온도를 읽는다. 자석 교반기를

서서히 돌려서 액체가 늦게 가열되거나 과열되는 것을 방지한다. 전기전압조절기는 가열 망태기의 가열속도를 조절하거나 온도를 일정하게 유지하는데 사용한다.

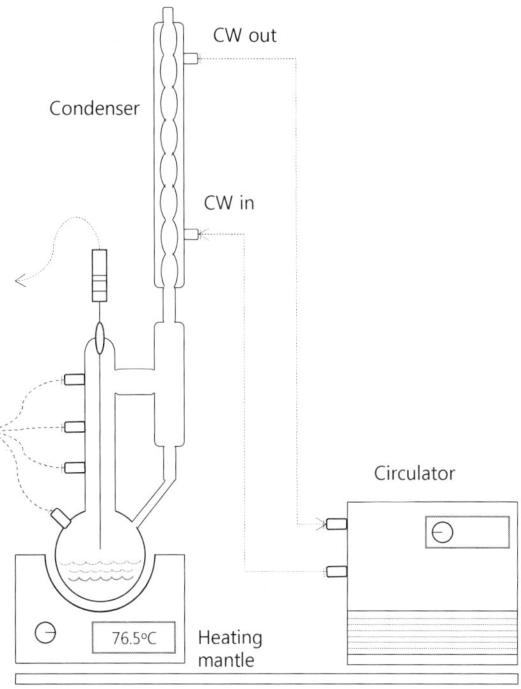

그림 7. **기-액 평형장치 모식도.**

증류플라스크와 상부 직선관의 옆가지에는 셉텀(septum)이 장착되어 있어 바늘이 긴 주사기를 사용하여 액체 혹은 기체 시료를 쉽게 채취할 수 있다. 증류된 시료를 채취하고자 할 때는, 주사기의 바늘끝이 액상 표면에 근접하게 위치하도록 조절한 뒤 주사기의 피스톤을 당겨 기체를 채취한다. 채취된 기체는 상온으로 냉각되면서 액화되고 한 두방울의 액체가 형성된다. 잔류물 시료의 채취는 단순하게 액상에 주사기 바늘을 살짝 담그고 액상 시료를 끌어올리면 된다. 온도계는 0.1℃의 정밀도를 가지는 열전쌍을 사용하여 측정한다. 열전쌍의 끝단은 액상의 상부층에 살짝 잠기도록 위치시켜 온도를 읽는다. 자석 교반기를 서서히 돌려서 액체가 늦게 가열되거나 과열되는 것을 방지한다. 전기전압조절기는 가열 망태기의 가열속도를 조절하거나 온도를 일정하게 유지하는데 사용한다.

4-1-2. 주정계(에탄올 함량확인)

액체의 조성을 확인하는 일반적인 방법은 이성분계 혼합물의 굴절률을 측정하는 것이다. 여러 조성을 가지는 이성분 혼합물을 준비하고 이에 대한 굴절률을 측정하여 검정곡선을 만들어 미지의 시료에 대한 굴절률을 조성을 변환하여 측정한다. 그러나, 에탄올과 물의 혼합물의 경우에는 에탄올의 함량이 클 경우 굴절률의 차이가 적어 오차를 유발하기 쉽다. 본 실험에서는 에탄올의 부피함량을 간단한 방법으로 측정할 수 있는 주정계 이용하도록 한다. 그림 8에는 상용제품의 주정계와 주정계 접안부로 볼 수 있는 눈금을 나타내었다. 주정계 역시 굴절률을 이용하여 에탄올의 부피를 측정한다. 주정계의 유리창에 액체를 한 방울 떨어뜨리고 덥개를 닫고 접안부에 눈을 대고 눈금을 읽으면 부피비로 나타나는 에탄올의 조성을 읽을 수 있다. 부피조성으로 읽혀지는 만큼, 몰조성으로 변환하는 작업이 필요함을 인지할 필요가 있다.

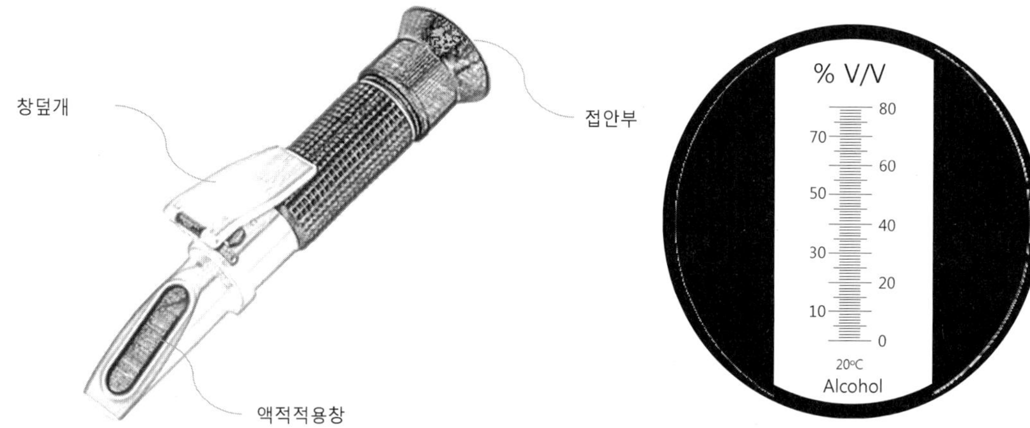

그림 8. **에탄올 함량 측정을 위한 주정계와 접안부 안쪽의 측정눈금.**

다른 주의사항으로는 에탄올-물 혼합물의 경우, 에탄올의 함량이 80% 이상일 경우에는 눈금을 읽는 것이 불가능하다. 또한, 에탄올 함량이 높아질수록 액상과 기상의 조성이 유사해진다는 사실을 인지하고 실험에 임하는 것이 바람직하다.

4-2. 실험절차

4-2-1. 검정시료 제작[13)]

① 에탄올의 몰분율이 0.03, 0.06, 0.09, 0.12, 0.15, 0.18, 0.25, 0.35, 0.45, 0.60가

13) 주정계 검정을 이용한 에탄올-물의 농도 분석과 관련하여 엄밀한 실험을 위해서는 분석방법의 타당성에 대한 검토가 필요하다. 수업의 편의상 이러한 과정이 생략되나 실험자들은 관련사항을 부록 3의 "품질관리(QA/QC)"를 참고할 수 있다.

되도록 100 ml의 10개의 시료를 제조한다.

② 각 시료를 제조할 때마다 비이커의 입구를 파라필름으로 밀봉하여 보관한다.

③ 제조된 시료를 10 ml 주사기를 이용해서 2~3 ml를 채취하여 주정계의 시료창에 한 방울을 떨어뜨리고, 시료의 부피비를 측정하여 기록한다.

④ 몰분율과 부피비를 모두 기록하고 검정곡선을 제작한다.

⑤ 임의의 시료를 제조하여 부피비를 주정계로 측정하고 검정곡선으로 몰분율을 추정하여 제조 시 의도한 몰분율과 일치하는지 확인한다.

⑥ 검정곡선의 신뢰도가 확인되지 않을 경우에는 시료의 몰분율 간격을 적절하게 조절하여 다시 제조하고 검정곡선을 다시 제작한다.

4-2-1. 기액 평형장치의 운전

① 제조된 시료 50 ml를 기액 평형장치의 증류 플라스크에 넣고 히팅맨틀의 온도를 올려 가열하기 시작한다.

② 시료가 끓기 시작할 때까지 기다리고 기화된 시료가 응축기에 도달하고 다시 액화되어 증류플라스크로 돌아오기 시작할 때까지 기다린다.

③ 충분한 시간을 두고 증류플라스크 상부액의 온도가 변화하지 않을 때까지 기다리고 측정한 온도(끓는점)를 기록한다.

④ 증류플라스크 내부의 상부액의 액체와 액상표면 근처의 기체를 채취한다. 액체의 경우는 5~10 ml, 기체의 경우에는 100 ml 이상을 포집한다. 채취가 완료된 뒤 주사기 바늘은 셉텀을 이용하여 밀봉한다.

⑤ 주사기의 온도를 20°C가 될 때까지 냉각시키고(증기가 응축되어 한 두 방울의 액적이 생기면), 주정계에 주사기 내의 시료를 한 방울 떨어뜨려 에탄올의 부피비를 기록한다.

⑥ 측정된 부피비는 검정곡선을 이용하여 몰분율로 변환한다. 그리고, 증류플라스크의 온도를 낮추고 시료를 교체한다. 시료 교체 시 충분히 세척하고 건조하여 잔류시료에 의한 오염을 방지한다.

⑦ 위 실험을 반복하여 준비된 시료에 대한 증류물과 잔류물의 에탄올 몰분율을 모두 기록하고 시료별로 측정된 끓는점을 기록한다.

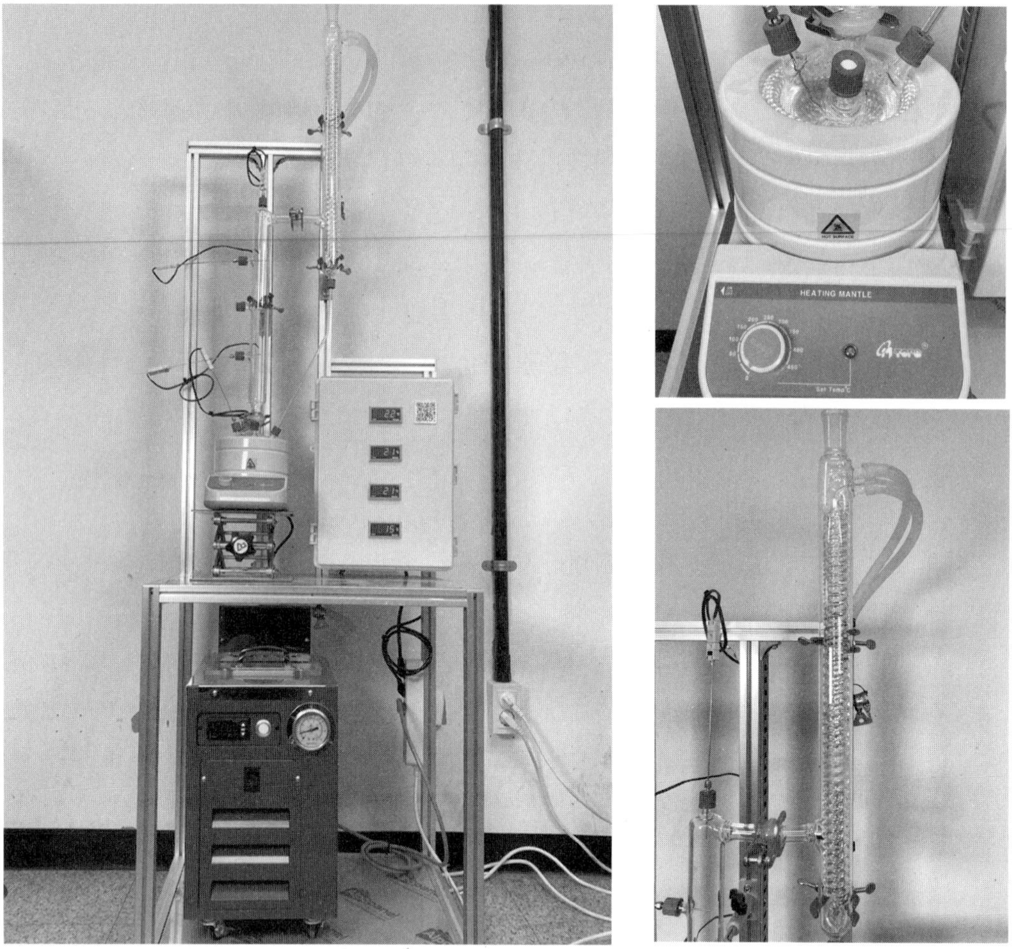

그림 9. **기-액 평형장치.**

※ 플라스크 안 용액 제거 시, 증류장치가 뜨거우므로 충분히 식힌 후 장갑을 착용하고 제거해야 한다.

주의사항

1. 시료의 채취와 교체과정에 증류 플라스크가 뜨거워 화상을 입을 수 있다. 시료와 장치를 다룰 때 목장갑을 끼고 그 위에 라텍스 장갑을 껴서 손을 보호한다.
2. 주정계를 이용한 시료의 에탄올 부피 비 측정 시 시료의 오염을 방지하기 위해 측정전 매번 청결하게 시료창과 주사기를 세척하고 건조한다.

5. 결 과

5-1. 실험데이터 처리

① 제조된 검정시료 10개의 에탄올 몰분율에 대응하는 주정계의 부피비를 측정하고 기록하시오.

② 몰분율과 부피비를 표와 그래프를 작성하시오. 도표상의 점들을 곡선으로 연결하시오. 그리고, 스프레드시트 프로그램을 사용할 경우 최소자승법을 이용하여 추세선의 방정식을 구하시오.

③ 각각의 준비된 시료를 이용하여 기-액 평형장치를 운전하고 증류물과 잔류물의 에탄올 부피비를 주정계를 이용하여 측정하고 이를 다시 검정곡선을 사용하여 몰분율로 전환하시오. 그리고, 잔류물과 증류물의 에탄올 몰분율을 끓는점과 함께 표에 기록하시오.

5-2. 실험결과의 가공

① 각각의 시료에 대한 잔류물의 에탄올 몰분율과 기록된 끓는점을 이용하여 T-x 상도표를 그리시오.

② 각각의 시료에 대한 증류물과 잔류물의 에탄올 몰분율을 이용하여 x-y 상도표를 그리시오.

6. 토 론

6-1. 예비리포트

1) 몰분율과 끓는점관계를 스케치하여라. xy평형선도를 스케치하여라. 양성(음성) 편차가 존재한다면 왜 그렇게 스케치하였는지 설명하여라.

2) 기액 평형 온도는 장치의 어느 곳에 있어야 하는지 토론하여라.

6-2. 결과리포트

1) 에탄올 수용액을 제조할 때 에탄올의 부피분율과 몰분율과의 정량적인 관계를 구하는데 있어 필요한 이론을 설명하여라.

2) 증류장치 각 부위의 온도가 정상상태에 도달한 후에 기-액 평형을 위한 시료를 채취하는 이유에 관해서 설명하여라. 정상상태와 평형상태를 구별하여 설명하여라.

3) 물과 에탄올의 혼합물에는 에탄올의 몰분율이 높은 지점에서 공비점이 존재한다. 또한, 주정계는 빛의 굴절율을 이용하는 장치이기 때문에 에탄올 분율이 높아질 경우 측정값을 신뢰하기 어렵다. 이를 극복하고 보다 정확한 실험데이터를 얻기 위한 방법론을 제시할 수 있는가?
4) 얻어진 데이터는 문헌치와 잘 일치하는가? 만일 일치하지 않는다면 그 원인은 무엇인가?
5) 이 밖에 실험을 진행하면서 필요한 이론적 배경을 보고서에 기술하고, 이론을 전개하는데 가정한 것이 실험장치와 일치하는 지를 관찰하여라. 차이점을 발견하였다면 실험장치에서 개선할 수 있는 사항이 있으면 나열하시오.

7. 참고문헌

1) 강용, 조헌영, 물리화학실험, 물리화학연구회, 충남대학교, 대전(1993).
2) Dahm, K. D., Visco, D. P. and Singh, J., Fundamentals of Chemical Engineering Thermodynamics, Cengage Learning(2016).
3) 박소진, Schnell, D., 화학공학실험, 충남대학교출판부, 충남대학교, 대전(2010).

Data Sheet

실험제목: 이성분계의 기-액 평형 실험

강좌번호: 실험조: 조장: 확인:

실험일: 년 월 일

실내온도:

1. 에탄올 몰분율에 따른 부피비 계산

에탄올 몰분율	에탄올 부피비	에탄올 몰분율	에탄올 부피비
0.03		0.18	
0.06		0.25	
0.09		0.35	
0.12		0.45	
0.15		0.60	

2. 에탄올-물 혼합물의 끓는점, 증류물 및 잔류물의 몰분율 측정

투입시료의 에탄올 몰분율	끓는점 ℃	증류물의 에탄올 부피비	잔류물의 에탄올 부피비	증류물의 에탄올 몰분율	잔류물의 에탄올 몰분율
0.03					
0.06					
0.09					
0.12					
0.15					
0.18					
0.25					
0.35					
0.45					
0.60					

3. 기-액 평형 상태에서 증류물과 잔류물의 에탄올 몰분율 측정

투입시료의 에탄올 몰분율	x_{EtOH}	y_{EtOH}	투입시료의 에탄올 몰분율	x_{EtOH}	y_{EtOH}
0.03			0.18		
0.06			0.25		
0.09			0.35		
0.12			0.45		
0.15			0.60		

실험 8
할로젠화 알킬의 가수분해 반응: 반응속도와 반응 메커니즘 분석

1. 개 요

2-bromo-2-methylpropane의 가수분해 반응을 수행하여 할로젠화 알킬 화합물의 반응성에 대해 이해하고, 반응 조건과 반응속도와의 관계로부터 본 반응의 메커니즘을 확인한다. 또한, 친핵성 치환 반응, S_N1 반응과 S_N2 반응의 메커니즘의 특징과 두 반응의 차이를 이해한다.

2. 이 론

할로젠화 알킬(alkyl halide)은 일반적으로 친전자체(electrophile)로 작용하여 친핵체(nucleophile)나 염기성 물질들과 극성 반응을 진행한다. 할로젠화 알킬이 하이드록시 이온(hydroxide ion)과 같은 친핵체/염기와 반응할 때는 1) 친핵체에 의해 치환(substitution)되거나, 2) 알켄을 생성하는 제거(elimination) 반응이 일어난다.

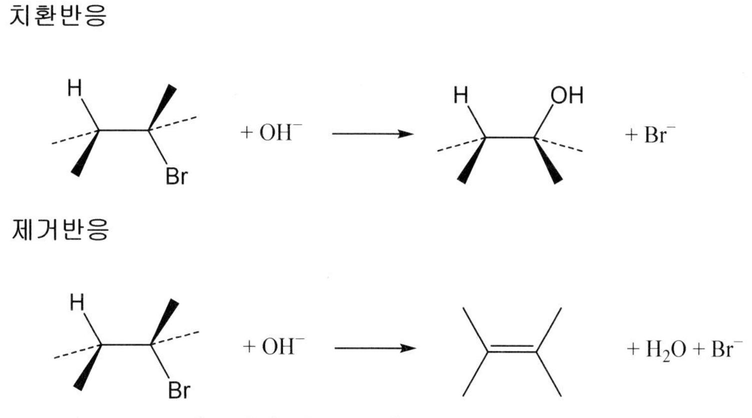

그림 1. **할로젠화 알킬과 하이드록시 이온의 반응.**

본 실험에서는 2-bromo-2-methylpropane이 친핵체인 물 또는 수산화물과 반응하여 알코올로 전환되는 반응을 수행한다. 이 반응의 메커니즘은 간단한 친핵성 치환(nucleophilic substitution) 반응이다.

2-1. 친핵성 치환반응

할로젠 원자는 탄소 원자보다 전기음성도가 커서 할로젠화된 탄소 원자는 부분 양전하(δ^+)를 가진다. 이 탄소 원자는 음이온이나 비공유 전자를 가진 화학종(친핵체)의 공격을 쉽게 받게 되는데, 이러한 반응을 친핵성 치환(nucleophilic substitution) 반응이라고 한다.

물 또는 수산화물이 친핵체로 작용하는 할로젠화 알킬의 수화반응은 할로젠화 알킬의 구조에 따라 반응성과 반응 메커니즘이 다르게 나타난다. 일반적으로 1차 할로젠화 알킬은 S_N2 메커니즘에 의해 가수분해되고, 3차 할로젠화 알킬은 S_N1 메커니즘에 의해, 2차 할로젠화 알킬은 이 둘의 혼합반응으로 가수분해되는 경향이 있다. 두 메커니즘의 가장 큰 차이는 S_N1 반응은 두 단계로 일어나는 반면, S_N2 반응은 한 단계로 일어난다는 점이다.

2-1-1. S_N1 반응

반응속도가 하나의 화학종의 농도에만 의존하는 한 분자 친핵성 치환반응(unimolecular nucleophilic substitution)을 S_N1 반응이라고 한다. 할로젠화 알킬 화합물과 하이드록시 이온의 S_N1 반응은 아래와 같이 두 단계로 진행된다.

1단계) 할로젠화 알킬의 자발적 해리 (반응속도 결정 단계)

$$(CH_3)_3CBr \rightarrow (CH_3)_3C^+ + Br^-$$

2단계) 친핵체 첨가 (빠른 반응 단계)

$$(CH_3)_3C^+ + OH^- \rightarrow (CH_3)_3COH$$

첫 번째 단계는 결합이 끊어지는 느린 반응이며 두 번째 단계는 반대 전하를 가진 이온 간의 인력이 반영된 빠른 반응이다. 따라서, S_N1 반응은 할로젠화 알킬의 해리 반응이 전체 반응속도를 결정하게 된다. 결과적으로 반응의 속도는 할로젠화 알킬의 농도에만 의존하고, 하이드록시 이온의 농도에는 무관하다. 다시 말하면, 이 반응은 일차 과정(first-order process) 이다.

2-1-2. S_N2 반응

속도 결정 단계가 2개의 구성요소를 포함하는 이분자 친핵성 치환반응(bimolecular nucleophilic substitution)을 S_N2 반응이라고 한다. S_N2 반응은 결합 형성과 결합 파괴 단계가 동시에 일어난다. 이때, 할로젠화 알킬의 구조 중 치환되는 이탈기(leaving group)의 반대 방향으로부터 친핵체가 공격할 때 중간체 없이 한 단계로 반응이 일어난다. 친핵체가 할로젠화 알킬의 한쪽 면으로 접근하여 탄소와 결합을 형성하고 할로젠 음이온이 반대쪽에서 떨어져 나감에 따라, 입체 화학적 배열에 반전이 일어난다.

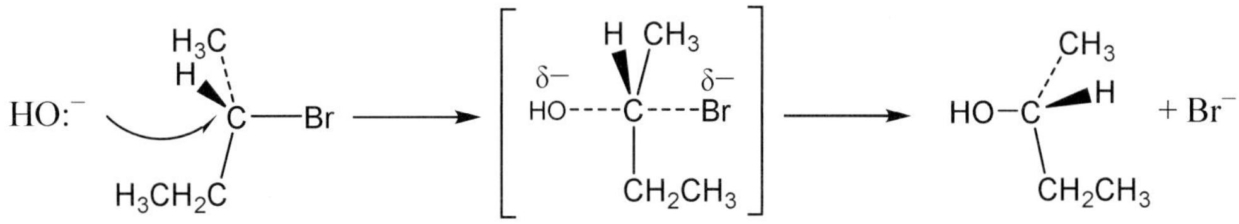

(S)-2-bromobutane　　　전이 상태　　　(R)-2-butanol

2-2. 반응속도식과 반응 메커니즘

2-2-1. 속도법칙

화학반응의 속도를 반응물의 농도에 대한 경험적 관계식으로 나타낼 수 있다. 이 관계식을 속도법칙(rate law)이라고 하며, 다음과 같은 일반적인 화학반응의 반응속도(rate)를 아래와 같이 나타낼 수 있다.

$$aA + bB + \cdots \rightarrow cC + dD + \cdots$$

$$Rate = k[A]^{\alpha}[B]^{\beta} \cdots$$

여기서 [A]와 [B]는 각각 반응물 A, B의 농도이며, 상수 α와 β는 각 화학종에 대한 반응차수(reaction order)이며 상수 k 는 반응의 속도상수(rate constant)라 한다. 속도상수는 농도와 무관하나, 압력과 온도에 의존한다. 반응차수는 반응속도의 농도 의존성을 보이나 양론 계수와는 아무런 상관이 없으며 실험적으로 결정된다.

S_N1 반응과 S_N2 반응은 메커니즘에 따라 각각 1차 반응과 2차 반응으로 반응속도식이 다르게 나타난다. 예로 본 실험에서 진행하는 브로민화 알킬(RBr)과 하이드록시 이온 간의 반응은 메커니즘에 따라 아래와 같이 나타날 것으로 예상할 수 있다.

$$S_N1 : Rate = k[RBr]^1[OH^-]^0$$

$$S_N2 : Rate = k[RBr]^1[OH^-]^1$$

2-2-2. 반응차수의 결정

다음 반응의 속도법칙은 다음과 같다.

$$A + B \xrightarrow{k} C$$

$$Rate = k[A]^{\alpha}[B]^{\beta}$$

반응차수를 결정하는 대표적인 방법으로 격리법(isolation method)과 초기 속도법

(method of initial rate)이 있다. 본 실험에서 사용하는 초기 속도법은 하나의 반응물의 농도만 변화시키면서 반응의 초기 속도를 결정하는 방법으로, 농도 변화에 따른 초기 속도의 변화를 분석해 해당 반응물에 대한 반응차수를 구한다. 예로, B의 농도를 일정하게 유지($[B]_0$)한 채로 A의 농도를 변화시키면서 반응속도를 각각 측정하고, 아래와 같은 과정을 통해 반응차수를 결정하게 된다.

$$\frac{R_1}{R_2} = \frac{k[A]_1^{\alpha}[B]_0^{\beta}}{k[A]_2^{\alpha}[B]_0^{\beta}} = \left(\frac{[A]_1}{[A]_2}\right)^{\alpha}$$

$$\ln\left(\frac{R_1}{R_2}\right) = \alpha \ln\left(\frac{[A]_1}{[A]_2}\right)$$

본 실험에서는 OH^- 와 2-bromo-2-methylpropane에 대한 반응차수를 결정하여 반응 메커니즘을 확인하고자 한다. 과량의 2-bromo-2-methylpropane에 수산화 나트륨을 약간 첨가하고, 반응의 진행을 미량의 페놀프탈레인 지시약으로 추적한다. 과량의 2-bromo-2-methylpropane을 사용하여 반응 진행 중에 2-bromo-2-methylpropane의 농도가 일정하다고 간주할 수 있다. 실험에서는 반응이 일어나는 초기 단계를 관찰하므로, OH^-이온의 농도($[OH^-]$)를 반응 종결 시간(t)으로 나누어 간단히 반응속도를 도출할 수 있다. $[OH^-]$를 바꿔가며 반응속도를 반복 측정하여 OH^-이온에 대한 반응차수를 결정할 수 있다.

반대로 수산화 나트륨의 농도를 일정하게 유지하고 2-bromo-2-methylpropane의 농도([RBr])를 변화시켜 반응속도를 도출하면 2-bromo-2-methylpropane에 대한 반응차수를 결정할 수 있다.

2-2-3. 초기 속도의 결정

본 실험에서는 반응이 진행되어 OH^- 이온이 소진되면 페놀프탈레인의 분홍색이 사라지게 되어 색상의 변화를 통해 반응 종결 시간을 측정할 수 있다. 반응 초기 단계를 관찰하기 때문에 농도-시간의 그래프는 선형으로 나타난다. 이는 반응에 사용된 $[OH^-]$를 반응 종결에 걸린 시간으로 나누어 반응속도를 도출할 수 있다는 것을 의미한다.

$$Rate_1 = \frac{[OH^-]_1}{t_1}$$

3. 실험기구 및 시약

3-1. 시약

2-bromo-2-methylpropane ($(CH_3)_3CBr$), 수산화 나트륨(NaOH), 페놀프탈레인 용액 ($C_{20}H_{14}O_4$, 0.1%), 아세톤(acetone 또는 propanone)

3-2. 실험기구

시험관, 초시계, 피펫(1 mL, 5 mL, 10 mL), 피펫 필러, 일회용 피펫, 메스실린더, 비이커 (100 mL, 50 mL), 자석 교반 막대, 자기 교반기

4. 실험방법

4-1. 수산화 이온에 대한 반응차수 결정

1) 반응 용매로 80:20 부피비의 아세톤/증류수 혼합용액을 30 mL 준비한다.
2) 10 mM NaOH 수용액 50 mL를 준비한다.
3) 자석 교반 막대를 넣은 비이커에 6 mL의 NaOH 용액을 준비한 후, 7.5 mL의 반응 용매를 넣는다.
4) 페놀프탈레인을 NaOH 용액에 두 방울을 넣고 색이 고루 퍼지도록 자기 교반기로 교반한다.
5) 2-bromo-2-methylpropane 0.5 mL를 피펫으로 넣고 용액에서 분홍색이 사라지는 시간을 측정하여 기록한다.
6) NaOH 용액의 부피를 8 mL, 10 mL로 바꾸어 상기 과정(3~5)을 각각 반복한다. 단, 반응 용매의 부피를 조절하여 전체 부피가 동일하게 14 mL가 되도록 하며, 혼합 방법을 동일하게 유지한다.

주의사항

1. 소량의 NaOH와 반응하는 실험은 반응시간이 매우 짧으므로 측정 시 주의하여야 한다.
2. 2-bromo-2-methylpropane과 NaOH 용액이 혼합되어야 반응이 효과적으로 이루어지며, 혼합정도에 따라 반응속도에 차이가 날 수 있으므로 실험마다 동일한 방법으로 혼합하도록 한다.

4-2. 2-bromo-2-methylpropane에 대한 반응차수 및 속도상수 결정

1) 자석 교반 막대를 넣은 비이커에 NaOH 용액(10 mM)을 6 mL 준비한 후, 3.6 mL의 반응 용매를 넣는다.
2) 페놀프탈레인을 NaOH 용액에 두 방울을 넣고 색이 고루 퍼지도록 자기 교반기로 교반한다.
3) 2-bromo-2-methylpropane 0.4 mL를 피펫으로 넣고 용액에서 분홍색이 사라지는 시간을 측정한다.
4) 2-bromo-2-methylpropane의 부피를 0.6 mL, 0.7 mL, 0.8 mL로 바꾸어 상기 과정(1~3)을 각각 반복한다. 단, 반응 용매의 부피를 조절하여 전체 부피가 동일하게 10 mL가 되도록 하며, 혼합 방법을 동일하게 유지한다.

주의사항

1. 아세톤, 2-bromo-2-methylpropane, 페놀프탈레인은 가연성 물질이며, 아세톤은 안구에 염증을 유발할 수 있다. 따라서, 취급에 주의해야 하며, 환기가 잘되는 환경이나 흄후드에서 실험을 진행한다.
2. NaOH 용액은 뚜껑으로 밀봉된 병에 보관하며 사용한다.

5. 결 과

5-1. 수산화 이온에 대한 반응차수 결정

1) 반응에 사용된 NaOH 용액의 부피로부터 각 반응에서 하이드록시 이온의 농도 $[OH^-]$를 계산해 Data sheet에 기록한다.

$$[OH^-] = \frac{C_{NaOH} \times V_{NaOH}}{V_{total}}$$

2) $[OH^-]$에 대한 반응시간 그래프($[OH^-]$-반응시간 그래프)를 작성한다.
3) 반응에 사용된 $[OH^-]$를 반응 종결 시간(t)으로 나누어 반응속도를 각각 계산한다.

$$Rate = \frac{[OH^-]}{t}$$

4) $[OH^-]$에 대한 반응속도 그래프($[OH^-]$-반응속도 그래프)를 작성한다.
5) 반응속도 간의 비율과 그래프로부터 수산화 이온에 대한 반응차수가 0인지 1인지 예상하라.

5-2. 2-bromo-2-methylpropane에 대한 반응차수 및 속도상수 결정

1) 반응에 사용된 2-bromo-2-methylpropane의 부피로부터 각 반응에서 반응물의 농도([C_4H_9Br])를 계산해 Data sheet에 기록한다.

$$[C_4H_9Br] = \frac{V_{C_4H_9Br} \times d_{C_4H_9Br}}{MW_{C_4H_9Br} \times V_{total}}$$

2) [C_4H_9Br]에 대한 반응시간 그래프([C_4H_9Br]-반응시간 그래프)를 작성한다.
3) 반응에 사용된 [C_4H_9Br]를 반응 종결 시간(t)으로 나누어 반응속도를 각각 계산한다.

$$Rate = \frac{[C_4H_9Br]}{t}$$

4) [C_4H_9Br]에 대한 반응속도 그래프([C_4H_9Br]-반응속도 그래프)를 작성한다.
5) 반응속도 간의 비율과 그래프로부터 2-bromo-2-methylpropane에 대한 반응차수가 0인지 1인지 예상하라.
6) [C_4H_9Br]에 대한 반응속도 그래프로부터 속도상수(k)를 구한다.

6. 토 론

1) 이 반응의 반응속도식을 작성하여라.
2) 이 반응의 메커니즘은 S_N1 메커니즘과 S_N2 메커니즘 중 무엇에 해당하는가?
3) 본 반응에서 속도 결정 단계가 무엇인지 기술하여라.
4) 격리법(isolation method)에 관해 기술하여라.

7. 참고문헌

1) 존 E. 맥머리, 맥머리의 유기화학, 9판, 사이플러스(2017).
2) 토머스 엥겔, 필립 리드, 필수 물리화학, 3판, 카오스북(2018).
3) “The hydrolysis of 2-bromo-2-methylpropane”, Education in Chemistry, The Royal Society of Chemistry(2012).

Data Sheet

실험제목: 2-bromo-2-methylpropane 가수분해 반응의 메커니즘

강좌번호: 실험조: 조장: 확인:

실험일: 년 월 일

실내온도:

1. 수산화 이온에 대한 반응차수 결정

1) 반응 종결 시간 및 초기 반응속도

V_{OH-} (mL)	$[OH^-]$ (mM)	t (반응 종결 시간) (s)	Rate (μM s^{-1})
6			
8			
10			

2) $[OH^-]$와 반응속도의 상관관계

$[OH^-]$ 비율	Rate 비율

3) 수산화 이온에 대한 반응 차수 (n) :

2. 2-bromo-2-methylpropane에 대한 반응차수 및 속도상수 결정

1) 반응 종결 시간 및 초기 반응속도

V_{C4H9Br} (mL)	$[C_4H_9Br]$ (mM)	t (반응 종결 시간) (s)	Rate (μM s^{-1})
0.4			
0.6			
0.7			
0.8			

2) [C_4H_9Br]와 반응속도의 상관관계

[C_4H_9Br] 비율	Rate 비율

3) 2-bromo-2-methylpropane 이온에 대한 반응 차수 (n) :

4) 속도 상수 k :

실험 9
아조 염료의 제조

1. 개 요

방향족 화합물은 친전자성 치환반응(electrophilic substitution reaction)을 통해 다양한 화합물을 합성할 수 있다. 방향족 화합물의 친전자성 치환반응은 방향족 화합물의 치환기와 친전자체(electrophile)의 종류에 따라 반응성과 친전자체의 배향성에 영향을 받는다. 본 실험에서는 방향족 화합물의 친전자성 치환반응과 다이아조화(diazotization) 및 커플링 반응을 이용하여 아조 염료를 합성하고, 방향족 화합물의 치환반응과 커플링 반응에 대한 메커니즘을 이해하고자 한다.

2. 이 론

다이아조화 반응은 방향족 1차 아민을 산성용액에서 아질산나트륨(sodium nitrite, $NaNO_2$)과 반응시키는 반응이다.

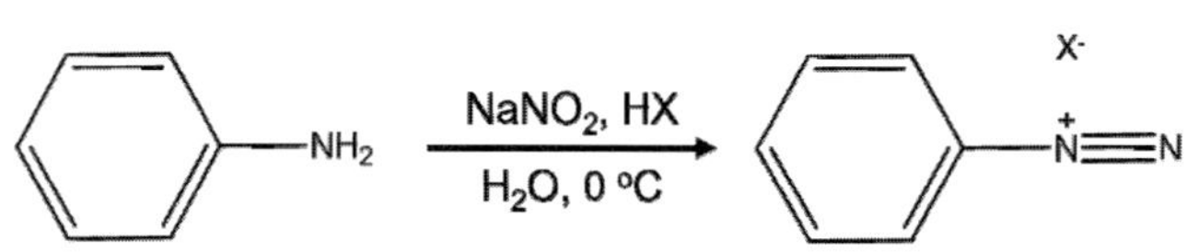

그림 1. 다이아조화 반응.

반응결과물인 다이아조늄염(diazonium salt)은 할로젠화물, 수소화물, 사이안화물 및 수산화물 등과 같은 여러 종류의 친핵체(nucleophile)와 반응하여 치환된 benzene을 생성한다.

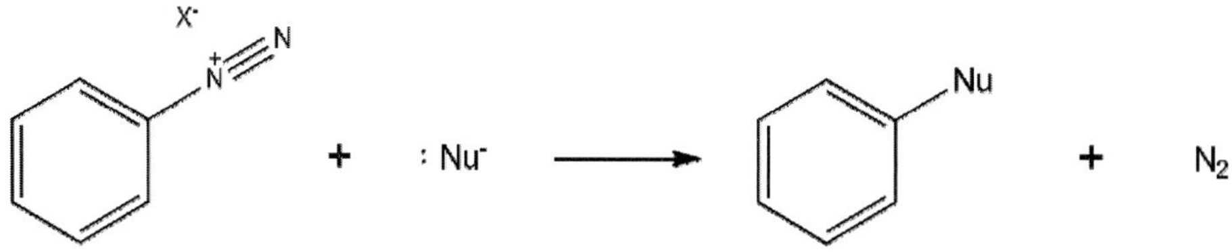

그림 2. 다이아조늄염의 치환반응.

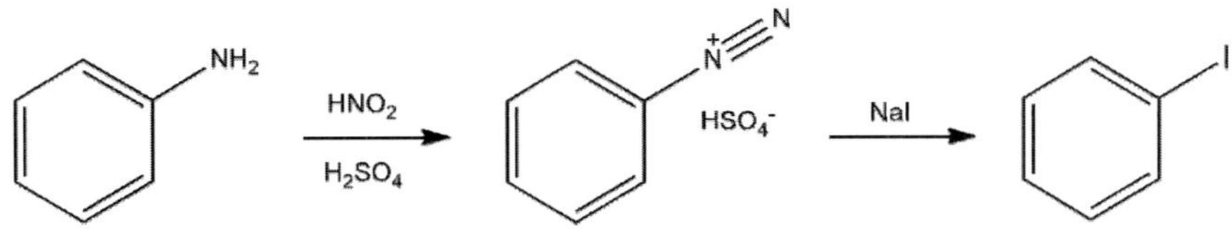

그림 3. **다이아조화 반응 및 다이아조늄염의 치환반응 예시.**

다이아조늄염은 페놀이나 방향족 아민과 같은 활성화된 방향족 고리와 커플링 반응을 하여 밝은 색상을 띄는 아조 화합물을 생성한다. 다이아조늄 커플링 반응은 친전자성 방향족 치환반응으로 친전자체인 다이아조늄 이온이 전자가 풍부한 활성화된 방향족 고리와 반응하며, 일반적으로 para 위치에서 반응이 일어난다. 아조 화합물은 커플링 반응을 통해 콘쥬게이션 파이 전자계(conjugated π electron system)가 확장되기 때문에 가시광선 영역의 전자기 스펙트럼을 흡수하게 되어 섬유 염료로 많이 활용된다.

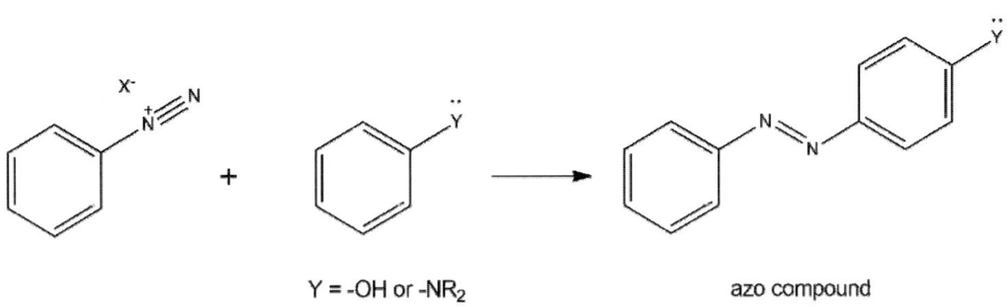

그림 4. **다이아조늄 커플링 반응.**

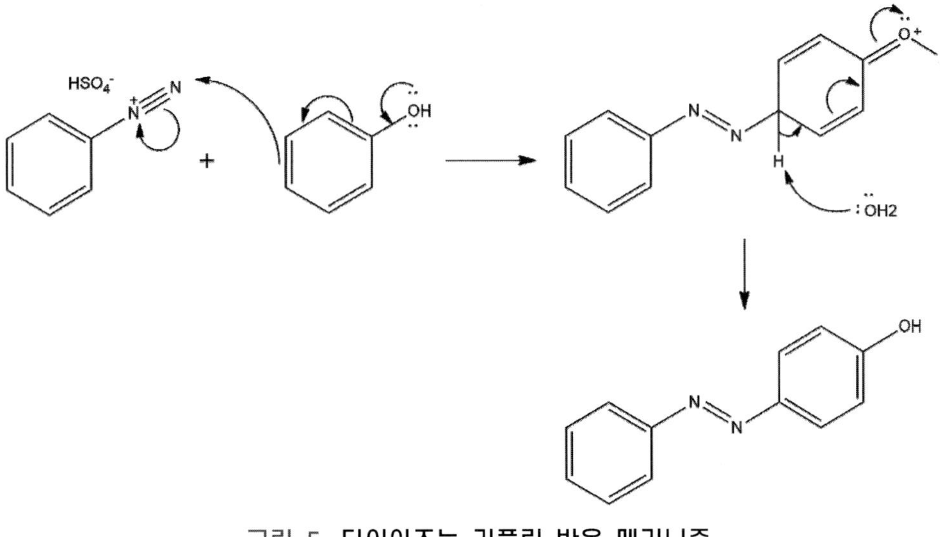

그림 5. **다이아조늄 커플링 반응 메커니즘.**

본 실험에서는 다이아조화 반응과 다이아조늄 커플링 반응을 통해 메틸 오렌지를 합성하고자 하며 전체적인 반응은 다음과 같다.

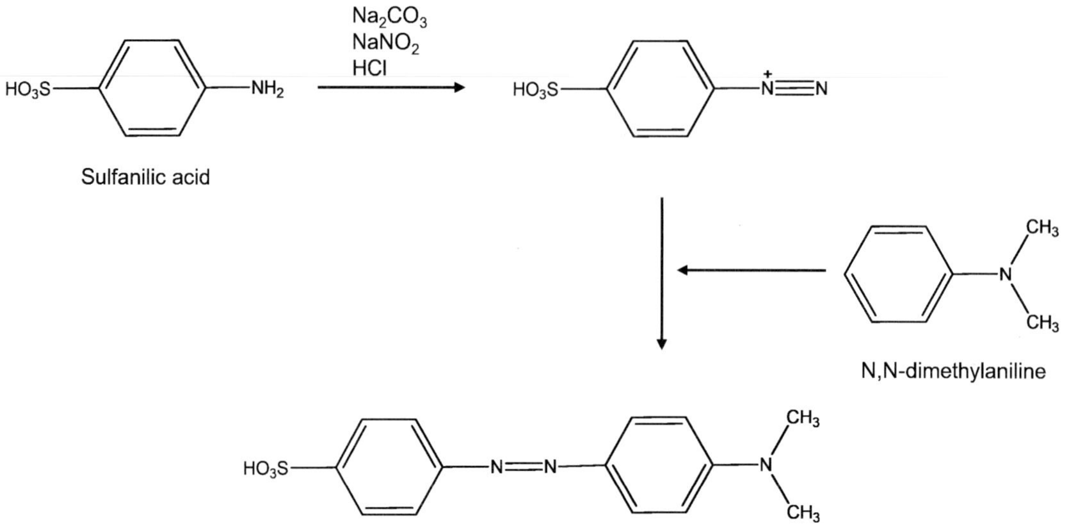

그림 6. **본 실험에서 진행하는 다이아조늄 커플링 반응.**

합성된 메틸 오렌지는 일반적으로 주황색의 색상을 띄며, 464 nm의 파장에서 최대 흡광 파장을 갖는다.

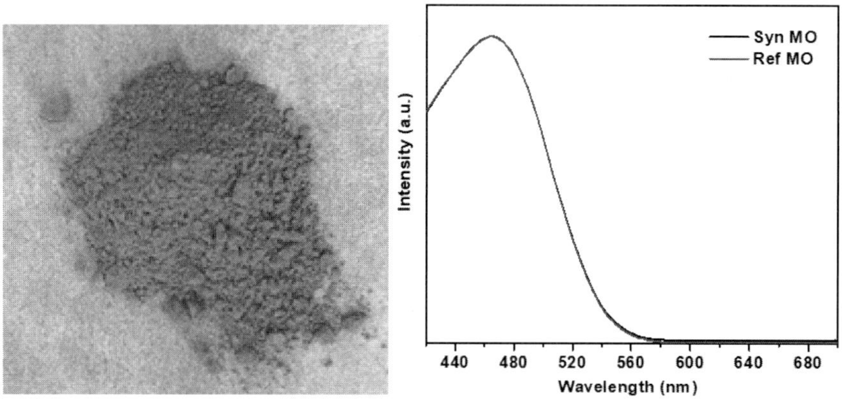

그림 7. **합성된 메틸 오렌지의 색상 및 자외선-가시광선 흡광 스펙트럼.**

3. 실험장치 및 시약

3-1. 시약

탄산나트륨(sodium carbonate, Na_2CO_3), 설파닐산 무수물(anhydrous sulfanilic acid, $H_3NC_6H_4SO_3$), 아질산나트륨(sodium nitrite, $NaNO_2$), 염산(hydrochloric acid, HCl), N,N-다이메틸아닐린(N,N-dimethylaniline, $C_8H_{11}N$), 아세트산(acetic acid, CH_3COOH), 수산화나트륨(sodium hydroxide, NaOH), 증류수

3-2. 실험장치

삼각 플라스크, 비커, 자석 교반 막대, 마이크로 피펫(또는 일회용 피펫), 메스실린더, 뷰렛, 알루미늄 호일, 가열 자석 교반기, ice bath, 여과지, 뷰흐너 깔때기(Büchner funnel), pH meter(또는 pH 시험지), 자외선-가시광선 분광광도계(UV-VIS spectrophotometer)

4. 실험방법

4-1. 다이아조늄 염 합성

① 비커에 50 mL의 증류수를 준비하고, 0.01 mol의 탄산나트륨을 증류수에 넣고 용해시킨다.

② 0.01 mol의 설파닐산 무수물을 50 mL의 탄산나트륨 수용액에 넣고 용해시킨다. (상온에서도 잘 녹으나, 잘 녹지 않으면 water bath에서 따뜻하게 용해시킨다)

③ 0.01 mol의 아질산나트륨을 반응물에 첨가하고 상온으로 냉각시킨다.

④ 반응물이 담긴 비커를 ice bath에 넣어 냉각시키며 반응물의 온도가 5℃ 이하가 되었을 때, 뷰렛으로 0.03 mol의 염산을 천천히 첨가한다(염산 수용액의 농도로부터 첨가해야 할 염산의 부피를 계산한다). 1 N 염산을 사용하면 다이아조늄 염이 침전하는데 20분 정도 걸린다. 생성된 다이아조늄 염은 ice bath에 보관하며 다음 실험을 준비한다.

4-2. 메틸 오렌지 합성

① 비커에 0.01 mol의 아세트산을 준비하고 0.01 mol의 N,N-다이메틸아닐린을 용해시킨다. 아세트산 원액을 사용할 경우 첨가량이 소량이므로 마이크로 피펫을 이용하거나, 아세트산 원액을 희석해서 첨가한다.

② 용해된 아세트산 다이메틸아닐린(dimethylaniline acetate) 용액을 다이아조늄 염에

천천히 첨가한다.

③ 30 mL의 1.0 M 수산화나트륨 용액을 뷰렛을 사용하여 10~15분에 걸쳐서 천천히 반응물에 첨가한다.

④ 반응이 끝난 후 수용액을 가열 자석 교반기에서 100℃에서 15분 동안 가열하여 투명한 용액이 되도록 한 후 냉각시켜 재결정시킨다. 생성된 메틸 오렌지 결정은 뷰흐너 깔때기와 여과지로 거르고, 차가운 증류수로 세척 후 말린다.

5. 결 과

1) 실제생성량을 측정하고 수율을 계산하시오.
2) 각 단계별 생성물의 색상 변화를 기술하고, 자외선-가시광선 흡광 스펙트럼을 확인하시오.
3) Methyl orange는 pH에 따라 색상이 변하는 성질을 가지고 있다. 메틸 오렌지 생성물의 pH에 따른 색상 변화를 관찰하시오.
4) Methyl orange 생성물의 NMR 스펙트럼이 다음과 같이 주어질 때, 각각의 NMR 피크를 분석하시오.

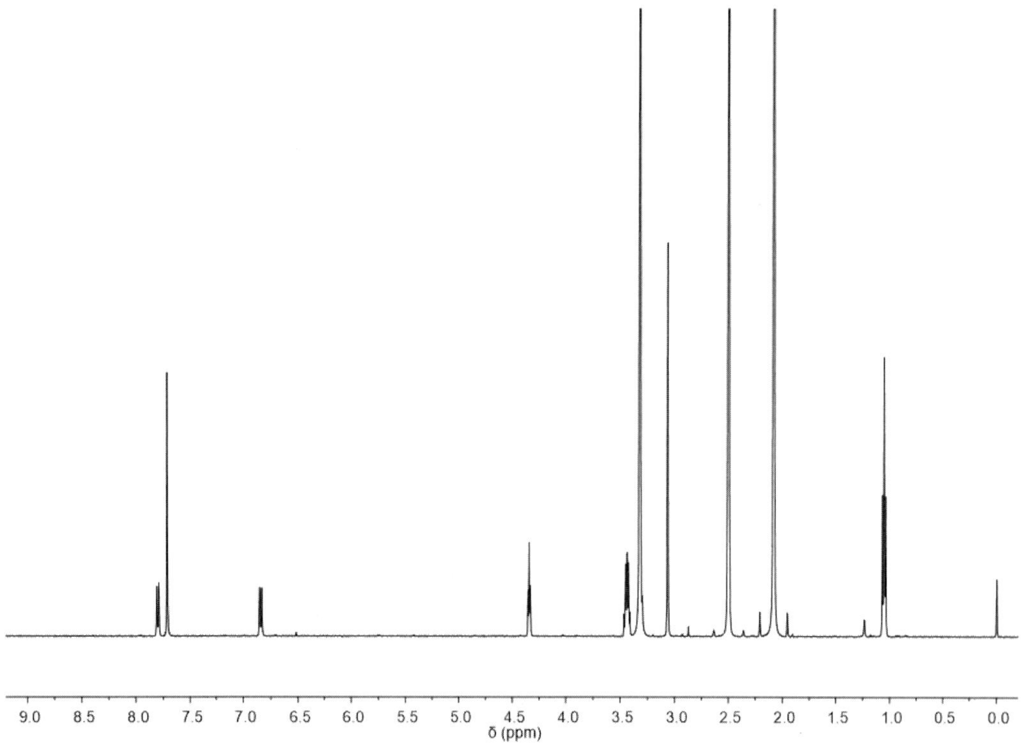

6. 토 론

1) 다이아조화 반응이 일차 아민에서만 반응이 일어나고 이차 아민에서는 반응이 일어나지 않는 이유는 무엇인가?
2) 다이아조늄 커플링 반응에서 방향족 다이아조늄과 달리 알킬 다이아조늄은 반응이 일어나지 않는 이유는 무엇인가?
3) 다이아조늄 커플링 반응에서 주로 para 방향성을 가지는 이유를 설명하시오.
4) 벤젠을 이용하여 aniline yellow를 합성하는 방법을 제안하시오.

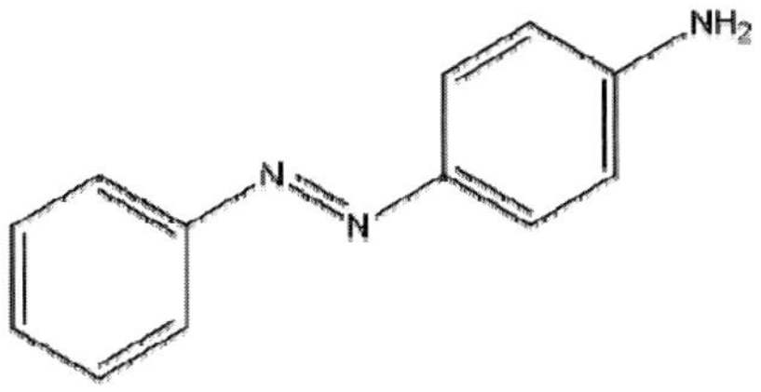

Aniline Yellow

7. 참고문헌

1) 존 E. 맥머리, 맥머리의 유기화학, 9판, 사이플러스(2017).

Data Sheet

실험제목: 아조 염료의 제조

강좌번호: 실험조: 조장: 확인:

실험일: 년 월 일

실내온도:

1. 실제 생성량 및 수율

물질명	실제생성량(g)	수율(%)
methyl orange		

2. 각 단계별 생성물의 색상 변화 관찰

3. Methyl orange 생성물의 pH에 따른 색상 변화 관찰

실험 10
유지를 원료로 한 바이오디젤의 합성

1. 개 요

동식물성 유지와 알코올의 반응을 통해 바이오디젤을 합성하는 실험을 통해 화학반응의 물질 수지 개념을 이해한다. 또한 액-액 분리, 고-액 분리의 실제 사례를 경험하고, 효과적인 분리방법에 대하여 고찰해본다. 이를 통해 원료 내 불순물에 의한 부반응 사례를 통해 전처리 공정의 필요성에 대해 이해한다.

2. 이 론

동식물성 유지의 주요 성분인 트리글리세라이드(triglyceride)는 글리세롤 한 분자에 지방산 세 분자가 결합된 형태로 이루어져있다. 지방산은 탄소 수 약 8~24개의 범위를 가지는 긴 사슬 형태를 지니며 사슬 중간에 이중결합이 최대 6개까지 존재하기 때문에 지방산 사슬을 이루는 탄소 수와 이중결합의 수에 따라 다양한 형태와 특성을 지니게 된다. 자연계에 존재하는 트리글리세라이드는 동식물의 종류에 따라 차이가 있으나 최소 10종 이상의 지방산이 무작위로 배치되어 있는 형태로 이루어져 있다.

표 1. **지방산의 종류와 화학식**

Lipid number	Formula	Systematic name	Common name	Molecular weight (g/mol)
12:0	$C_{12}H_{24}O_2$	Dodecanoic acid	Lauric acid	200.3
14:0	$C_{14}H_{28}O_2$	Tetradecanoic acid	Myristic acid	228.4
16:0	$C_{16}H_{32}O_2$	Hexadecanoic acid	Palmitic acid	256.4
16:1	$C_{16}H_{30}O_2$	Hexadecenoic acid	Palmitoleic acid	254.4
18:0	$C_{18}H_{36}O_2$	Octadecanoic acid	Stearic acid	284.5
18:1	$C_{18}H_{34}O_2$	Octadecenoic acid	Oleic acid	282.5
18:2	$C_{18}H_{32}O_2$	Octadecadienoic acid	Linoleic acid	280.4
18:3	$C_{18}H_{30}O_2$	Octadecatrienoic acid	α-Linolenic acid	278.4
20:0	$C_{20}H_{40}O_2$	Eicosanoic acid	Arachidic acid	312.5
20:5	$C_{20}H_{30}O_2$	Eicosapentaenoic acid (EPA)	-	302.5
22:0	$C_{22}H_{44}O_2$	Docosanoic acid	Behenic acid	340.6
22:6	$C_{22}H_{32}O_2$	Docosahexaenoic acid (DHA)	-	328.5

이러한 트리글리세라이드가 알코올 세 분자와 반응하면 전이에스테르화 반응에 의해 글리세롤 한 분자와 지방산 알킬에스테르 세 분자로 나눠지며, 이때 산출되는 지방산 알킬에스테르가 흔히 바이오디젤로 일컫는 성분이다. 현재 가동되고 있는 대부분의 양산 공정에서는 KOH, NaOH 등의 알칼리 촉매를 이용하는데, 반응 후 이들 촉매를 제거하기 위해 물을 투입하여 추출하는 공정이 도입된다. 이 과정에서 미반응 알코올과 글리세롤이 물 층에 함께 용해되어 제거되게 되고, 바이오디젤은 물과 섞이지 않기 때문에 유수 분리에 의해 분리될 수 있다.

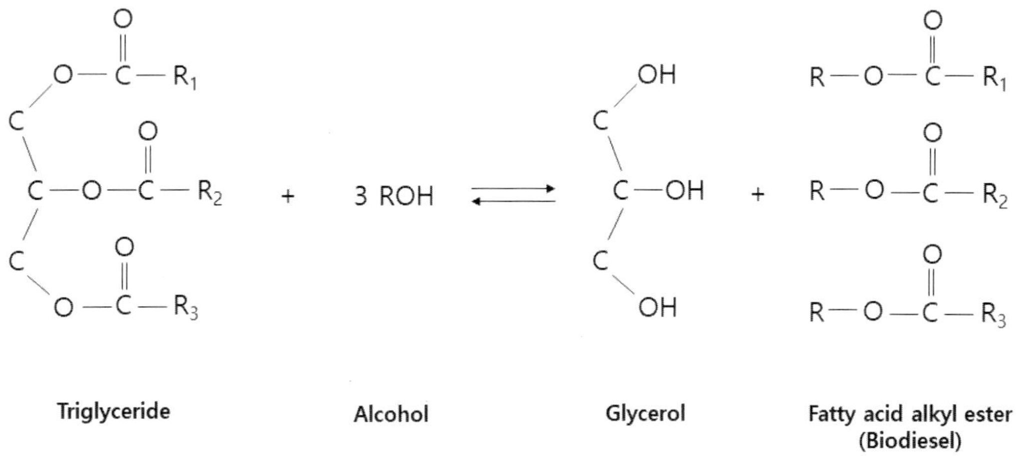

그림 1. **트리글리세라이드의 전이에스테르화 반응.**

트리글리세라이드가 특정 조건 하에서 물과 접촉하면 가수분해를 일으켜 글리세롤과 유리지방산으로 분리되게 된다. 이 반응은 체내에서 효소에 의해 지방이 소화되는 과정과 동일하며, 효소가 존재하지 않더라도 일정 이상의 고온 환경이나 기타 촉매제가 존재할 경우 발생할 수 있다. 동물성 지방을 물에 넣고 끓어거나 고온 상태의 유지에 수분이 함유된 식재료를 넣고 튀기는 등의 조리 과정은 이러한 가수분해가 일어나기 적합한 환경이며, 따라서 조리 후 폐기되는 폐식용유에는 유리지방산이 많이 함유되어 있다. 이처럼 유지에 포함된 유리지방산의 함량을 나타내는 척도로 산을 중화시키는 데 필요한 KOH의 양을 주로 사용하며, 이를 산가라고 한다.

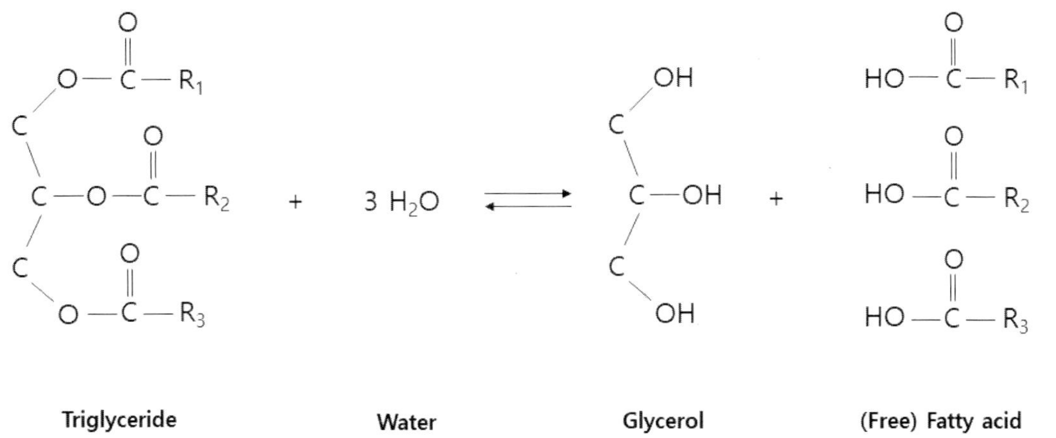

그림 2. **트리글리세라이드의 가수분해 반응.**

최근에는 바이오연료의 원료로 식용 자원을 사용하는 것은 최대한 배제하고 있기 때문에 폐식용유가 바이오디젤의 원료로 상당 부분을 차지하고 있다. 앞서 언급하였듯 폐식용유에는 다량의 유리지방산이 함유되어 있는데, 유리지방산이 알칼리 촉매와 접촉하면 비누화 반응을 일으키게 된다. 바이오디젤 합성 과정에서 비누화 반응이 발생하게 되면 알칼리 촉매를 소모하게 되어 더 이상 촉매로서 기능하지 못하게 될 뿐 아니라, 고체상의 부산물(비누)이 반응기 내에 발생하여 축적되게 됨으로써 반응 효율 및 분리 효율을 저해시키는 문제 또한 발생한다.

따라서 전이에스테르화 반응 투입 전에 폐식용유 내의 유리지방산을 제거하는 전처리 공정의 비중이 날로 높아지고 있다. 다른 한편으로는 비누화 발생 문제를 원천적으로 해결하기 위해 알칼리 촉매를 사용하지 않는 대안 공정이 개발되고 있다. 이러한 대안으로는 불균일계 금속 촉매, 생촉매(효소), 초임계공정, 마이크로파공정 등이 있으며, 원료인 폐식용유의 산가가 높을수록 이들 공정의 경쟁력이 상대적으로 높아지는 것으로 평가되고 있다.

3. 실험장치 및 시약

3-1. 시약

시판 식용유, 폐식용유: 산가 10 mgKOH/g 이상 권장, 에탄올, 석유에테르

알칼리 촉매: KOH 또는 NaOH

페놀프탈레인 용액: 페놀프탈레인 지시약을 에탄올에 0.1 M로 용해한 용액

3-2. 실험장치

250 mL 둥근바닥 플라스크, 히팅 맨틀, 마그네틱 바, 실험용 저울, 250 mL 분별 깔대기, 건조 오븐, 뷰렛

4. 실험방법

4-1. 식용유를 이용한 바이오디젤 합성 실험

1) 기분석된 유지의 지방산 조성을 보고 유지의 평균 분자량을 산출한다.

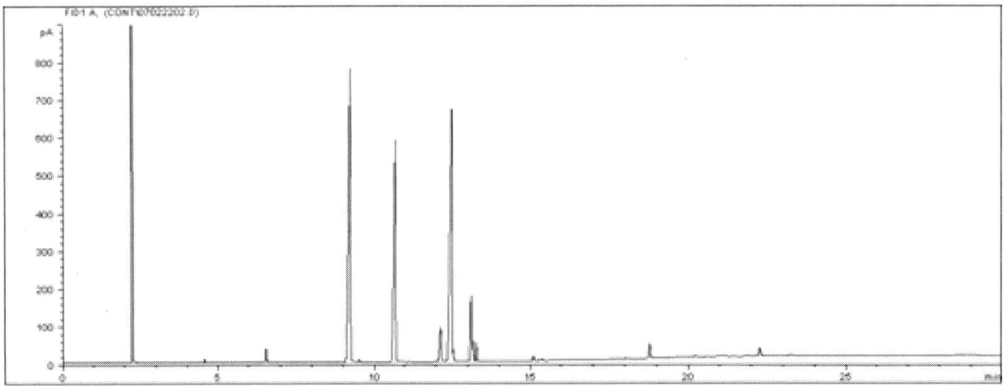

그림 3. **지방산의 GC 분석 결과 예시.**

2) 유지 50 g에 0.5 M의 KOH 또는 NaOH를 포함한 에탄올을 6배의 몰 비율로 투입하고, 플라스크 상단에 응축기를 연결한다.
3) 반응물을 교반하면서 70℃에서 1시간 동안 가열하여 반응을 진행시킨다.
4) 히팅 맨틀을 끄고 상온까지 냉각한 후 내용물을 분별깔대기로 옮긴다.
5) 50 mL 가량의 증류수를 생성물에 투입하고 분별깔대기를 잘 흔들어 섞어준다.
6) 30분 이상 정치하여 층 분리가 충분히 일어나도록 한 후 물 층을 분리한다.
7) 남아있는 바이오디젤층을 건조한 후 무게를 측정한다.

4-2. 폐식용유를 이용한 바이오디젤 합성 및 분리 실험

1) 폐식용유 5~10 g을 취하여 무게를 측정하고 플라스크에 넣은 후 에탄올:에테르 혼합 용매(1:2, v/v) 100 mL를 가하여 완전히 녹인다.
2) 페놀프탈레인 지시약을 두세 방울 투입하고 KOH를 에탄올에 녹인 용액(0.1M)을 이

용하여 적정한 후 붉은색이 나타날 때까지 투입된 KOH 용액의 부피를 측정한다.

3) 폐식용유 50 g을 취하여 Part I과 같은 방법으로 반응을 진행시킨다.

4) 반응이 종료되면 상온까지 냉각 후 내용물을 30분 이상 정치하여 층 분리가 일어나도록 한다.

5) 상등액을 고상 생성물(비누)로부터 분리하고 남은 고상 생성물을 후드 안에서 건조하여 잔존하는 에탄올을 제거한다.

6) 고상 생성물의 무게를 측정한다.

5. 결 과

5-1. 식용유를 이용한 바이오디젤 합성 실험

1) 지방산 조성에 근거한 유지의 평균 분자량을 계산한다.

2) 유지 50 g에 투입해야 할 에탄올 및 알칼리 촉매의 양을 계산한다.

3) 부반응이 전혀 없다고 가정할 때 수득한 바이오디젤의 무게를 통해 반응 전환율을 계산할 수 있는 식을 도출하고, 이를 이용해 전환율을 계산한다.

5-2. 폐식용유를 이용한 바이오디젤 합성 및 분리 실험[14)]

1) 폐식용유의 적정 결과로부터 산가를 계산한다.

   산가(mgKOH/g) = 5.611 × (KOH 용액 소비량(mL)

   - 공시험에서의 KOH 용액 소비량(mL) / 폐식용유의 무게(g)

2) 반응 후 비누 생성량과 폐식용유의 산가 사이의 상관 관계를 도출해본다.

6. 토 론

1) 위에서 제시한 반응 전환율 계산 과정에서의 가정은 타당한가? 타당한지 여부에 대한 의견을 근거를 들어 제시하시오.

2) 분별 깔대기를 이용한 층 분리 방법의 한계점을 지적하고 개선 방안을 제시하시오.

14) 적정을 통한 KOH 농도분석과 관련하여 엄밀한 실험을 위해서는 분석방법의 타당성에 대한 검토가 필요하다. 편의상 이러한 과정이 생략되나 실험자들은 관련사항을 부록 3의 "품질관리(QA/QC)"를 참고할 수 있다.

7. 참고문헌

1) Meher, L. C., Vidya Sagar, D. and Naik, S. N., "Technical Aspects of Biodiesel Production by Transesterification - A review", Renew. Sustain. Energy Rev., 10(3), 248-268(2006).

2) Leung, D. Y. C., Wu, X. and Leung, M. K. H., "A Review on Biodiesel Production Using Catalyzed Transesterification", Appl. Energ., 87(4), 1083-1095(2010).

Data Sheet

실험제목: 유지를 원료로 한 바이오디젤 합성

강좌번호: 실험조: 조장: 확인:

실험일: 년 월 일

실내온도:

1. 식용유를 이용한 바이오디젤 합성 실험

	무게 (g)	분자량 (g/mol)	몰 수 (mol)
유지 투입량			
에탄올 투입량			
촉매 투입량			
바이오디젤 생성량			

2. 폐식용유를 이용한 바이오디젤 합성 및 분리 실험

실험번호	1	2	3
산가 측정			
시료 무게 (g)			
공시험 종말점 (mL)			
적정 종말점 (mL)			
산가 (mgKOH/mL)			
바이오디젤 합성			
유지 투입량 (g)			
에탄올 투입량 (g)			
촉매 투입량 (g)			
비누 생성량 (g)			

실험 11
양자화학 계산

1. 개 요

양자화학 계산이 이루어지는 알고리즘에 대해 시각적으로 이해해 보고 양자화학 계산소프트웨어를 이용하여 얻을 수 있는 유용한 정보를 간단한 예를 통해 직접 구해 본다.

2. 이 론

1학년 일반화학이나 2학년 물리화학 수업에서 배운 지식들로 이해가 가능한 수준에서 이론을 설명한다.

2-1. 슈뢰딩거 방정식과 파동함수

슈뢰딩거 방정식을 식으로 표현하면 식 (1)과 같다. 선형대수학에서 다루는 eigenvalue problem과 동일한 형태를 취하며 eigenvalue는 계의 에너지를 의미하고 eigenfunction은 계의 파동함수(wave function)이다. 해밀토니안(hamiltonian)은 계가 가지고 있는 전체 에너지에 대응하는 연산자로 양자화학에서는 원자나 분자를 이루는 전자들을 계로 고려하므로 전자의 운동에너지(kinetic energy)와 전자의 전기에너지(electrostatic potential energy)의 합으로 표현된다.

$$\hat{H}\psi = E\psi$$

$$\hat{H} = -\frac{\bar{h}^2}{2m}\frac{\partial^2}{\partial x^2} + U \quad \text{for 1-D} \tag{1}$$

따라서 슈뢰딩거 방정식을 푼다는 것은 아주 단순하게 표현하면 eigenvalue problem인 행렬을 푸는 과정(matirx solving)이다. 슈뢰딩거 방정식에 의해 구해진 파동함수(wave function)는 그 자체로는 물리적인 의미를 가지지 않지만 파동함수의 제곱($\Psi \times \Psi^* = |\Psi|^2$)은 공간 상에서 전자를 발견할 수 있는 확률을 의미한다. 예를 들면 H_2 분자의 경우 수소와 수소가 공유결합을 하므로 파동함수의 제곱을 구했을 때 수소와 수소 사이에 전자가 발견될 확률(전자밀도와 같은 개념)이 제일 크다.

2-2. 수소 원자의 파동함수와 variational principle

중성 원자의 경우 전자 하나를 가지는 수소 원자만이 슈뢰딩거 방정식에 의한 해석해(analytical solution)가 가능하다. 일반화학에서 배운 주양자수(principal quantum number)에 따라 주어지는 원자궤도함수의 에너지는 이 계의 eigenvalue에 해당하며 s, p, d, f 오비탈(orbital)들은 eigenfunction에 해당한다. 한편 오비탈의 파동함수를 제곱하여 전자가 발견될 확률을 시각화한 것이 우리가 알고 있는 오비탈의 모양이다.

현실적인 문제로 돌아가서 분자의 eigenvalue와 eigenfunction은 어떻게 구할 수 있을까를 생각해 보면 위에서 언급했듯이 수많은 전자를 보유한 분자의 경우는 해석해를 구할 수 없다. 이에 수치해를 구해야 하고 이를 위해 양자화학 계산이 도입되는데, 여기에 논리 기반을 제공해 주는 중요한 variational principle이 있다.

$$E \leq \langle \psi | \hat{H} | \psi \rangle \equiv \langle \hat{H} \rangle \qquad (2)$$

해석해를 구할 수 없는 경우 수치적으로 다양한 eigenfunction을 시도해 볼 수 있고 그렇게 구해진 eigenvalue 값이 작으면 작을수록 그 eigenvalue는 어딘가 존재하는 해석해에 가까워진다. 너무나 당연하게 들릴 수 있는 이 법칙에 따라 많은 연구자들은 아래와 같이 분자의 eigenfunction을 구하기 위해 분자를 구성하고 있는 각 원자의 파동함수(s, p, d, f 등)를 조합하여 어떠한 eigenfunction 조합(set)을 가정하고 계의 eigenvalue인 에너지 값이 최소가 되는 식 (3)의 계수(c_n)를 행렬계산에 의해 구해왔다. 어쨌든 이러한 작업은 이미 선행 연구자들에 의해서 다양하게 수행되었고 계의 eigenvalue를 가능한 작게 할 수 있는 다양한 조합들이 이미 소개되어 있으므로 우리는 그 조합들 중 적절한 것을 선택하여 사용하면 된다.

$$\psi = \sum_n c_n \psi_n \qquad (3)$$

2-3. 포텐셜 에너지 표면(PES, potential energy surface)

양자화학 계산이 이루어지는 알고리즘을 시각화하여 간단하게 설명한다. 분자는 그림 1과 같이 어떤 다차원 포텐셜 에너지 공간에 위치한다고 생각한다. 예를 들어 H_2 분자의 경우 잘 알려진 바와 같이 수소 원자의 거리가 짧아질수록 수소 원자끼리의 인력에 의해 분자의 에너지가 낮아져 평형 원자간 거리(interatomic distance) 도달하고 더 짧아지면 척력에 의해 분자의 에너지는 발산한다. 이는 가장 간단한 분자구조이기 때문에 2차원 평면에 그래프로 표현할 수 있지만 많은 원자를 보유한 분자의 경우는 **그림 1**과 같이 복잡한 형태일 것이다. PES 표면은 분자의 구조에 따른 에너지를 그림으로 표현한 것이다.

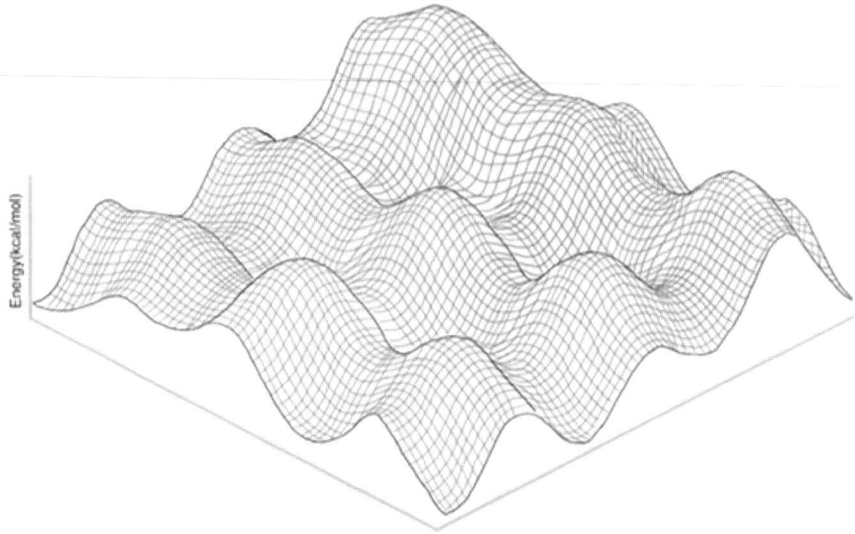

그림 1. **포텐셜 에너지 표면(PES).**

그림 1을 간단하게 도식화하여 **그림 2**와 같이 표시하였다. 먼저 웅덩이가 파여져 있는 위치에 해당하는 분자의 구조는 모두 에너지가 최소(1차 미분=0)이다. 이들을 'local minima'라고 부르는데 많은 원자를 보유하고 있는 분자의 경우 **그림 1**에서 보는 바와 같이 국소적으로 에너지가 최소인 위치(또는 분자의 구조)들이 여러 개 존재한다. 한편 이런 local minima 중에 가장 에너지가 낮은 위치에 해당하는 구조가 일반화학 등에서 배운 해당분자의 평형 구조이며 이를 'global minimum'이라고 부른다. 계산화학은 이 global minimum에 해당하는 분자구조를 찾는 과정이다.

계산화학이 이루어지는 알고리즘을 보면 분자의 초기구조를 먼저 제공해 준다. **그림 2**의 붉은 점과 같이 이 초기구조는 포텐셜 에너지 공간의 어딘가에 위치해 있다. 그리고는 Newton-Raphson 방법과 비슷하게 그 위치에서의 기울기가 향하는 아래 방향으로 분자의 구조를 변형시키고 그렇게 기울기(또는 1차 미분)가 0이 되는 위치를 찾게 된다. 여기서 주의해야 할 부분은 초기구조의 위치에 따라 global minimum이 아닌 어떤 local minimum으로 수렴될 수 있다는 것이다. 따라서 초기구조를 선정함에 있어 사용자의 기초 물리화학적 지식이 매우 중요하다. 예를 들어 메탄의 경우 정사면체 구조를 가지고 있는데, 만약 평면 상에 탄소와 수소들을 모두 위치시킨 후 계산화학을 수행하면 탄소를 중심으로 하는 평면 정사각형의 구조로 수렴된다.

한편 전이상태(transition state)의 탐색도 가능하다. 전이상태는 포텐셜 에너지 공간 상에 소위 말안장(saddle)의 모양을 한 위치에 존재한다. 말안장의 극대점은 하나의 반응좌표(reaction coordinate)에 대해서는 위로 볼록(convex)하지만 공간상의 모든 좌표(coordinate)에서 대해서 아래로 볼록한(concave) 위치에 존재한다. 등산을 할 때 고개를 넘어가는 것을 상상하면 이해하기가 쉽다. 즉, 넘어가는 고개 길만 위로 볼록하다. 탄성에너지의 식으로부터 2차 미분한 값을 분자의 진동운동 주파수(frequency)로 부르는데, 전이상태는 하나의 반응좌표에 대해 주파수가 음의 값을 가지고 나머지 모든 좌표에 대해서는 양의 값을 가진다. 따라서 분자의 구조를 변형시켜 가며 이 조건을 만족하는 분자구조를 탐색할 수 있다.

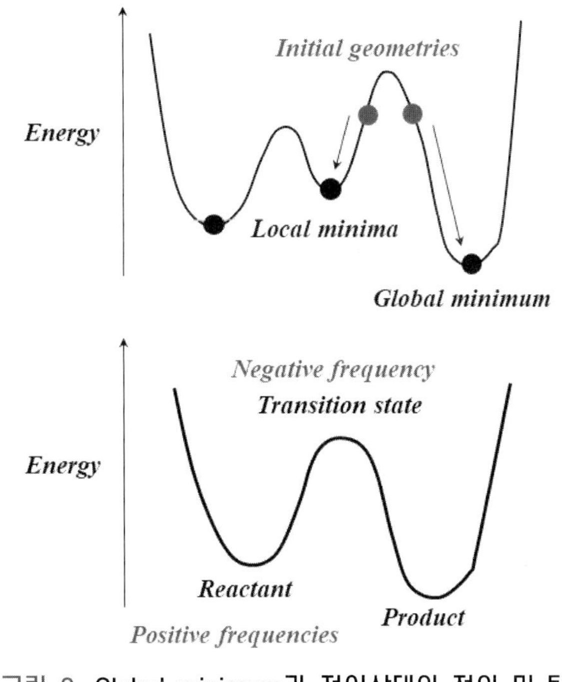

그림 2. Global minimum과 전이상태의 정의 및 탐색.

2-4. 최적화된 분자구조(optimized geometry)로부터 얻을 수 있는 이론적 정보

양자화학 계산은 간단하게 보면 2-3절에서 소개한 global minimum 또는 전이상태의 구조를 탐색하는 과정으로 이는 소프트웨어에 의해 이루어진다. 일단 이렇게 최적화된 구조를 얻게 되면 그 구조로부터 많은 물리화학적 정보를 얻게 된다. 자세한 이론은 생략하고 이를 아래에 간단하게 정리하였다.

1) 쌍극자 모멘트(dipole moment), 원자전하(atomic charge), 결합수(bond order) 등과 같은 분자의 물리적 성질

분자의 파동함수가 구해지면 파동함수의 제곱은 분자 구조 내에서 전자를 발견할 수 있는 확률로 정의된다. 따라서 분자 내에서 전자가 상대적으로 많이 존재하는 부분과 그렇지 않은 부분이 구별되며 이렇게 전자분포(또는 전자밀도)가 정의되면 위 물리적 성질들을 쉽게 계산할 수 있다.

2) 열역학 함수(E, H, S, G)

이상기체의 경우 분자의 내부에너지는 분자의 병진운동, 회전운동, 그리고 진동운동으로 구성된다. 병진운동과 회전운동은 inertia에 관계된 운동으로 일반물리에서 배운 개념으로 상대적으로 쉽게 계산된다. 반면 진동운동의 경우는 직교성을 가지는 진동수(normal frequency)로 대변되는 분자의 진동운동을 구해야 한다. 물리화학에서 배운 비선형 분자의 진동운동 자유도가 3N-6으로 정의되는데, 3N은 N개의 원자를 가진 분자의 3차원 상의 총 자유도 개수이고 3개의 병진운동과 3개의 회전운동 자유도를 뺀 값이다. 예를 들어 물 분자의 경우 비선형 분자이고 원자가 3개이므로 3개의 병진운동, 3개의 회전운동, 그리고 3개의 진동운동(3×3-6)을 가진다. 그 3개의 진동운동에 해당하는 분자의 진동운동이 symmetric stretching, asymmetric stretching, bending 운동으로 교과서에 잘 알려져 있다.

양자화학 계산에서는 분자의 최적화된 구조가 구해지면 위와 같은 분자운동과 그에 상응하는 에너지가 계산되며 이를 통계열역학 처리하여 주어진 온도와 압력에서 열역학 함수들을 계산할 수 있다. 따라서 반응에너지, 결합에너지 등도 쉽게 계산된다.

3) IR, Raman, NMR spectra

분자의 진동운동에 해당하는 진동수가 IR 영역이라는 것은 잘 알려져 있다. 따라서 진동수를 구할 수 있다는 것은 이론적인 IR spectrum을 구할 수 있다는 의미이다. 조금 더 깊이 들어가면 IR 분광학은 분자의 쌍극자 모멘트가 빛이 가진 전기장에 대해 반응하는 정도를 측정하며, Raman 분광학은 분자의 유발 쌍극자 모멘트와 연관되는 polarizability가 빛의 전기장에 반응하는 정도를 측정한다. 따라서 분자의 진동운동을 정의할 수 있고 최적화된 분자구조로부터 쌍극자 모멘트와 polarizability를 계산할 수 있으므로 IR spectrum

과 Raman spectrum을 이론적으로 구할 수 있다. 또한 분자 내의 수소나 탄소의 위치가 최적화된 구조 내에서 정확히 정의되므로 이론적인 NMR spectrum도 구할 수 있다.

4) HOMO, LUMO를 포함하는 분자 오비탈의 에너지 준위 및 UV-vis 흡수 spectrum

H_2 분자의 경우 결합 오비탈(bonding orbital)과 반결합 오비탈(anti-bonding orbital)이 형성되어 수소 원자의 전자들이 결합 오비탈을 채우면서 스핀업, 스핀다운으로 공유결합을 형성한다. 계산화학에서는 최적화된 구조로부터 이러한 오비탈의 에너지 준위를 계산할 수 있다. 한편 거대분자나 폴리머 분자들의 경우 HOMO(highest occupied molecular orbital)과 LUMO(lowest unoccupied molecular orbital)의 모양이 분자의 광화학적 특성을 파악하는데 매우 중요한 역할을 한다. 계산화학에서는 HOMO와 LUMO를 포함한 모든 분자 오비탈의 모양을 시각화할 수 있다. 또한 분자 오비탈의 에너지 준위가 계산되었으므로 한 에너지 준위에서 다른 에너지 준위로의 전자가 여기되었다가 안정화되는 현상을 기반으로 한 UV-vis spectrum을 이론적으로 구할 수 있다.

3. 실험장치 및 시약

3-1. 계산화학 소프트웨어

Gaussian 03W(계산화학)

GaussView(초기구조를 그리거나 계산화학 결과의 시각화)

3-2. 라이선스

실험수업을 개설하는 교수 관리자가 구입한 개별 라이선스는 마치 academic license처럼 교육의 목적으로 사용할 수 있다.

4. 실험방법

소프트웨어의 기본 활용은 유튜브에 잘 소개되어 있으므로 본 매뉴얼에서는 간단한 예제를 위주로 소프트웨어 활용방법을 소개한다.

4-1. Gaussian 소프트웨어의 인터페이스

1) % section: 4-5절을 제외하고는 공란으로 남겨둔다.

2) Route section: 2-1절에서 언급했듯이 계산에 필요한 model chemistry와 eigenfunc-

tion set(basis set)은 이미 선행연구자들에 의해 검증되었으므로 검증된 model과 basis set(#b3lyp/6-31g(d))을 사용한다. 여기서 사용되는 model chemistry는 범밀도함수(density functional theory) 방식으로 양자화학 계산이 처음에는 파동함수를 구하고 파동함수의 제곱으로부터 전자밀도를 구하는 방식으로 시작되었으나 현재는 전자밀도를 바로 구하는 범밀도함수 계산이 주류이다. 파동함수는 공간 상에 x, y, z 의 함수이고 밀도는 다시 파동함수의 함수이기 때문에 함수의 함수라는 의미에서 functional이라는 용어가 사용된다. 한편 global minimum 탐색을 위한 구조 최적화 명령어인 opt와 최적화된 구조에서 분자의 진동운동 주파수를 구하는 freq 명령어가 주로 사용된다.

3) Title section: 계산과는 상관없이 자유로이 계산 제목을 기입할 있다.
4) Charge, multiplicity: 분자의 전하와 spin multiplicity를 입력해야 하는데, 중성 분자이고 라디칼(radical)이 아닌 경우는 0 1로 고정된다.
5) 초기구조: 원자기호 원자의 위치를 x y z 좌표의 Å의 단위로 입력한다. GaussView에서 분자의 초기구조를 그려서 gaussian input file(***.gjp)을 만든 후 Gaussian에서 불러들이면 초기구조의 좌표와 default 명령어가 자동으로 입력된다.

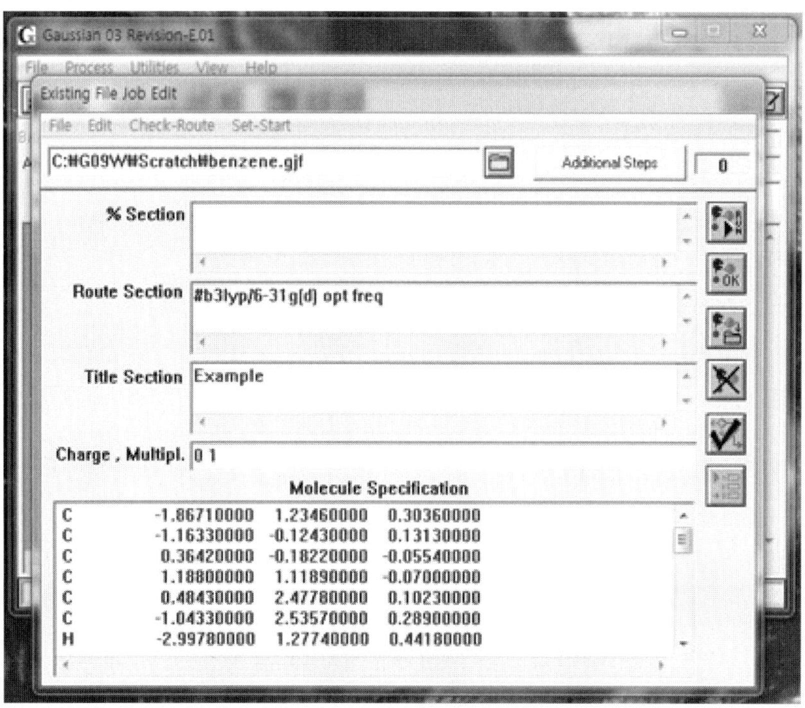

그림 3. Gaussian 소프트웨어의 인터페이스.

4-2. 수소분자(예제1)

```
#b3lyp/6-31g(d) opt freq
H2
0 1
H 0.0 0.0 0.0
H 0.0 0.0 1.0
```

위와 같이 입력한다. 초기구조이므로 1.0 Å 떨어져 있는 것으로 입력하면 계산을 통해 최적의 구조를 찾게 된다. Gaussian의 결과파일(***.out)을 GaussView로 읽어들여 최적화된 구조의 수소와 수소 사이의 길이를 측정하면 0.74288 Å이다. 한편 결과파일을 메모장으로 읽어들이면 freq 명령어에 의해 계산된 통계열역학 결과를 볼 수 있는데, 298.15 K와 1 기압에서 내부에너지, 엔탈피, 깁스에너지 값을 알 수 있다. 이 에너지의 기준은 열역학에서 기준으로 하는 STP와는 다르므로 계산 값을 통해 반응에너지를 구할 수 있지만 기존 열역학에서 사용하는 값들과 혼용할 수 없다. 에너지 단위는 hartree로 이는 627.5 kcal/mol이다.

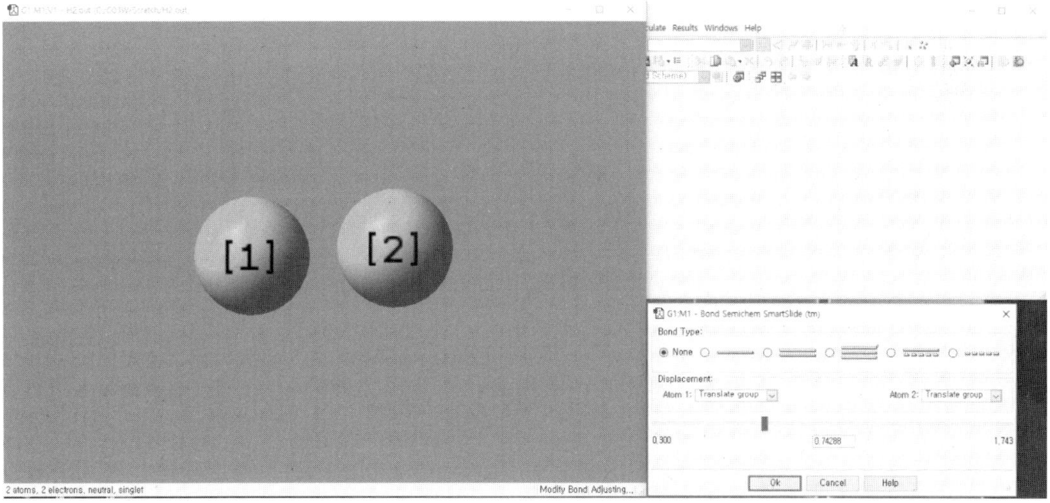

```
H2.out - 메모장
파일(F) 편집(E) 서식(O) 보기(V) 도움말(H)
Atom AN      X      Y      Z
  1   1     0.00   0.00   0.71
  2   1     0.00   0.00  -0.71

--------------------
- Thermochemistry -
--------------------
Temperature   298.150 Kelvin.  Pressure   1.00000 Atm.
Atom  1 has atomic number  1 and mass   1.00783
Atom  2 has atomic number  1 and mass   1.00783
Molecular mass:      2.01565 amu.
Principal axes and moments of inertia in atomic units:
                          1          2          3
    EIGENVALUES --     0.00000    0.99310    0.99310
          X            0.00000    1.00000    0.00000
          Y            0.00000    0.00000    1.00000
          Z            1.00000    0.00000    0.00000
This molecule is a prolate symmetric top.
Rotational symmetry number  2.
Rotational temperature (Kelvin)      87.21590
Rotational constant (GHZ):        1817.286486
Zero-point vibrational energy      26627.4 (Joules/Mol)
                                    6.36410 (Kcal/Mol)
Vibrational temperatures:   6405.07
         (Kelvin)

Zero-point correction=                           0.010142 (Hartree/Particle)
Thermal correction to Energy=                    0.012502
Thermal correction to Enthalpy=                  0.013446
Thermal correction to Gibbs Free Energy=        -0.001346
Sum of electronic and zero-point Energies=           -1.165341
Sum of electronic and thermal Energies=              -1.162980
Sum of electronic and thermal Enthalpies=            -1.162036
Sum of electronic and thermal Free Energies=         -1.176828

                     E (Thermal)             CV                S
                      KCal/Mol        Cal/Mol-Kelvin    Cal/Mol-Kelvin
Total                    7.845              4.968            31.133
```

그림 4. **수소분자의 계산화학 결과.**

4-3. 물분자(예제2)

```
#b3lyp/6-31g(d) opt freq(raman)
H2O
0 1
O 0.0 0.0 0.0
H -0.5 0.5 0.0
H 0.5 0.5 0.0
```

위와 같이 입력한다. 물의 H-O-H 각도가 104도 정도임을 알고 있지만 초기구조이므로 대략 V자 형태가 되도록 입력해 준다. 마찬가지로 계산을 통해 최적구조를 찾게 된다. Gaussian의 결과파일(***.out)을 GaussView로 읽어들여 최적화된 구조의 H-O-H 각도를 측정하면 103.6도이다. GaussView의 vibrations라고 표시되어 있는 결과를 열어보면 아래와 같이 물 분자의 3개의 진동운동을 직접 애니메이션으로 관찰할 수 있으며 그를 토대로 얻어진 이론적인 IR 및 Raman spectrum을 구할 수 있다.

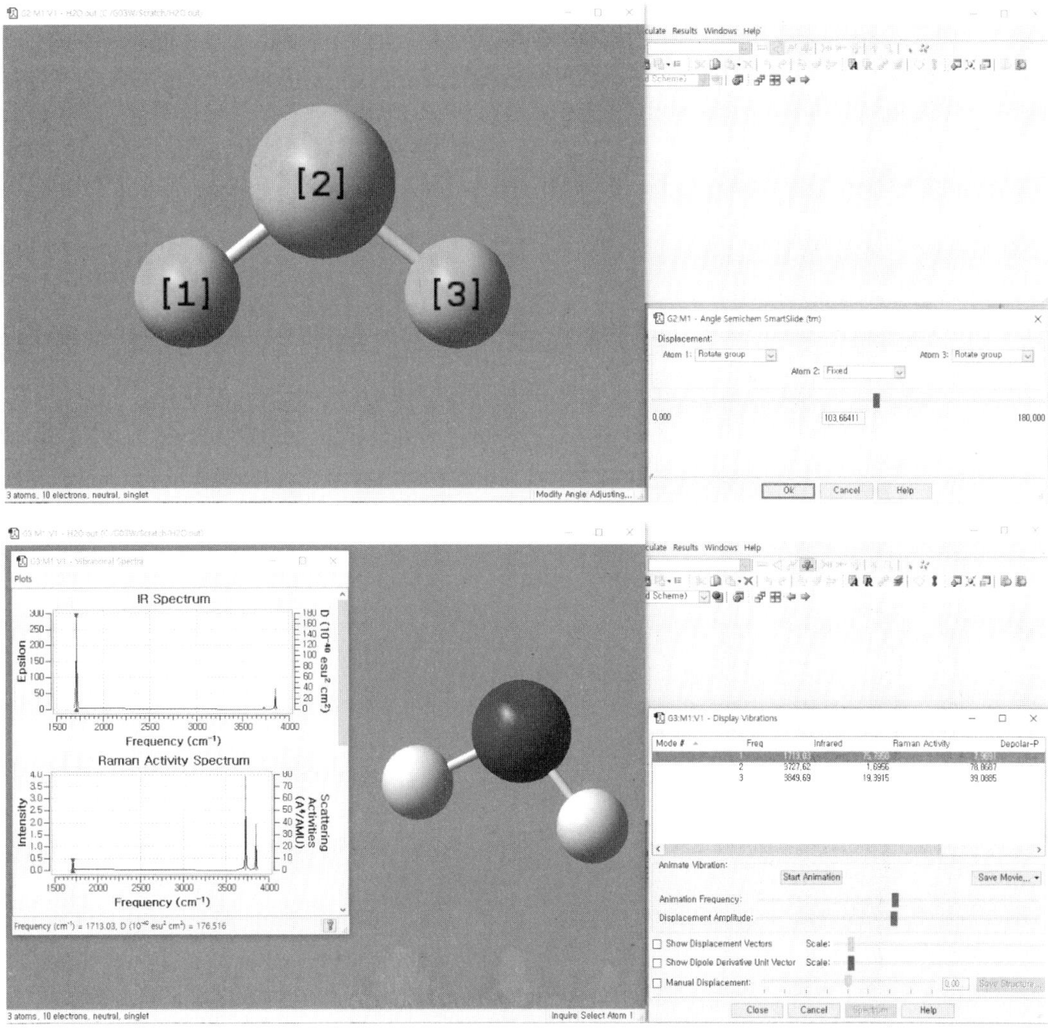

그림 5. 물분자의 계산화학 결과.

4-4. HCN to CNH 전이상태 및 활성화에너지(예제3)

```
#b3lyp/6-31g(d) opt(ts,noeigen,calcall)
HCN to CNH
0 1
C 0.0 0.0 0.0
N 1.0 0.0 0.0
H 0.5 1.0 0.0
```

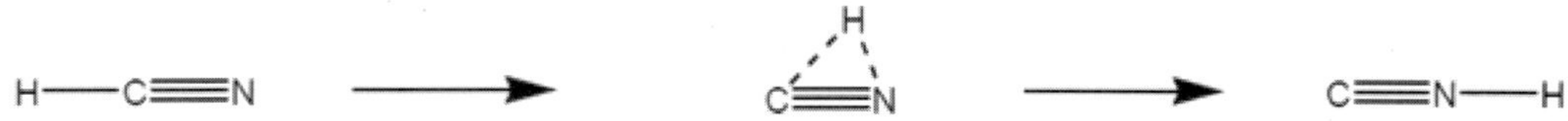

opt(ts,noeigen,calcall)의 명령어는 전이상태를 찾는 명령어이고 추가적인 설명이 없이 그대로 사용한다. 선형 분자인 HCN과 CNH의 구조는 4-2, 4-3절에서 수소와 물 분자의 최적화 구조를 찾아준 방법과 동일하게 구할 수 있다. 한편 HCN에서 H가 탄소에서 질소로 이동하는 구조는 위와 같은 전이상태의 구조를 가지게 되며 계산화학에 의하면 아래와 같은 구조로 수렴된다. 한편 하나의 음의 진동수를 확인할 수 있으며 해당 진동수를 클릭하면 수소가 탄소에서 질소로 이동하는 모습을 애니메이션으로 관찰할 수 있다. 이렇게 전이상태를 찾으면 전이상태의 에너지와 반응물 또는 생성물의 에너지 차이로부터 정반응 혹은 역반응의 활성화에너지(activation energy)를 계산할 수 있다.

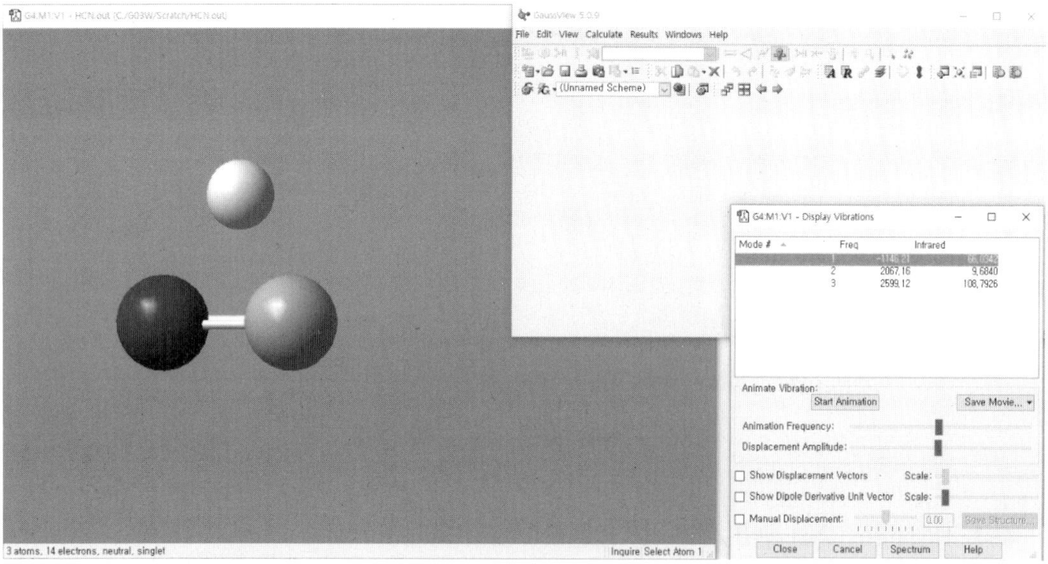

그림 6. HCN to CNH의 전이상태에 대한 계산화학 결과.

4-5. 벤젠(예제4)

```
%chk=C:\G03W\Scratch\benzene.chk
#b3lyp/sto-3g opt
Benzene
0 1
C 0.0 0.0 0.0
N 1.0 0.0 0.0
H 0.5 1.0 0.0
0 1
 C -1.87969925 1.27067667 0.00000000
 C -0.48453925 1.27067667 0.00000000
 C 0.21299875 2.47842767 0.00000000
 C -0.48465525 3.68693667 -0.00119900
 C -1.87948025 3.68685867 -0.00167800
 C -2.57708125 2.47865267 -0.00068200
 H -2.42945825 0.31835967 0.00045000
 H 0.06496875 0.31816367 0.00131500
 H 1.31267875 2.47850767 0.00063400
 H 0.06554475 4.63907967 -0.00125800
 H -2.42960225 4.63913967 -0.00263100
 H -3.67668525 2.47883567 -0.00086200
```

GaussView에서 벤젠 분자를 쉽게 그릴 수 있으며 이를 gaussian input file로 저장하여 Gaussian에서 읽어 들이면 자동으로 4-1절의 인터페이스에 위와 같이 입력된다. 이번에는 계산 시간을 단축하기 위하여 sto-3g라는 가장 간단한 basis set을 그대로 사용한다. 앞의 예제들과 다른 점은 % section에 checkpoint file(***.chk)을 생성하는 명령어를 사용한다는 것이다. 이 checkpoint file은 계산 중에 일어나는 분자 구조의 공간 데이터를 binary 형식으로 보관하고 있는 파일로 전자밀도나 분자 오비탈을 그리기 위해서 필요하다. 단 파일의 크기가 크기 때문에 앞선 예제들처럼 checkpoint file과 무관한 계산에 대해서는 % section을 비워둔다.

아래는 checkpoint file을 이용하여 필요한 그림을 그리기 위해서 필요한 작업의 명령어를 정리하였다. Binary 형식의 ***.chk 파일을 ASCII 형식의 ***.fch 파일로 전환하는 작업이 제일 먼저 이루어진다. 이 명령은 Gaussian의 utilities라는 탭에서 가능하다. 그리고 ***.cube 파일을 만드는데, 이 파일은 원하는 그림을 그리기 위해서 ***.fch 파일을 이용한다. 첫 번째 명령어는 전자밀도를 그리기 위한 cube generation 명령인데, cube 파일의 파일명은 원하는 대로 명명할 수 있다. 두 번째와 세 번째는 각각 homo와 lumo의 분자 오비탈을 그리기 위해 필요한 cube generation 명령이다. 만약 특정 분자 오비탈을 그리고 싶다면 mo=#로 원하는 번호를 입력하면 된다. 그림 7은 GaussView에서 확인할 수 있는 분자 오비탈과 그 에너지 준위인데, mo=21, mo=22가 각각 HOMO와 LUMO를 나타낸다.

〈 Formchk, Cubegen 명령어 〉

```
- formchk benzene.chk
- cubegen 0 density=scf benzene.fch benzene_density.cube 0 h
- cubegen 0 mo=homo benzene.fch benzene_homo.cube 0 h
- cubegen 0 mo=lumo benzene.fch benzene_lumo.cube 0 h
```

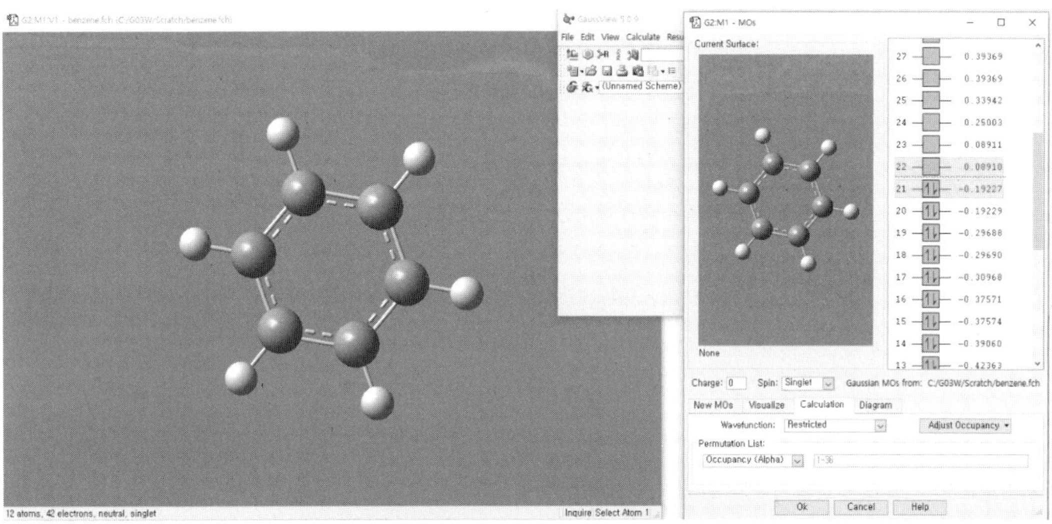

그림 7. **벤젠의 분자 오비탈의 에너지 준위.**

그림 8은 GaussView에 의해 구현된 벤젠의 전자밀도 그림으로 GaussView에서 ***.fch를 읽어 들인 후 surface/contours 탭에서 ***.cube 파일을 로딩하여 이미지를 구현할 수 있다. 분자 오비탈 그림도 동일한 방식으로 그린다.

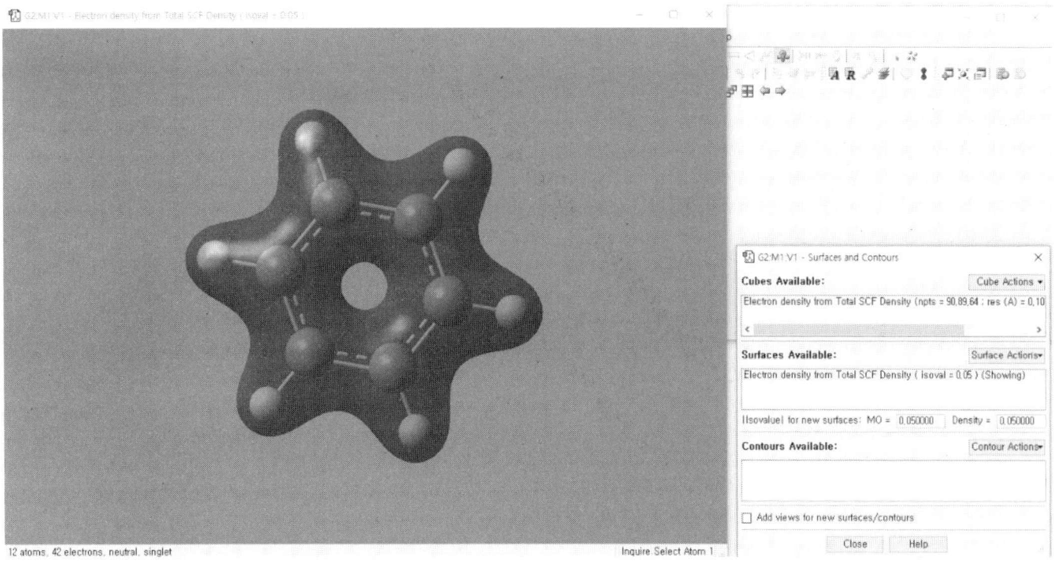

그림 8. **벤젠의 전자분포.**

4-6. 벤젠의 UV-vis 스펙트럼(예제5)

```
%chk=C:\G03W\Scratch\benzene.chk
%mem=900Mb
%rwf=1,255Mw,2,255Mw,3,255Mw
#b3lyp/sto-3g td(nstates=10) scrf=(PCM,Solvent=CH2Cl2) geom(check,nodist,noang,
nodihed) scfcyc=500 guess=read
```

벤젠의 이론적인 UV-vis 스펙트럼을 구해본다. 이를 위해서 4-5절에서 생성한 check-point file을 그대로 이용해 본다. 일반 PC에서 문제 없이 돌아갈 수 있는 수준에서 명령어가 구성되어 있으며 분자의 구조는 앞서 언급했듯이 미리 생성된 checkpoint file에서 읽어 들인다(geom(check)). 한편 UV-vis 스펙트럼은 분자 오비탈의 에너지 준위 사이를 전자가 여기되었다가 안정화되는 현상을 구현하는 것이므로 편의상 HOMO와 LUMO를 중심으로 10개의 분자 오비탈만 고려(nstates=10)하였으며, UV 측정에는 용매가 사용되며 여기서는 CH_2Cl_2 용매를 선정하였다. 다양한 용매에 대해 이론적인 UV-vis 스펙트럼을 구할 수 있으며 그 결과는 그림 9과 같이 시각화된다.

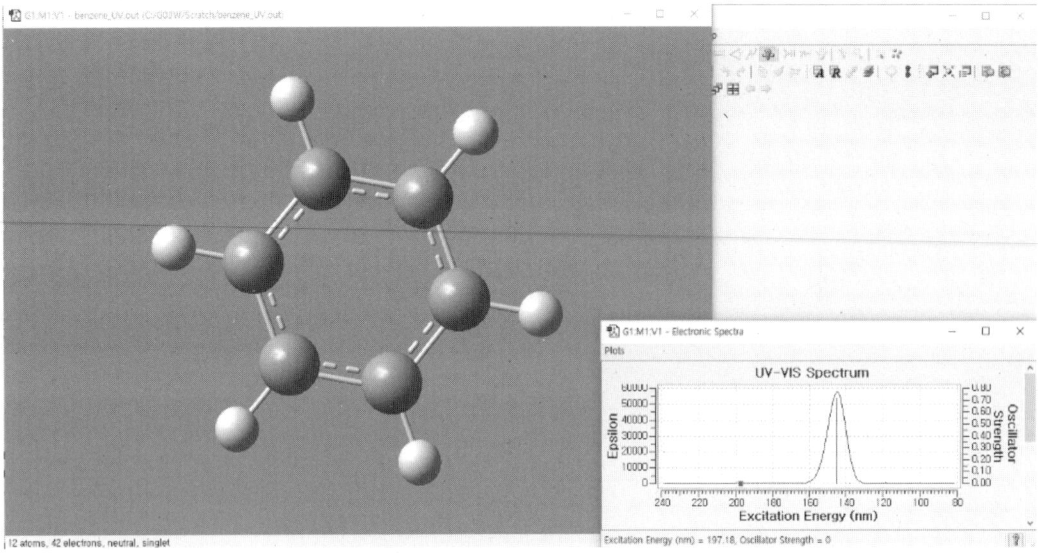

그림 9. 벤젠의 이론적인 UV-Vis 스펙트럼.

5. 결 과

4.2절부터 4.6절까지의 예제와 결과를 참조한다.

6. 토 론

1) H_2 + 1/2 O_2 ⇔ H_2O의 반응엔탈피를 계산하시오. 또는 온도에 따른 반응 Gibbs에너지 변화를 구하시오.

2) 아래 반응의 전이상태를 찾고 활성화 에너지를 계산하시오.

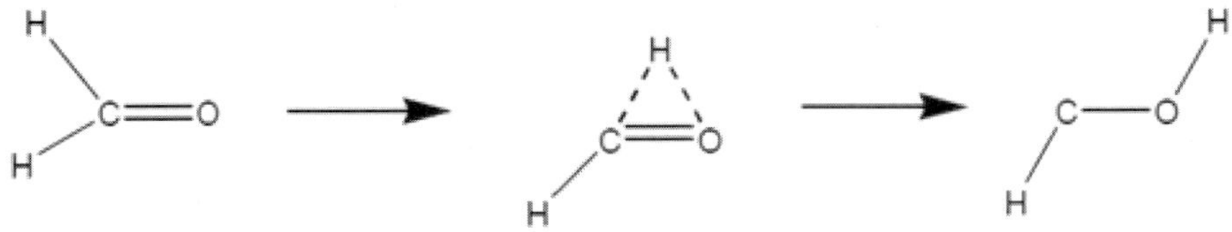

3) 벤젠의 HOMO, LUMO, 또는 다른 오비탈을 그리시오.

7. 참고문헌

1) Christopher J. Cramer, Essentials of Computational Chemistry: Theories and Models, 2nd ed., Wiley(2004).

2) Gaussian, Inc. 웹사이트 (https://gaussian.com/)

실험 12
결정화

1. 개 요

황산구리의 결정화 실험을 통해 용액의 과포화(supersaturation)와 준안정(meta-stable) 상태에 대해 이해한다. 한편 결정화 온도 조건에 따라 결정 크기분포(CSD, crystal size distribution)가 어떻게 달라지는지 관찰하며 균일상 핵생성(homogeneous nucleation)과 불균일상 핵생성(heterogeneous nucleation)의 차이에 대해서 학습한다.

2. 이 론

2-1. 용해도(solubility)와 과포화

용해도는 온도에 따라 증가하며 주어진 용매에 대해 주어진 온도 조건에서 그 값이 주어진다. 열역학적으로 온도가 낮아질 경우 어느 한계가 지나면 용질이 용매 속에 녹아서 존재하는 것이 불안정(unstable)해져 용해도 이상의 용질이 자발적으로 결정화(spontaneous nucleation) 된다. 한편 중간과정으로 준안정(meta-stable) 상태가 존재하는데, 용해도보다도 더 많은 용질이 존재하지만 자발적으로 결정화가 이루어지지 않는 상태가 있고 이를 과포화라고 한다. 이 상태에서는 주로 결정이 생성되는 메카니즘의 초기단계가 진행되는 것으로 생각한다. 즉, 핵이 생성되어 결정으로 성장(growth)한다.

군(cluster) → 유핵(embryo) → 핵(nucleus) → 결정(crystal)

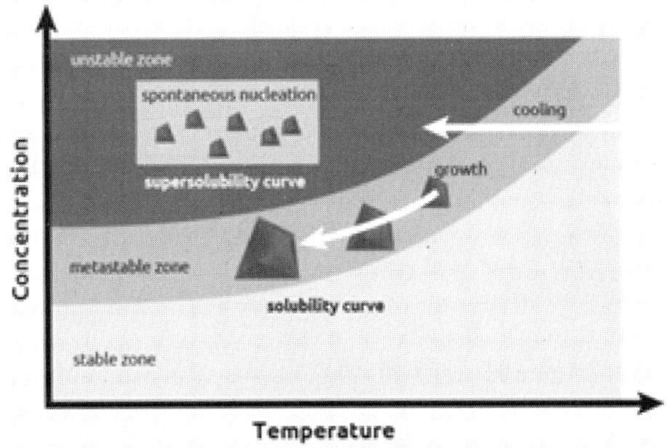

그림 1. 온도에 따른 용해도 관계: 불안정, 준안정, 안정 상태(www.syrris.com).

2-2. 균일상 핵생성과 불균일상 핵생성

다른 물질의 도움이 없이 용액 중에서 용질 입자들이 서로 만나서 핵을 생성하는 것을 균일상 핵생성이라고 하고 이는 과포화 상태에서도 일어나기 쉽지 않다. 매우 순수한 용액인 경우 균일상 핵생성은 그림 1의 불안정 영역에서 자발적으로 결정화가 발생하는 것을 의미한다.

반면 다른 물질(주로 고체 입자)이 투입되어 넓은 표면적을 제공해 주거나 용질과 친화도가 높은 물질의 존재 하에서 표면을 기반으로 쉽게 용질의 핵이 생성되는데, 이를 불균일상 핵생성이라고 한다. 이는 일반화학 실험에서 반응에 의한 침전(precipitation) 실험 시 깨진 유리 조각을 플라스크에 넣어 침전을 유도하는 원리와 같다.

한편 결정화 온도에 따른 결정성장은 다른 패턴을 보이는데, 결정화 온도를 크게 떨어뜨리면 핵 생성이 핵 성장보다 유리하므로 작은 크기의 결정을 얻게 되고 온도를 적절히 조정하면서 떨어뜨리면 핵 성장이 핵 생성보다 유리하므로 이미 생성된 핵이 성장함으로써 결정의 크기가 커진다.

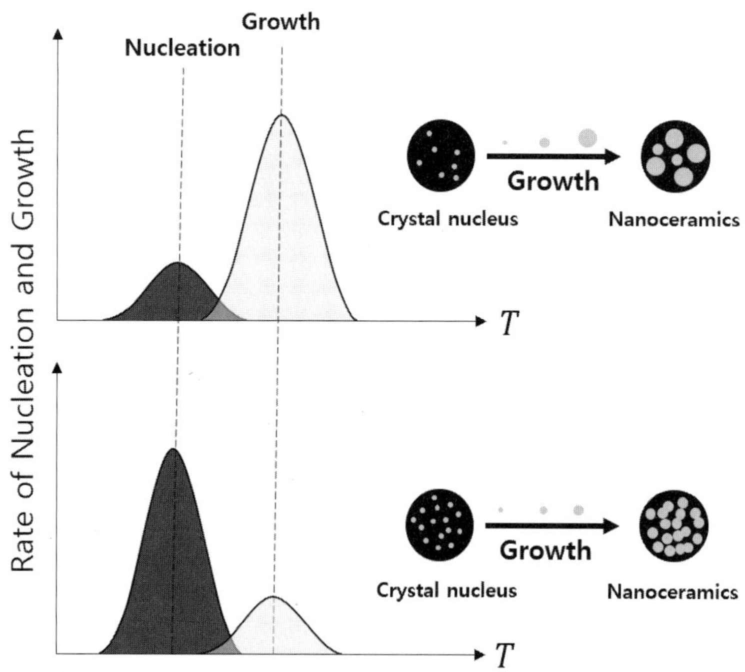

그림 2. 온도에 따른 핵 생성 및 핵 성장속도[Ref.4].

2-3. 황산구리의 물에 대한 용해도(물 1kg에 용해되는 황산구리 g)

물의 온도(˚C)	용해도(g/kg-H_2O)
0	23.1
10	27.5
20	32.0
30	37.8
40	44.6
50	53.2
60	61.8
70	72.8
80	83.8
90	98.9

3. 실험기구 및 시약

3-1. 시약

증류수, 황산구리(CAS No. 7758-99-8)

3-2. 실험기구

항온조, 실, 얼음(ice bath), 유리막대, 비이커, 자석 교반 막대, 자석식 교반기, 광학현미경

4. 실험방법

4-1. 균일상 핵생성과 불균일상 핵생성

1) 2-3절의 용해도 데이터에 근거하여 높은 온도(예, 80℃)에서 비이커 내 물에 황산구리를 용해도에 해당하는 양까지 유리막대로 저으면서 녹인다. 두 개의 동일한 용액을 준비하고 각 비이커는 덮어 둔다. 참고로 결정화 현상의 관찰이 목적이므로 비이커의 크기는 큰 상관이 없으나 그림 3에서 사용된 비이커는 250 mL이다.
2) 두 개의 비이커를 상온으로 옮겨 냉각한다. 한 쪽은 그대로 유지하고 다른 쪽에는 실을 매달아 용액 내에 담지한다.
3) 두 용액이 상온까지 냉각될 때까지 기다린 후 결정화 형상을 관찰한다.

그림 3. 실을 매달아 둔 비이커(왼쪽)와 그대로 유지한 비이커(오른쪽).

4-2. 결정화와 CSD(crystal size distribution)

1) 4-1절의 1)과 같이 두 개의 비이커를 준비한다. 비이커에 자석 교반 막대를 넣고 자석식 교반기를 이용해 교반한다.
2) 하나의 비이커는 바로 얼음물(ice bath)에 담지하고 다른 비커는 항온조를 이용하여 40℃, 20℃, 그리고 얼음물의 순서로 서서히 온도를 낮춘다. 항온조를 이용한 냉각의 경우 항온조와 용액의 열평형에 걸리는 시간이 장비나 실험실 조건에 따라 달라질 수 있으며 실제 결정화 공정에서와 달리 냉각이 급격히 이루어지지 않고 연속적으로 천천히 이루어진다.
3) 용액을 스포이드로 채취하여 슬라이드 글라스 위에 여러 방울 떨어뜨린 후 현미경으로 결정의 형상과 크기를 관찰한다.

주의사항

1. 과정 중에 자석식 교반기를 이용하여 생성된 결정들이 뭉치지 않도록 유지한다.
2. 황산구리 결정은 방향성을 가지고 자라나서 CSD를 관찰하기가 어려울 수 있다. 명반(aluminum potassium sulfate dodecahydrate)을 사용하면 결정의 모양이 구형에 가까워진다.

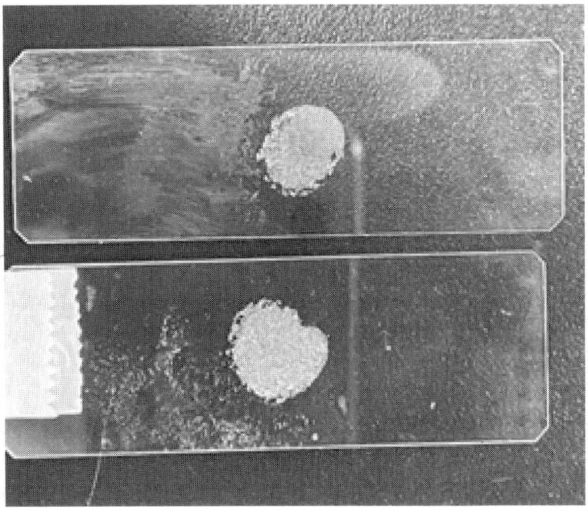

그림 4. **얼음물에 담지한 경우(위)와 (40℃ → 25℃ → 얼음물) 담지한 경우(아래)의 황산구리 결정.**

5. 결 과

1) 4-1절과 같이 불균일상 핵성성이 일어나도록 유도된 경우 균일상에 비해 핵생성이 빠르고 그 위에 결정이 성장하기 비교하기 쉽다. 균일상의 경우 결정이 관찰되지 않는다면 여전히 과포화(또는 준안정 상태)가 유지되는 것이다.
2) 한편 결정화의 온도를 급격하게 낮추게 되면 핵생성이 핵성장보다 유리하므로 결정의 크기가 작아질 것이고 결정화의 온도를 서서히 낮추면 핵성장이 핵생성보다 유리하므로 결정의 크기가 커질 것이다.

6. 토 론

1) 4-2절의 실험을 통해 결정의 CSD가 크게 차이나지 않을 수 있다. 어떤 이유가 있을지 제시하시오.
2) 많은 석유화학공정이 슬러리(slurry) 공정을 기반으로 하고 있으며 반응 후 여러 단의 결정조(crystallizer)를 통해 제품의 결정화 과정을 거친다. 이러한 공정의 예를 조사하고 각 결정조의 온도를 어떻게 제어하는지 조사하여 4-2절의 실험을 개선할 아이디어를 제시하시오.
3) 어머니들이 빨래 후에 빨래감을 털어서 건조대에 거는 이유에 대해 설명해 보시오. 이를 위해 다음의 이론이 필요한데 액체 방울의 크기와 방울 내의 증기압 사이에는 다음과 같은 관계식이 성립한다.

$$RT\ln(P/P_0) = \frac{2\gamma M}{\rho r}$$

여기서 γ는 액체의 표면장력, ρ는 액체의 밀도, M은 액체의 분자량, P_0는 기준압력(대기압), 그리고 r은 액체 방울의 반지름이다.

상온의 물에 대해서 r과 P/P_0의 관계는 r이 103 nm일 때, P/P_0는 1.001인데, r이 1 nm일 때 P/P_0는 2.88까지 증가한다.

이는 기상에서 빗방울이 처음에 만들어진 후 위의 관계식에 의해 매우 작은 빗방울의 경우 증기압이 증가하므로 곧 기화가 일어난다는 것을 의미한다. 이는 또한 균일상 핵생성이 어렵다는 것을 의미하기도 한다. 반면 공기 중에 먼지들이 많이 존재한다면 먼지들에 물 분자들이 달라붙어 쉽게 빗방울이 만들어지고 성장하게 된다.

4) 반데르발스(van der Waals) 상태방정식에서도 준안정 상태가 정의되는지 살펴보고 가능한 준안정 상태를 정의해 보시오.
5) 매우 깨끗한 액체의 물이 대기압 하에서 0도 이하로 -5도까지 과냉각(subcooled)된다. 이제 질량을 무시할 수 있는 매우 작은 얼음 결정을 이 과냉각된 용액에 첨가하였다. 어떤 일이 발생할지 생각해 보시오. 그럼 이 과정이 대기압의 단열(adiabatic) 상태에서 일어난다고 했을 때, 과냉각된 용액의 얼마큼(what fraction)이 얼겠는가? 이 과정에서의 엔트로피 변화는 얼마인가? 단, 0도에서 물의 융해열(heat of fusion)은 333.4 kJ/kg이고 0도와 -5도 사이의 물의 열용량(heat capacity)은 4.22 kJ/kg 이다.

(해답) Step 1: $\Delta H = C_p \Delta T = 4.22 \times 5 = 21.1$ kJ/kg, $\Delta S = C_p \ln(T_2/T_1) = 0.07796$ kJ/kg-K
Step 2: $\Delta H = -z \times \Delta H_{fusion} = -333.4 \times z$, $\Delta S = \Delta H_{fusion}/T_m = -0.07725$ kJ/kg-K
$z = 0.0633$, $\Delta S_{total} = 0.00071$ kJ/kg-K

7. 참고문헌

1) Warren L. McCabe, Julian C. Smith and Peter Harriott, Unit Operations of Chemical Engineering, 7th ed., McGraw-Hill(2005).
2) Warren L. McCabe, Julian C. Smith and Peter Harriott(이화영·전해수·조영일 공역), McCabe의 단위조작, 7th ed., McGraw-Hill(2017).
3) Gordon M. Barrow, Physical Chemistry, 6th ed., McGraw-Hill(1996).

4) S. Wen, Y. Wang, B. Lan, W. Zhang, Z. Shi, S. Lv, Y. Zhao, J. Qiu, and S. Zhou, "Pressureless crystallization of glass for transparent nanoceramics," Advanced Science, 6(17), 1901096(2019).

5) Syrris 웹사이트 중 'Applications/Crystallization', https://www.syrris.com/applications/what-is-crystallization-and-what-are-the-methods-of-crystallization/

실험 13
금속 나노입자 합성

1. 개 요

금속 나노입자는 벌크 물질과 전혀 다른 물리적 및 화학적 특성을 가지기 때문에, 고효율 광전자소자, 생체분자 검출 및 촉매 등에 활용될 수 있다. 본 실험에서는 판형 은(silver, Ag) 나노입자를 합성하고 분광학적 특성을 분석하여 나노입자의 합성 방법과 입자의 크기와 모양에 따른 금속 나노입자의 성질에 대해 이해하고자 한다.

2. 이 론

2-1. 표면 플라즈몬 공명(Surface Plasmon Resonance)

표면 플라즈몬은 금속박막 표면에서 일어나는 전자들의 집단적인 진동(collective oscillation) 현상을 말하며, 표면 플라즈몬 파동은 금속과 유전체의 경계면을 따라 진행하는 표면 전자기파이다. 금, 은, 구리처럼 외부 자극에 의한 전자 방출이 쉽고 음의 유전상수를 갖는 금속에서 쉽게 관찰되며, 이러한 표면 플라즈몬 공명은 빛과 나노 크기의 금속 물질 간의 상호작용으로 관찰되는 독특한 현상이다. 표면 플라즈몬 공명 현상은 크게 두 가지로 분류되는데, 하나는 약 10~200 nm 두께의 매끄러운 금속 박막과 유전체 계면에서 관찰되는 전파형 표면 플라즈몬(propagating surface plasmon)이고, 다른 하나는 10~200 nm 크기의 금속 나노입자에서 관찰되는 국부적 표면 플라즈몬(localized surface plasmon)이다(그림 1). 금속 박막이나 나노입자 표면의 유전체 질량이 증가하거나 구조가 변형되면 유효 굴절률(effective refractive index)이 변화하기 때문에, 박막의 경우 공명이 일어나는 공명각, 그리고 나노입자의 경우 최대 흡광이 나타나는 파장이 변화한다. 따라서 금속 표면에서 일어나는 다양한 생화학 물질들의 결합 및 분리 등의 현상을 분광학적인 방법으로 측정한 공명각 또는 최대 흡광 파장의 변화로 감지할 수 있어서 고감도 생화학 센서에 활용될 수 있다.

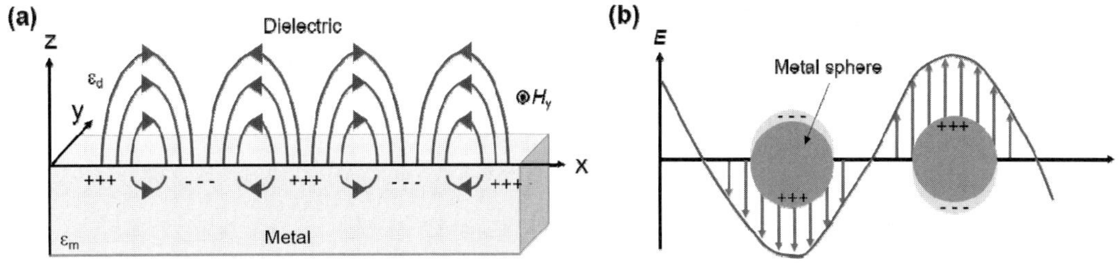

그림 1. (a) 전파형 표면 플라즈몬과 (b) 국부적 표면 플라즈몬 현상의 모식도.

금속 나노입자의 플라즈몬 흡수 파장 및 흡광계수는 금속 나노입자의 크기 및 모양과 주위 물질의 유전상수에 크게 의존한다. 금 나노입자는 크기가 증가할수록 최대 흡수파장이 장파장 영역으로 이동하며, 금 나노막대도 종횡비가 증가함에 따라 최대 흡수파장이 장파장으로 이동한다(그림 2).

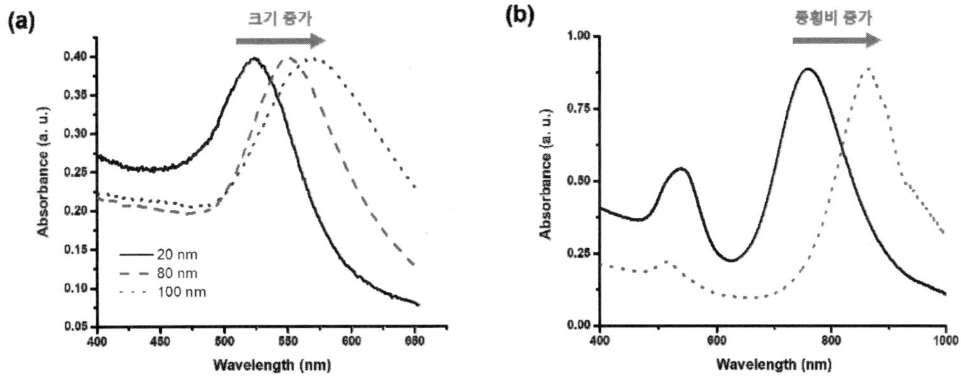

그림 2. (a) 크기에 따른 금 나노입자의 흡광 스펙트럼의 변화와
(b) 종횡비에 따른 금 나노막대의 흡광 스펙트럼의 변화.

2-2. 나노입자의 합성

금속 나노입자의 합성은 일반적으로 환원법을 이용한다. 금속 이온을 환원제를 이용하여 환원시키면 환원된 금속 원자들이 서로 모여 금속 나노입자를 형성하게 된다. 이 방법을 이용하면 합성 조건에 따라 다양한 크기와 모양 및 결정 구조를 가지는 금속 나노입자를 합성할 수 있다. 금 나노입자의 합성 방법은 1951년 Turkevitch에 의하여 보고되었는데, 수용액 상에서 금 이온을 시트르산(citric acid)으로 환원시켜 약 20 nm 크기의 나노입자를 합성할 수 있다. 1973년 Frens는 환원제와 안정화 물질의 비율을 조절하여 16 nm에서 147

nm까지 금 나노입자의 크기를 조절하였다. 1994년 Brust는 이중상에서 thiol 화합물을 이용하여 나노입자 크기 분포가 크게 개선되고 크기를 쉽게 조절할 수 있는 합성 방법을 발표하였다. Micelle emulsion이나 reverse micelle을 형성하는 계면활성제를 이용하여 미세 환경에서 금속 이온을 환원시켜 금속 나노입자를 합성할 수도 있으며, 이중상에서 반응시키는 방법에 비해 크기 분포가 훨씬 좁고 크기 조절 역시 용이하다. 이외에도 음파 분쇄법, 광화학적 방법, 방사선 분해법 등을 이용하여 금속 나노입자를 제작할 수 있다.

금속 나노입자를 합성하는 가장 보편적인 방법의 하나가 "씨앗-매개 성장법(seed-mediated growth)"이다. 이 방법은 매우 작은 금 혹은 은 나노입자를 '씨앗(seed)'으로 사용하여 상온에서 이방성으로 자라게 하는 방법이다. 씨앗과 금속 이온의 농도비에 따라 다양한 종횡비를 가지는 나노막대, 나노선, 또는 나노판을 합성할 수 있다. 씨앗-매개 성장법은 일반적으로 두 단계로 구성된다. 첫 번째 단계에서는 '씨앗' 나노입자를 합성하는데, 이 '씨앗' 나노입자는 지름이 5 nm 이하로 매우 작고 등방성 모양이며, 상대적으로 크기 분포가 고른 특성이 있다. 두 번째 단계에서는 첫 번째 단계에서 합성한 '씨앗' 나노입자를 '성장 용액(growth solution)'에 넣고 최종 목표로 하는 나노입자가 생성될 때까지 성장시킨다. 이때 성장 용액에는 씨앗 나노입자의 성장을 위하여 금속 이온과 그 금속 이온을 환원시킬 환원제, 그리고 나노입자의 모양을 조절하거나 표면을 보호하기 위한 고분자나 유기물질이 포함된다. 그림 3에서는 금속 나노막대 및 나노선의 성장 메커니즘을 보여준다. 씨앗 나노입자의 특정 결정면이 상대적으로 노출이 더 많이 되면, 새로 첨가된 금속 이온은 노출이 심한 결정면에 추가되면서 나노막대 혹은 나노선으로 성장하게 된다.

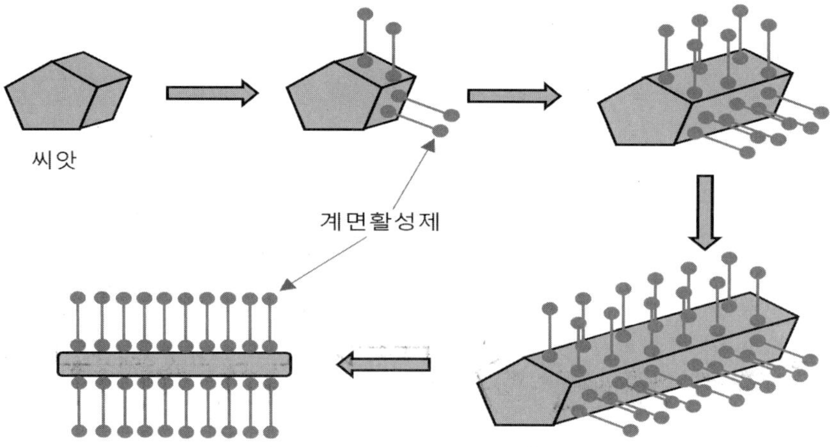

그림 3. 금속 나노막대 성장 메커니즘.

3. 실험장치 및 시약

3-1. 시약

구연산 나트륨(sodium citrate, $Na_3C_6H_5O_7$), poly(sodium 4-styrenesulfonate) ($(C_8H_7NaO_3S)n$, M.W. ~1,000,000), 질산은(silver nitrate, $AgNO_3$), 수소화붕소나트륨(sodium borohydride, $NaBH_4$), 아스코르브산(ascorbic acid, $C_6H_8O_6$), 증류수

3-2. 실험장치

5 mL 바이알, 20 mL 바이알, 비커, 자석 교반막대, 마이크로 피펫, 뷰렛, 메스실린더, 알루미늄 호일, 자석 교반기, 자외선-가시광선 분광광도계

4. 실험방법

4-1. 씨앗 나노입자 합성

① 2.5 mM의 sodium citrate 수용액을 10 mL 준비한다.

② 500 mg/L 농도의 PSS(poly(sodium 4-styrenesulfonate)) 용액을 1 mL 준비한다.

③ 0.5 mM의 silver nitrate($AgNO_3$) 용액을 10 mL 준비한다.

④ 10 mM의 sodium borohydride($NaBH_4$) 용액을 1 mL 준비한다. $NaBH_4$는 수용액 상에서 불안정하므로 가급적 찬물에 용해시키며, 용해 후 실험에 바로 사용하도록 한다.

⑤ 20 mL 바이알에 sodium citrate 용액 5 mL을 담고 자석 교반막대를 넣어 교반해준다. 이때, 교반기의 회전속도는 용액이 바이알 밖으로 튀지 않을 정도로 높여준다. Sodium citrate 용액에 PSS 용액 0.25 mL와 $NaBH_4$ 용액 0.3 mL를 혼합해준다.

⑥ ⑤에서 준비한 혼합 용액을 계속 교반해주면서, 이 혼합 용액에 ③에서 준비한 $AgNO_3$ 용액 5 mL를 뷰렛을 이용하여 3초에 한 방울씩 더해준다. 이때, 씨앗 나노입자가 생성되면서 용액이 노란색으로 변하는 것을 관찰할 수 있다. $AgNO_3$ 용액을 다 넣은 후 약 3분 정도 더 교반하여 씨앗 나노입자 생성 반응이 완결되도록 한다.

⑦ 합성된 씨앗 나노입자 용액에서 자석 교반막대를 꺼내고 바이알 뚜껑을 닫은 다음, 이후 나노입자의 합성에 사용할 때까지 냉장 보관한다. 이때 은의 광 반응성 때문에 씨앗 나노입자가 외부 빛의 영향을 받아 변질될 수 있으므로 바이알을 알루미늄 호일 등으로 감싸서 외부의 빛을 차단한다.

4-2. 판형 은 나노입자 합성

① 10 mM의 ascorbic acid 용액을 1 mL 준비한다.

② 0.5 mM의 $AgNO_3$ 용액을 20 mL 준비한다.

③ 25 mM의 sodium citrate 용액을 3 mL 준비한다.

④ 성장 용액을 만들기 위하여 물 5 mL에 ①에서 준비한 ascorbic acid 용액 0.075 mL를 넣은 20 mL 바이알을 5개 준비한다. 이 바이알 5개에 4-1에서 준비한 씨앗 나노입자 용액을 0.02, 0.12, 0.50, 0.75, 1.00 mL씩 각각 넣어주어 최종적으로 씨앗 나노입자의 농도가 다른 성장 용액 5개를 준비한다.

⑤ ④에서 준비한 성장 용액 중 하나를 선택하여 자석 교반막대를 넣고 교반을 격렬하게 해준다. 이 성장 용액의 교반을 계속하면서, ②에서 준비한 $AgNO_3$ 용액 3 mL를 피펫을 이용하여 2초에 한 방울씩 더해준다. 이때, 판형 은 나노입자가 생성되면서 용액이 무색으로부터 차츰 특정한 색으로 변하는 것을 관찰할 수 있다. $AgNO_3$ 용액을 다 넣은 후 약 5분 정도 더 교반하여 판형 은 나노입자 생성 반응이 완결되도록 한다.

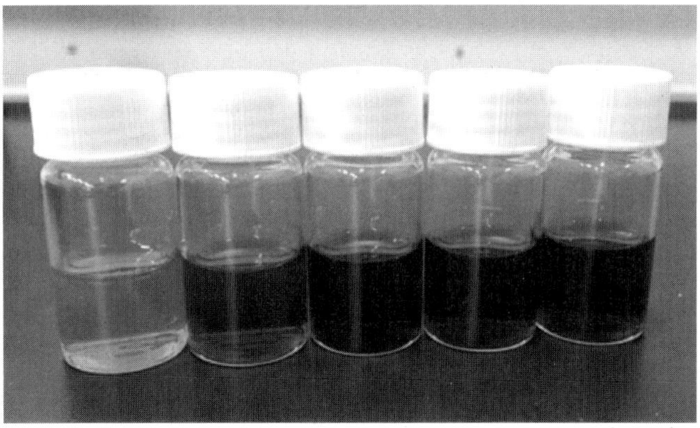

그림 4. **씨앗 나노입자의 농도에 따른 판형 은 나노입자의 색상 변화.**

⑥ 다른 성장 용액에 대해서도 ⑤와 같은 방법으로 판형 은 나노입자를 생성시킨다. 각 용액의 색은 생성된 판형 은 나노입자의 크기에 의해 결정된다.

⑦ 생성된 판형 은 나노입자의 안정화를 위하여, ③에서 준비한 sodium citrate 용액 0.5 mL를 판형 은 나노입자 용액에 추가로 넣어준다.

⑧ 합성된 판형 은 나노입자 용액에서 자석 교반막대를 꺼내고 바이알 뚜껑을 닫은 다음, 이후 판형 은 나노입자의 광학 성질을 분석할 때까지 냉장 보관한다. 씨앗 나노입자와 마찬가지로, 용액을 담은 바이알을 알루미늄 호일 등으로 감싸서 외부의 빛

을 차단한다.

4-3. 판형 은 나노입자의 자외선-가시광선 흡광 스펙트럼 관찰 및 분석

① 자외선-가시광선 흡광 스펙트럼 측정 시 blank 측정 및 나노입자 희석에 사용하기 위한 용매로서 4.4 mM의 sodium citrate 용액을 10 mL 준비한다.

② Sodium citrate 용액 0.9 mL에 4-2에서 합성한 판형 은 나노입자 용액 0.1 mL를 넣어 10배 희석한다(총 5개).

③ 자외선-가시광선 분광기에서 sodium citrate 용액만 담은 큐벳으로 blank를 측정한다. 이때 측정 파장 영역은 300~900 nm이며, 큐벳의 재질이나 분광기의 측정 범위를 고려하여 측정 파장 영역을 설정한다. 예를 들어 일회용 큐벳의 경우 UV 영역의 파장 측정에 사용할 수 없다.

④ ②에서 준비한 판형 은 나노입자 용액 1 mL를 분광 분석기에 넣어 흡광 스펙트럼을 얻는다. 만약 최대 흡광도가 너무 높을 경우(측정 수치가 2 이상인 경우) ①에서 준비한 sodium citrate 용액을 이용하여 추가로 희석한 후 다시 측정한다. 5개 종류의 판형 은 나노입자 용액의 정량적인 분석을 위해서 희석 비율을 결정한 후 모두 같은 비율로 희석하여 흡광 스펙트럼을 구한다.

⑤ 5개 종류의 판형 은 나노입자의 흡광 스펙트럼을 하나의 그래프에 모아 그 모양을 비교/분석한다. 이때, 각 흡광 스펙트럼의 y값(소광, extinction)의 최고값이 1이 되도록 정규화한다.

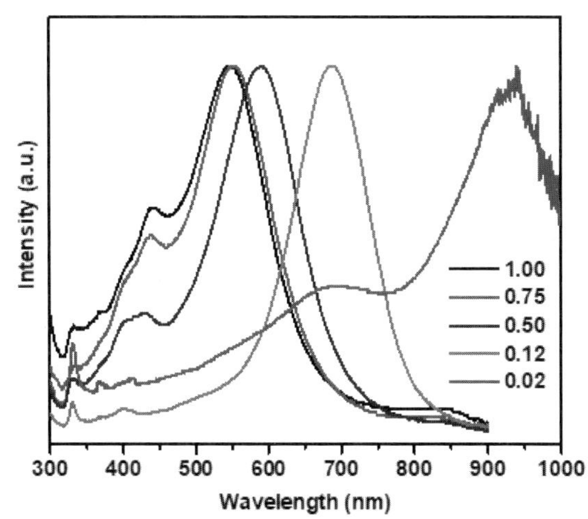

그림 5. 씨앗 나노입자의 농도에 따른 판형 은 나노입자의 흡광 스펙트럼 변화.

4-4. 자외선-가시광선 흡광 스펙트럼을 이용한 판형 은 나노입자의 농도 분석

① 4.4 mM의 sodium citrate 용액을 10 mL 준비한다.

② Sodium citrate 용액 2.4 mL에 4-2에서 씨앗 용액 0.12 mL를 가지고 합성한 판형 은 나노입자 용액 0.6 mL를 넣어 5배 희석한다.

③ ②의 판형 은 나노입자 용액과 ①의 sodium citrate 용액을 다음 표와 같이 각각 일정한 비율로 혼합하여 최종적으로 1 mL의 용액 6개를 준비한다.

구분(희석배율)	0X	0.2X	0.4X	0.6X	0.8X	1X
판형 은 나노입자 용액	0 mL	0.2 mL	0.4 mL	0.6 mL	0.8 mL	1.0 mL
Sodium citrate 용액	1.0 mL	0.8 mL	0.6 mL	0.4 mL	0.2 mL	0 mL

④ 분광기에 sodium citrate 용액 1 mL를 넣어 blank를 측정한다. 이 때 분광기의 측정 파장은 300~900 nm이며, 분광기의 성능에 따라 필요 시 더 좁은 파장 영역에서 측정한다.

⑤ ③에서 준비한 6개의 판형 은 나노입자 용액을 분광기에 각각 넣어 흡광 스펙트럼을 얻는다.

⑥ 6개 종류의 농도 별로 측정한 판형 은 나노입자의 흡광 스펙트럼을 하나의 그래프에 모아 그 모양을 비교/분석한다. 이 때, 각 흡광 스펙트럼의 최대 흡광도를 각 용액 별로 구하고, x축에는 0X부터 1X까지의 농도, y축에는 각 용액별 최대 흡광도를 표시하여 선형성(linearity)이 관찰되는지 확인한다.

⑦ ⑥에서 구한 데이터를 이용하여 1차식으로 표현되는 추세선을 구하고 공식으로 표현한다.

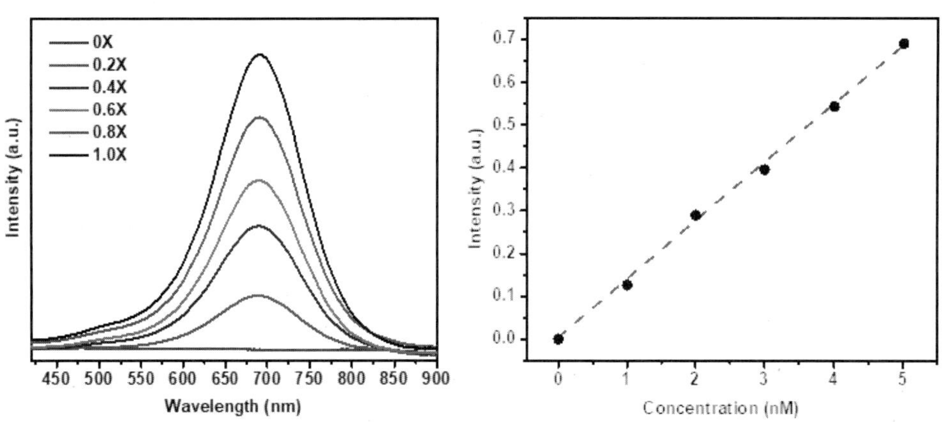

그림 6. 판형 은 나노입자의 농도에 대한 최대 흡광도 그래프.

5. 결 과

1) 사용된 씨앗 나노입자의 농도에 따른 판형 은 나노입자의 색상 변화를 관찰하고, 자외선-가시광선 흡광 스펙트럼을 측정하여 분석하시오.
2) 판형 은 나노입자의 농도에 따른 자외선-가시광선 흡광 스펙트럼을 측정하고, 이를 이용하여 판형 은 나노입자의 농도와 최대 흡광도 사이의 상관관계를 분석하시오.
3) 1X를 5.0 nM이라 가정하고, Beer-Lambert 법칙을 이용하여 흡광 계수를 구하시오 (단, 일반적인 큐벳에서는 빛이 지나는 시료의 거리가 1 cm이지만, 큐벳의 종류에 따라 빛이 지나는 시료의 거리가 다를 수 있음을 유의한다).

6. 토 론

1) 씨앗 나노입자의 농도와 생성된 판형 은 나노입자의 크기(또는 모양) 사이에 어떤 상관관계가 있는가? 자외선-가시광선 흡광 스펙트럼 측정 결과를 바탕으로 설명하시오.
2) 금속 나노입자 합성법을 조사하여 각각의 장단점을 비교하시오.
3) 나노입자가 기존 벌크 물질과 비교하여 갖는 독특한 물리적 및 화학적 성질들에 어떤 것이 있는지 알아보고, 상업적으로 적용된 예를 조사하시오.

7. 참고문헌

1) Turkevich, J., Stevenson, P. C. and Hillier, J., "A Study of the Nucleation and Growth Processes in the Synthesis of Colloidal Gold," Discussions of the Faraday Society, 11, 55-75(1951).
2) Frens, G., "Controlled Nucleation for the Regulation of the Particle Size in Monodisperse Gold Suspensions," Nature Physical Science, 241, 20-22(1973).
3) Brust, M., Walker, M., Bethell, D., Schiffrin, D. J. and Whyman, R., "Synthesis of Thiol-Derivatised Gold Nanoparticles in a Two-Phase Liquid-Liquid System," Journal of the Chemical Society, Chemical Communications, (7), 801-802(1994).
4) Murphy, C. J., Sau, T. K., Gole, A. M., Orendorff, C. J., Gao, J., Gou, L., Hunyadi S. E. and Li, T., "Anisotropic Metal Nanoparticles: Synthesis, Assembly, and Optical Applications," The Journal of Physical Chemistry B, 109(29), 13857-13870(2005).
5) Kim H. S. and Lee, D. Y., "Near-Infrared-Responsive Cancer Photothermal and

Photodynamic Therapy Using Gold Nanoparticles," Polymers, 10(9), 961(2018).

6) Kumar, R., Binetti, L., Nguyen, T. H., Alwis, L. S. M., Agrawal, A., Sun T. and Grattan, K. T. V., "Determination of the Aspect-Ratio Distribution of Gold Nanorods in a Colloidal Solution Using UV-Visible Absorption Spectroscopy," Scientific Reports, 9, 17469(2019).

Data Sheet

실험제목: 금속 나노입자의 합성

강좌번호: 실험조: 조장: 확인:

실험일: 년 월 일

실내온도:

1. 판형은 나노입자의 색상 관찰 및 흡광 스펙트럼

씨앗 나노입자(mL)	0.02	0.12	0.50	0.75	1.00
λ_{max}(nm)					

2. 흡광 스펙트럼을 이용한 판형 은 나노입자의 농도 결정

구분(농도)	0X	0.2X	0.4X	0.6X	0.8X	1.0X
최대 흡광도(a.u.)						

실험 14
전해질 전기전도도 측정

1. 개 요

전해질 수용액의 전기전도도를 측정해보고 수용액의 전기전도도가 어떻게 결정되는지 살펴본다. 이를 통해 전해질 이온화 원리를 이해해본다.

2. 이 론

2-1. 전기전도도

전기전도도란 물질이나 용액이 전하를 운반할 수 있는 정도를 나타내는 물리량으로, 수용액의 전기전도도를 통해 용액 중의 이온 세기를 신속하게 평가할 수 있다. 일반적으로 전기저항의 역수 ohm^{-1} (Ω^{-1}) 또는 mho로 나타내거나, 국제적으로 통용되는 S(Siemens = Ω^{-1}) 단위를 사용하여 나타낸다.

일반적으로 전도체의 저항 R은 다음과 같은 식으로 표시할 수 있다.

$$R(\Omega) = \frac{\rho \times L}{A} \tag{1}$$

여기에서 ρ는 저항도($\Omega \cdot$cm), ℓ은 전도체의 길이(cm), A는 단면적(cm^2)이므로 전기전도도는 다음과 같이 표시할 수 있다.

$$\frac{1}{R} = \frac{A}{L} \times K \tag{2}$$

여기에서 K(= $1/\rho$)는 비전도도이다. 따라서, 용액에 담겨 있는 2개의 전극에 일정한 전압을 가해주면 가한 전압이 전류를 흐르게 하며, 이 때 흐르는 전류의 크기는 용액의 전도도에 의존하므로 전압-전류 관계를 통해 용액의 전기전도도를 측정할 수 있다.

일반적으로 측정결과는 측정된 시료의 전기전도도 값에 셀 상수(cm^{-1})를 곱하여 전기전도도 값으로 표시하며, 현재 국제단위계인 mS/m 또는 μS/cm 단위를 주로 사용한다. 또한, 전기전도도는 온도에 의한 영향이 크므로 많은 경우 25℃에서의 값으로 환산하여 기록한다.

일반적인 전기전도도 측정계는 지시부와 검출부로 구성되어 있으며, 지시부는 교류 휘

트스톤 전교(Wheatstone-bridge)회로나 연산증폭기 회로 등으로 구성되며, 검출부는 한 쌍의 고정된 전극으로 구성되어 있다. 전도도 셀은 그 구조에 따라 각각 다른 셀 상수를 지닌다. 이 셀 상수는 전도도 표준액(염화칼륨 용액)을 사용하거나 셀 상수가 알려진 다른 기기와 비교하여 측정할 수 있으나, 일반적으로 기기에 명시되어 있다. 또한, 자체 온도 보상회로가 장치된 기기의 경우 25℃에서의 전도도 값으로 자동으로 변환하여 주며, 그렇지 않은 경우에는 온도에 전도도 관계식을 사용하여 25℃에서의 전도도 값으로 실험자가 직접 환산하여야 한다.

2-2. 전해질의 전기전도도

수용액의 전기적 전도도는 1880년대에 당시 스웨덴 웁살라대학의 대학원생이었던 스반테 아레니우스(Svente Arrhenius)에 의해 처음으로 연구되었다. 아레니우스는 수용액의 전도도 능력은 전해질이 물속에서 이온으로 해리되어 발생한다고 주장하였다. 이온해리설은 당시 학계에서 받아들여지지 않았으나, J.H. 반트호프, F.W. 오스트발트 등을 중심으로 지지를 받기 시작하여 아레니우스의 이온 이론은 점차 학계에서 인정받기 시작하였다. 이후 그는 이러한 이온해리설에 대한 공로로 1903년 노벨 화학상을 수상하였으며, 그의 이온해리설은 곧 강전해질 이론 등으로 전개되었다.

센 전해질은 용액 속에서 완전히 이온화되는 물질을 일컬으며 이온 결합 고체나 강한 산이 대표적이다. 완전히 해리되기 때문에 용액 내 이온 농도는 가해준 전해질의 농도에 비례한다. 19세기에 Friedrich Kohlrausch는 몰전도도를 광범위하게 측정해 본 결과, 센 전해질의 묽은 용액의 몰전도도(Λm)는 다음과 같이 그 농도의 제곱근($c^{1/2}$)에 선형으로 의존한다는 사실을 알게 되었다.

$$\Lambda_m = \Lambda_m^o - \kappa c^{1/2} \tag{3}$$

약 전해질은 센 전해질과 달리 용액 속에서 일부만 이온화되는 전해질을 일컬으며, 대표적으로 CH_3COOH나 NH_3와 같은 약한 Bronsted 산 혹은 염기가 여기에 속한다. 약 전해질의 몰전도도가 농도에 크게 의존하는 것은 약산을 예시로 살펴보면 다음과 같이 농도가 묽어질수록 평형이 오른쪽으로 이동하기 때문이다.

$$HA(aq) + H_2O(l) \rightleftarrows H_3O^+(aq) + A^-(aq) \tag{4}$$

$$K_a = \frac{a_{H_3O^+}\ a_{A^-}}{a_{HA}} \tag{5}$$

3. 실험장치 및 시약

3-1. 시약

염화칼륨(potassium chloride, KCl), 증류수, 염화나트륨(sodium chloride, NaCl), 아세트산(acetic acid, CH_3COOH), 미지시료 용액

3-2. 실험장치

항온조, 전기전도도 측정기

4. 실험방법

4-1. 표준시료를 이용한 셀의 보정

1) 전기전도도 표준용액으로 0.1 M과 0.01 M 염화칼륨 수용액을 각각 제조한다. 염화칼륨 표준용액의 전기전도도는 다음과 같다.

농도(M)	온도(℃)	전기전도도(μS/cm)
0.1	0	7,130
	18	11,170
	25	12,860
0.01	0	774
	18	1,220
	25	1,409

2) 전기전도도 측정기 셀을 증류수로 2~3회 씻은 다음 사용하고자 하는 염화칼륨 표준용액으로 2~3회 씻어주고 염화칼륨 표준용액에 셀을 잠기게 하여 전기전도도를 측정한다. 이 때 항온조를 이용하여 염화칼륨 표준용액의 온도를 일정하게 유지한 상태에서 셀을 보정한다.

4-2. 전해질의 전기전도도 측정 및 미지시료 분석

1) 염화나트륨과 아세트산을 증류수에 녹여 0.05, 0.03, 0.02, 0.01, 0.005, 0.0025 M의 농도를 지니는 수용액을 최소 100 mL씩 제조한다.
2) 측정하고자 하는 시료를 50 mL씩 소분하여 첫 번째 용액은 셀을 씻는 용도로 사용하고, 두 번째 용액은 측정용으로 사용한다.
3) 항온조를 이용하여 측정 용액의 온도를 약 25℃의 일정한 온도를 유지한 상태에서

전도도 값를 측정한다. 이를 통해 각 전해질에서의 농도와 전도도에 대한 그래프 도시로 강전해질과 약전해질의 농도에 대한 영향력을 살펴본다.

4) 조교가 나누어준 미지시료에 대해 전도도를 측정해본다.

5. 결 과

5-1. 각 시료의 농도별 전기전도도 측정

1) 염화나트륨과 아세트산 용액의 농도에 따른 전기전도도를 Data Sheet에 기록한다.
2) 각 전해질에서의 농도와 전도도에 대한 그래프를 도시하여 Data Sheet에 기록한다.

5-2. 미지시료 분석

1) 미지시료의 전기전도도를 Data Sheet에 기록한다.
2) 두 미지시료의 농도는 5배 차이가 난다고 한다. 이때 두 미지시료가 무엇일지 추측하고 각 시료의 농도를 유추하라.

6. 토 론

1) 강전해질과 약전해질 수용액에서의 농도에 따른 전기전도도 변화에 대해 비교하여 기술하여라.
2) 시료의 온도 제어에 따라 발생할 수 있는 전기전도도 측정 오차에 대해 정량적으로 기술하여라.

7. 참고문헌

1) 토머스 엥겔, 필립 리드, 필수 물리화학, 카오스북(2018).

Data Sheet

실험제목: 전해질 전기전도도 측정

강좌번호: 실험조: 조장: 확인:

실험일: 년 월 일

실내온도:

1. 각 시료의 농도별 전기전도도 측정

농도(M)	염화나트륨(μS/㎝)	아세트산(μS/㎝)

2. 미지시료의 물질 및 농도 분석

- 미지시료 1의 전기전도도:
- 미지시료 2의 전기전도도:
- 미지시료의 화학종:
- 미지시료 1의 농도:
- 미지시료 2의 농도:

실험 15
TiO_2 광촉매의 유기물 분해

1. 개 요

넓은 에너지띠 간격을 가진 반도체의 광촉매 작용과 특성을 이해하고, 이산화티타늄 나노입자를 광촉매로 사용하여 염료인 methyl orange를 분해하는 광분해 반응을 진행한다. 광촉매 작용으로 염료의 가시광선 흡수 스펙트럼이 사라지는 것을 관찰하며, 흡광도 측정을 통한 염료의 정량 분석으로 반응 속도론 분석을 이해한다.

2. 이 론

2-1. 이산화티타늄 광촉매

이산화티타늄(TiO_2) 나노입자는 다양한 응용성을 가진 반도체 물질이다. 페인트의 백색 안료로 가장 많이 사용되며 자외선 차단제를 비롯한 화장품 제조원료로 사용되는 등 다양한 활용처로 인해서 2020년에 179억 4,000만 달러의 세계 시장규모를 기록하였다. TiO_2는 띠 간격(band gap)이 약 3.2 eV로 넓은 띠 간격 반도체로 분류되며, 자외선 영역 대의 빛을 잘 흡수한다. 흡수된 빛은 전도띠에 전자(electron, e^-)와 원자가 띠에 정공(hole, h^+)을 각각 생성시키고, 생성된 전자와 정공은 주위의 흡착된 분자들에 산화-환원 반응을 유발하는 광촉매 반응(photocatalytic reaction)을 진행한다(그림 1).

$$TiO_2 \xrightarrow{h\nu} e^- + h^+$$

이러한 광촉매 작용은 태양광 에너지를 이용한 광합성이나 유해한 유기 및 무기물질의 정화반응 외에도 전기에너지 생성 등 다양한 분야에 응용되고 있으며, 최근에는 물로부터 수소를 생산하는 수전해(water splitting) 기술에도 적용되고 있다.

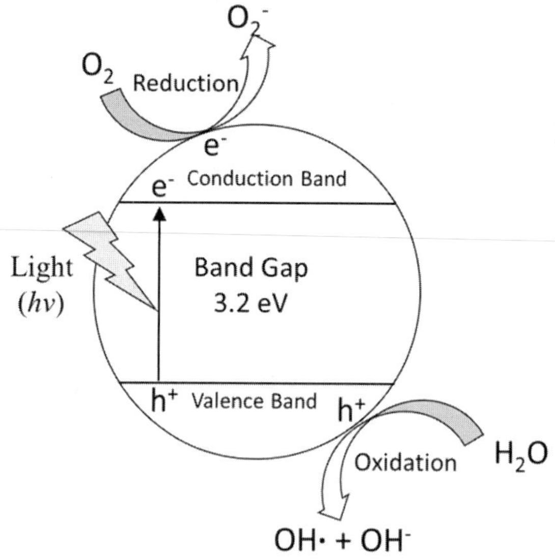

그림 1. **이산화티타늄 광촉매 작용의 개략도.**

본 실험에서 사용하는 TiO_2는 지름이 약 20 nm 정도인 미세입자이다. 이러한 미세입자들은 나노입자(nanoparticle)로 불리며 크기에서 유래된 독특한 물리-화학적 성질로 다양한 분야에 응용되고 있다. 특히 입자의 크기가 작아지면 질량 대비 표면적인 비표면적(specific surface area)이 커지므로, 크기가 작아질수록 입자의 표면에서 작용하는 광촉매의 활성이 커진다.

TiO_2는 anatase, rutile, brookite의 세 가지 결정구조를 가질 수 있다. Brookite 구조는 매우 높은 온도와 압력에서 존재하므로, 일반적인 조건에서는 rutile 구조와 anatase 구조를 가진다. 둘 중 anatase 구조의 TiO_2가 광촉매 활성이 더 우수하다고 알려져 있는데, Degussa P25와 같은 상용화 TiO_2의 경우 anatase 이 rutile 혼재되어 있기도 하다.

수용액 상에서 TiO_2의 광촉매 반응이 유발될 때 생성된 정공은 산화제로 작용하여 물을 산화시켜 OH 라디칼(OH·)을 생성하고, 자유 전자는 공기 중의 산소를 환원하여 O_2^- 등의 활성 산소를 생성시킨다. 이때 진행되는 대략적인 광촉매 반응은 아래와 같다.

$$h^+ + H_2O \rightarrow OH\cdot + H^+$$

$$e^- + O_2 \rightarrow O_2^-$$

$$O_2 + 2H^+ + 2e^- \rightarrow H_2O_2$$

$$H_2O_2 + O_2^- \rightarrow OH\cdot + OH^- + O_2$$

$$H_2O_2 + e^- \rightarrow OH\cdot + OH^-$$

$$2OH\cdot \rightarrow H_2O_2$$

광촉매 반응으로 생성된 OH·은 유기물과 반응해 분해시킬 수 있어, 아세트산, 알데하이드 등 다양한 유해 유기화합물의 제거에 활용되고 있다.

2-2. Beer-Lambert 법칙을 이용한 정량 분석

본 실험에서 사용되는 methyl orange는 azo group(-N=N-)을 가지고 있는 아조염료로 상온에서 진한 오렌지색을 띠며 분자의 구조와 자외선-가시광선 스펙트럼은 그림 2와 같다. 특히, 분해 시 오렌지색을 잃고 무색을 띠는 특징이 있어 광산화 반응의 지표로 사용된다. 따라서, methyl orange가 TiO_2의 광촉매 활성에 의해 분해되는 과정을 자외선-가시광선 분광기로 추적 분석할 수 있다. 실험에서는 최대 흡수 파장인 464 nm의 흡수띠의 분석을 통해, 물에 약 5 ppm 농도로 존재하는 methyl orange가 TiO_2의 광촉매 효과에 의해 분해되어 감소하는 것을 추적할 것이다.

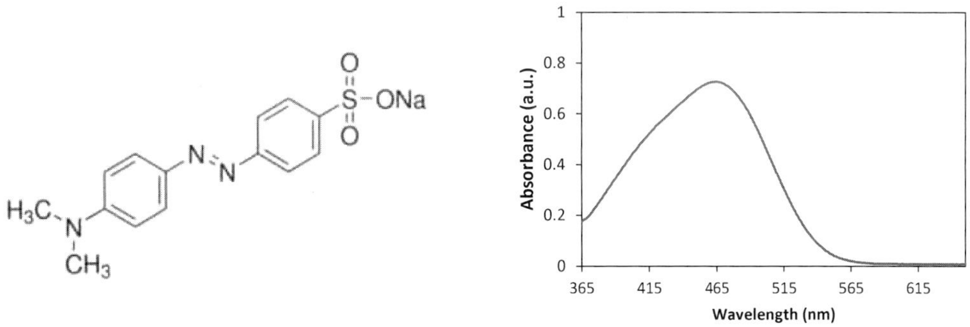

그림 2. methyl orange의 구조와 자외선-가시광선 스펙트럼(농도: 5 mg/L).

흡광도는 농도와 투과 거리에 비례하므로, 흡광도로부터 농도를 계산할 수 있다. 본 실험에서는 아래의 Beer-Lambert 법칙을 사용하여 검량곡선 및 흡광계수를 도출하여 흡광도로부터 수용액 상의 염료의 농도를 도출한다.

$$A = \log\frac{1}{T} = \log\frac{I_0}{I} = -\log T = \epsilon bC \quad (1)$$

$$T = \frac{I}{I_0} = e^{-\epsilon bC}$$

여기서, T : 투광도

A : 흡광도

ϵ : 몰흡광계수($M^{-1} \cdot cm^{-1}$)

b : 투과 거리(큐벳의 길이, cm)

C : 시료의 농도(M)

I_0 : 입사광의 세기

I : 투과광의 세기

2-3. 반응 속도론

광촉매 반응을 시작 후 methyl orange(MO)의 농도 변화를 시간에 따라 확인하여 MO의 광분해 메커니즘에 대한 정보를 이해할 수 있다. MO의 농도에 대해서 n차 반응이라고 가정한다면 반응속도는 아래와 같다. 다만, 광분해 반응은 앞서 언급된 바와 같이 메커니즘이 복잡해 1차, 2차, 3차 반응처럼 간단하게 나타내기는 어렵다.

$$Rate = -\frac{dC}{dt} = kC^n \tag{2}$$

또는

$$\ln Rate = \ln k + n \ln C \tag{3}$$

여기서 k는 반응상수이며, C는 반응물인 MO의 농도이다.

식 (3)를 이용하여 lnC-ln Rate 그래프, 즉 $\ln(-\Delta C/\Delta t)$ 를 lnC 에 대해서 도시하면 그 기울기로부터 n을 얻을 수 있다.

3. 실험장치 및 시약

3-1. 시약

TiO_2 나노입자(Degussa P25 등), 메틸오렌지(methyl orange, $C_{14}H_{14}N_3NaO_3S$), 증류수

3-2. 실험장치

자외선-가시광선(UV-vis) 분광기, 원심분리기, 원심분리관(15 mL), 일회용 피펫, 부피플라스크(50, 100 mL), 눈금 피펫(1, 5 mL), 자외선 램프(10 W 이상 권장), 알루미늄 호일, 입구가 넓은 비이커 또는 페트리디쉬, 자기 교반기, 자석 교반 막대

4. 실험방법

4-1. 흡광도 검량곡선 작성[15)]

1) 100 ppm 농도의 methyl orange (MO) 용액을 만든다.

(예) MO 10 mg을 100 mL 부피 플라스크에 넣고 표시선까지 증류수를 채워 녹인다.

2) 100 ppm MO 용액 0.25, 0.5, 1.25, 2.5 mL를 50 ml 부피 플라스크에 각각 넣고, 표시선까지 증류수를 가해 0.5, 1, 2.5, 5 ppm 농도의 MO 용액을 만든다.

3) 가시광선 분광기를 이용하여 용매인 증류수를 대조구(blank)로 하고, 350 nm부터 550 nm까지 각 MO 용액의 흡광 스펙트럼을 얻는다. 0.5, 1, 2.5, 5 ppm 용액의 스펙트럼에서 464 nm (또는 λ_{max})의 흡광도를 읽어서 농도와 흡광도 간의 선형성을 확인한 후 검량곡선을 얻는다.

4) Beer-Lambert 법칙으로부터 흡광 계수를 구한다.

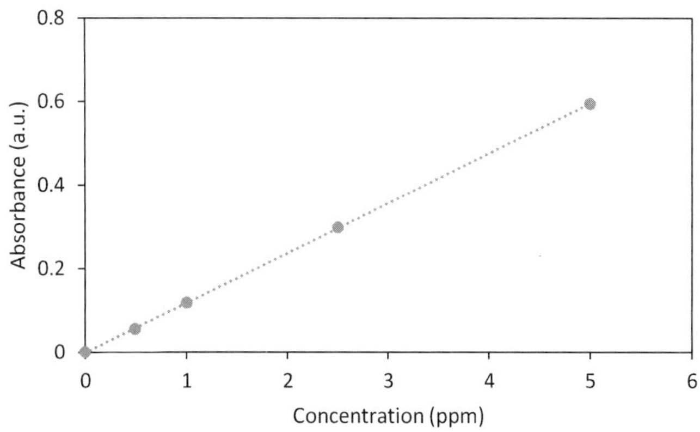

그림 3. **흡광-농도 검량선 (흡광도는 464 nm에서 측정).**

4-2. 광촉매에 의한 methyl orange의 분해

1) 50 mg의 TiO_2를 1 mL 증류수에 잘 분산시키고, 알루미늄 호일로 덮어 빛을 차단한다.

2) 앞의 100 ppm MO 저장용액 5 mL를 취하여 100 mL 부피 플라스크에서 묽혀 5 ppm 농도의 MO 용액을 만든다.

3) 5 ppm MO 용액 50 mL를 광촉매 반응이 잘 일어날 수 있도록 넓은 입구 비이커나 페트리디쉬에 옮긴다. TiO_2 수용액 1 mL 넣고, 자외선을 쬐어 광촉매 반응을 개시한다. 균일한 반응을 위하여 자석 교반기를 이용해도 좋다.

15) 흡광도를 통한 농도 검량과 관련하여 엄밀한 실험을 위해서는 분석방법의 타당성에 대한 검토가 필요하다. 편의상 이러한 과정이 생략되나 실험자들은 관련사항을 부록 3의 "품질관리(QA/QC)"를 참고할 수 있다.

4) 광촉매 반응을 시작하기 직전에 2 mL의 시료(0분 시료)를 채취하여 원심분리관에 옮긴 후 알루미늄 호일로 빛을 차단한다.
5) 자외선 램프로 자외선 조사를 시작한다. 효율적인 반응을 위해 램프를 반응 용액에 되도록 가까이 가져간다. 반응 시작 후 5분, 10분, 15분, 25분, 40분, 60분에 각각 약 1.5 mL의 시료를 채취하여 알루미늄 호일로 둘러싼 원심분리관에 보관한다.
6) 채취한 시료 용액을 원심분리기를 이용해 TiO_2 입자를 침전시킨 후 1 mL의 상등액을 채취한다.
7) 광반응 시간이 다른 상등액 시료들의 가시광선 스펙트럼을 **그림 4**와 같이 얻어 광반응에 따른 MO의 흡광 스펙트럼 변화를 확인한다. 464 nm (또는 λ_{max})의 흡광도를 기록하고, 흡광도 검량곡선을 이용하여 광반응 시간에 따른 시료 내 MO의 농도를 계산한다.

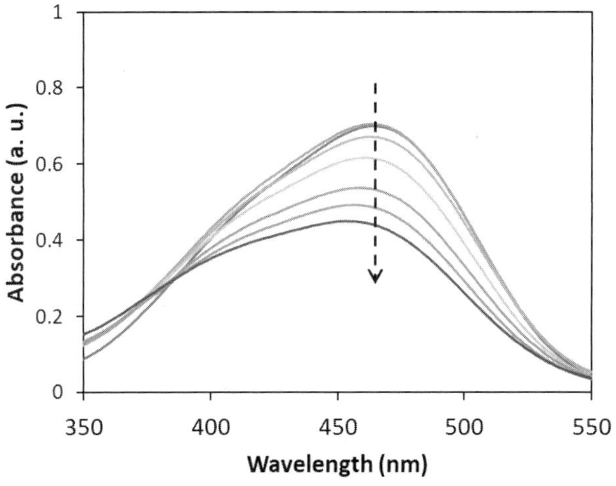

그림 4. **광촉매가 들어 있는 MO 용액에 자외선을 조사한 후 시간에 따른 흡광 스펙트럼의 변화.**

주의사항

1. 원심분리기를 가동할 때는 시료가 담긴 원심분리관의 무게가 같게 하여 균형을 맞춰준다.
2. 흡광 스펙트럼 측정 시에 시료의 양을 고려하여 적절한 용량의 큐벳을 선택한다. 큐벳의 시료부에 빛이 통과하는지 확인한다.
3. 시료의 흡광도가 1보다 큰 경우 시료를 희석하여 재측정하는 것이 좋다.

5. 결 과

1) 그림 2와 같이 5 ppm 농도의 methyl orange (MO)의 자외선-가시광선 스펙트럼의 결과를 Excel 등의 프로그램을 이용해 그래프로 작성한다.
2) 흡광도 검량곡선의 작성을 위해 MO 용액의 최대 흡수파장(λ_{max})을 확인하고, 해당 파장에서 MO 용액의 농도에 따른 흡광도를 Data sheet에 기록한다. 프로그램을 이용해 그림 3과 같은 흡광-농도 검량선을 작성하고, 선형회귀법를 이용해 몰흡광 계수를 구한다.
3) 시간에 대한 5 ppm MO 용액의 광촉매 분해반응 결과(350~550 nm 영역의 가시광선 스펙트럼)를 그림 4와 같이 나타낸다.
4) 서로 다른 광촉매 반응 시간에 채취된 상등액 시료들의 흡광도를 Data sheet에 기록한다. 이때, 흡광도는 검량곡선 작성에서 사용한 최대 흡수 파장에서의 흡광도이다. 검정곡선의 검량곡선 또는 흡광 계수를 이용해 시료 내 MO의 농도를 구한다.
5) 광반응 시간에 따른 농도 변화 그래프를 그려 시간에 따른 광분해 반응을 확인한다. 반응속도를 구하기 위해 광반응 시료 채취 시간의 간격(Δt)와 농도의 차이(ΔC)를 Data sheet에 기록한다, 각 데이터 포인트에서의 반응속도는 $Rate = -\frac{dC}{dt} = -\frac{\Delta C}{\Delta t}$ 이다.
6) 프로그램을 이용해 ln *Rate*를 ln *C* 에 대해 도시하여라. 추세선을 구하고 기울기로부터 반응의 차수를 구하시오.

6. 토 론

1) TiO_2의 광촉매 반응에서 유기물질이 분해되는 과정을 설명하시오.
2) 광촉매 반응으로 MO가 분해되는 시간이 실험조마다 다르게 나타날 것이다. 실험마다 반응속도가 다른 이유는 무엇이고, 반응을 빠르게 진행하기 위해서는 어떻게 해야 할지 생각해보자.
3) 광촉매 반응 개시 후 MO의 농도 변화를 시간에 따라 나타내면 MO의 광분해 메커니즘에 대해 무엇을 알 수 있는지 설명하시오.
4) 자연 태양광을 이용한 광촉매 반응의 효율을 높이기 위한 촉매의 개발은 계속되고 있다. 자연 태양광의 이용에 있어서 넓은 에너지띠 광촉매의 단점은 무엇인지 쓰시오.

7. 참고문헌

1) 타오다 히로시, 알기쉬운 광촉매 이야기, 전남대학교출판부(2004).
2) Kumar, S. G., Devi, L. G., "Review on Modified TiO_2 Photocatalysis Under UV/Visible Light: Selected Results and Related Mechanisms on Interfacial Charge Carrier Transfer Dynamics," J. Phys. Chem. A, 115, 13211-13241(2011).
3) 최종하, 정광우, 이기학, 물리화학실험, 자유아카데미(2013).

Data Sheet

실험제목: TiO_2 광촉매의 유기물 분해

강좌번호: 실험조: 조장: 확인:

실험일: 년 월 일

실내온도:

1. 농도-흡광도 검량선 작성

1) 최대 흡수파장(λ_{max}, nm):

농도 (ppm)	흡광도
0.5	
1	
2.5	
5	

2) 몰흡광 계수(ε, $M^{-1} \cdot cm^{-1}$):

2. 광촉매에 의한 methyl orange의 분해

1) 광반응 시간에 따른 MO의 흡광도 및 농도 변화

광반응 시간 (분)	흡광도	농도 (ppm)
0		
5		
10		
15		
25		
40		
60		

2) 광반응 시간에 따른 반응속도의 변화

t_i (분)	C_i (ppm)	Δt ($t_{i+1}-t_i$, 분)	ΔC ($C_{i+1}-C_i$, ppm)	Rate ($\Delta C/\Delta t$)

3) 광반응 반응 차수 (n) :

실험 16
페로브스카이트 나노입자 합성 및 분석

1. 개 요

페로브스카이트 나노입자 합성을 통해 나노입자의 합성에 대해 이해하고 나노입자의 광학특성을 분석해 본다. 이를 통해 광발광 현상에 대해 이해하고, 광발광 양자효율을 측정하여 광발광 현상을 정량적으로 분석해본다.

2. 이 론

2-1. 페로브스카이트 구조

페로브스카이트(perovskite)는 본래 좁은 의미에서는 1839년 러시아 우랄 산맥에서 새롭게 발견된 티탄산 칼슘($CaTiO_3$)으로 이루어진 칼슘 타이타늄 산화광물에 대해 러시아의 광물학자인 레브 페로브스키(Lev Perovski, 1792-1856)의 이름을 따서 명명되었다. Helen Diock Megaw가 티탄산 바륨의 X선 회절(X-ray Diffraction) 자료로부터 그 결정 구조를 1945년에 발표한 이후, 이 이름을 빌려서 티탄산 칼슘 혹은 티타산 바륨과 같이 서로 다른 양이온 A와 B, 그리고 음이온 X가 1:1:3의 비율로 $^{XII}A^{2+VI}B^{4+}X^{2-}{}_3$와 같은 형태의 결정 구조로 이루어진 것을 페로브스카이트 결정 구조라고 명명하였다. A는 12개의 X와, B는 6개의 X와 각각 연결되어 전체적으로 육면체나 팔면체 모양 격자가 반복된다. 여러 다양한 양이온이 이 구조의 A, B 자리에 들어갈 수 있어서 다양한 기능의 신소재로의 개발이 가능하며, 현재 페로브스카이트 구조의 물질을 태양전지, 발광소자(LED) 등의 다양한 광전소자에 활용하기 위한 연구가 활발히 이루어지고 있다.

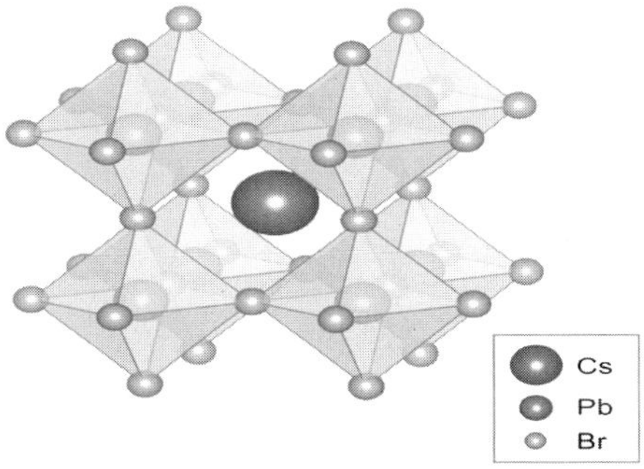

그림 1. 페로브스카이트 결정구조 모식도.

2-2. 광발광 현상

광발광 현상(photoluminescence)은 물질이 광자(빛)를 흡수 후 다시 빛을 내는 발광현상을 뜻한다. 대표적인 예로 형광이나 인광이 있다. 일반적으로 발광현상이란 물질(주로 반도체)이 빛이나 전기, 방사선 등의 에너지를 흡수하여 전자전이에 의한 들뜬 상태가 되고, 그것이 바닥 상태로 돌아갈 때 흡수한 에너지를 빛으로서 방출하는 현상이다. 따라서, "광(photo)+발광(luminescence)" 이라는 용어에서 드러나듯이 광발광 현상은 물질이 주변에서 흡수한 에너지를 빛의 형태로 내놓으면서 생기는 현상이다. 이 때 방출하는 빛의 에너지는 흡수하는 빛의 에너지보다 작기 때문에, 방출하는 빛의 파장은 흡수한 빛과 파장이 같거나 그보다 길다.

2-3. 양자효율

양자효율(quantum yield)은 물질 중에서 광자 또는 전자가 다른 에너지의 광자 또는 전자로 변환되는 비율을 뜻한다. 따라서 광발광 양자효율(photoluminescence quantum yield, PLQY)은 다음 식과 같이 광발광 현상을 일으키는 발광체 물질이 흡수한 광자의 수 대비 발광체 물질이 발광하는 광자의 수로 정의된다.

$$PLQY = \frac{\text{물질이 발광하는 광자의 수}}{\text{물질이 흡수한 광자의 수}} \tag{1}$$

광발광 소재의 연구에 있어서 이러한 광발광 양자효율은 소재에 대한 매우 중요한 물성이자 평가요소라고 볼 수 있다. 광발광을 위해 사용된 광자의 수에 대해 얼마만큼의 광자가 발생가능한지를 나타내는 효율성을 직관적으로 보여주기 때문이다. 또한, 이러한 광발광체를 발광소자(light-emitting didoes, LED)의 발광층으로 활용하고자 할 때도 발광소자의 효율은 광발광 양자효율에 다음과 같은 관계식으로 직접적인 비례관계를 나타낸다.

$$\text{소자 내부 양자효율} \propto \text{PLQY} \tag{2}$$

이러한 광발광 양자효율을 측정하는 방법은 크게 두 가지로 나눌 수 있다. 첫 번째 방법은 절대(absolute) 양자효율을 측정하는 것으로 물질에 흡수되는 광자의 수와 물질이 발광하는 광자의 수를 측정하는 특수한 장치를 사용하여 양자효율을 계산하는 방법이다. 하지만 이러한 방법으로 정확히 양자효율을 측정하기 위해서는 매우 고가의 장비가 필요하다.

두 번째 방법으로 일반적으로 많이 사용하는 방법은 상대(relative) 양자효율을 측정하는 것이다. 이는 이미 광발광 양자효율이 알려진 물질을 표준시료로 사용하여 상대적인 광발광 세기를 비교하는 방법을 의미한다. 이미 많은 수의 형광체의 광발광 양자효율은 여러 문헌에 보고되어 있어 표준시료로 활용이 가능하다.

$$PLQY_{미지시료} = PLQY_{표준시료} \times \frac{F_{미지시료}}{F_{표준시료}} \times \frac{OD_{표준시료}}{OD_{미지시료}} \times \left(\frac{n_{미지시료}}{n_{표준시료}}\right)^2 \qquad (3)$$

여기서, F는 발광 스펙트럼의 면적, OD는 시료의 광여기(excitation) 파장에서의 흡광도, n은 각 시료가 들어있는 매질(주로 용매)의 굴절률을 나타낸다.

3. 실험기구 및 시약

3-1. 시약

브롬화 납(lead(II) bromide, $PbBr_2$) Formamidinium bromide(FABr), 디메틸포름아미드(dimethylformamide, $(CH_3)_2NCH$), 올레산(oleic acid, $CH_3(CH_2)_7CH=CH(CH_2)_7COOH$), 옥틸아민(octylamine, $C_8H_{19}N$), 클로로포름(chloroform, $CHCl_3$), 톨루엔(toluene, C_7H_8), 아세토나이트릴(acetonitrile, C_2H_3N), 플루오레세인(fluorescein, $C_{20}H_{12}O_5$), 수산화 나트륨(sodium hydroxide, NaOH), 증류수

3-2. 실험기구

교반기, 피펫, 바이알, 플라스크, 자석 교반 막대, 마이크로피펫, 메스실린더, 원심분리관, 원심분리기, 형광분광광도계(spectrofluorometer), 큐벳(4-clear sided), UV-VIS 흡수 분광광도계

4. 실험방법

4-1. 페로브스카이트 나노입자 합성

1) 나노입자 합성을 위한 전구체를 합성한다. 바이알에 $PbBr_2$ 0.1 mmol, FABr 0.22 mmol을 디메틸포름아미드 0.5 mL에 녹여준다. 여기에 올레산 250 uL, 옥틸아민 25 uL를 함께 섞어 준다.
2) 나노입자를 합성할 용매를 준비한다. 다른 바이알에 자석 교반 막대와 클로로포름 12.0 mL를 준비하고 대략 1,000~2,000 rpm으로 교반한다. 이 때 아세토나이트릴 4.5 mL를 따로 준비해둔다.
3) 교반 중인 클로로폼에 전구체 용액 150 uL를 떨어뜨리면 나노입자 합성 반응이 시작

된다. 대략 1분 동안 반응을 진행한 뒤 교반을 멈추면서 아세토나이트릴 5 mL를 반응혼합물에 주입한다. 아세토나이트릴이 주입되면 나노입자의 성장이 멈추고, 침전이 시작된다.

4) 페로브스카이트 나노입자를 미반응물 등의 불순물과 분리하여 얻기 위해 반응혼합물을 원심분리관으로 옮겨 담고 원심분리를 진행한다. 원심분리 전에 빈 원심분리관의 질량을 측정하여 나노입자의 합성 수율을 계산하는데 활용한다. 원심분리 후 상층액을 버리고 용매를 말린 후, 침전된 나노입자의 질량을 측정한다. 침전된 페로브스카이트 나노입자를 톨루엔에 재분산시킨다. 용액의 색상을 확인한다.

4-2. 페로브스카이트 나노입자 광특성 분석

1) 발광 양자효율을 이미 알고 있는 표준 염료인 fluorescein 표준 용액을 제조한다. 0.1 M NaOH 수용액을 용매로 하여 fluorescein을 1 μM이 되도록 제조한다. Fluorescein 표준 용액의 흡광도에서의 흡광도 수치가 대략 0.1이 되도록 필요시에 추가적으로 묽혀준다.
2) Fluorescein 표준용액을 49 nm의 빛으로 여기 시켜 fluorescein의 발광스펙트럼을 측정한다. 참고로 fluorescein의 광발광 양자효율은 약 95%이다.
3) 톨루엔에 분산된 페로브스카이트 나노입자의 흡광도가 대략 0.1 근방이 되도록 묽혀준 후 흡광픽에 해당하는 빛으로 여기 시켜 발광스펙트럼을 측정한다.

주의사항

1. 합성된 페로브스카이트 나노입자는 대기 중에서 쉽게 산화되므로 합성 및 분석 과정에서 공기에 노출을 최소화할 수 있도록 주의한다.
2. 원심분리기를 가동할 때는 시료가 담긴 원심분리관의 무게가 같게 하여 균형을 맞춰준다.

5. 결 과

5-1. 페로브스카이트 나노입자 합성

1) 합성된 $FAPbBr_3$ 페로브스카이트 나노입자의 질량을 측정하여 Data sheet에 기록한다.
2) 한계반응물로부터 100% 반응수율 시 예상되는 합성된 나노입자의 질량을 계산하여라.
3) 합성 수율을 계산해본다.

5-2. 페로브스카이트 나노입자 광특성분석

1) $FAPbBr_3$ 페로브스카이트 나노입자가 분산된 용액의 흡광 스펙트럼을 Data sheet에 기록한다.
2) $FAPbBr_3$ 페로브스카이트 나노입자가 분산된 용액의 발광 스펙트럼을 Data sheet에 기록한다.
3) 앞서 주어진 식 (3)을 사용하여 $FAPbBr_3$ 페로브스카이트 나노입자의 발광효율을 구한다.

6. 토 론

1) 본 실험에서 나노입자가 형성되는 원리에 대해 기술하여라.
2) 본 실험에서 나노입자가 특정 색상을 띄는 이유에 대해 기술하고, 페로브스카이트 나노입자의 색상을 제어할 수 있는 방법에 대해 기술하여라.
3) 실제 실험에서 발광양자효율이 감소할 수 있는 원인에 대해 기술하여라.

7. 참고문헌

1) Huang, H., Susha, A. S., Kershaw, S. V., Hung, T. F., and Rogach, A. L. "Control of Emission Color of High Quantum Yield $CH_3NH_3PbBr_3$ Perovskite Quantum Dots by Precipitation Temperature," Adv. Sci., 2, 1500194(2015).
2) Weber, G., and Teale, F. W. J., "Determination of the Absolute Quantum Yield of Fluorescent Solutions," Trans. Faraday Soc., 53, 646-655(1957).

Data Sheet

실험제목: 페로브스카이트 나노입자 합성 및 분석

강좌번호: 실험조: 조장: 확인:

실험일: 년 월 일

실내온도:

1. 페로브스카이트 나노입자 합성

- 한계반응물:
- 합성된 $FAPbBr_3$ 나노입자의 질량:
- 반응수율:

2. 페로브스카이트 나노입자 광특성분석

λ_{max} =

FWHM* =

*FWHM(full width at half maximum, 반치전폭)은 어떤 함수의 폭을 나타내는 용어로서, 그 함수의 최댓값의 절반이 되는 두 독립변수 값들의 차이를 나타냄.

실험 17
염료감응형 태양전지(DSSC)

1. 개 요

염료감응형 태양전지(DSSC, dye-sensitized solar cell)의 작동 원리를 통해 산화물의 밴드구조(band structure)를 포함한 전체 전기화학 셀의 에너지도(energy diagram), 요오드의 산화 및 환원반응, 백금 촉매 등 다양한 분야의 지식들이 어떻게 종합적으로 적용되는지 이해한다. Doctor-blading, 소성(calcination), 염료 흡착(dip coating), 전극 결합 등 실험실 수준에서 구현할 수 있는 다양한 공정에 대한 경험을 습득한다.

2. 이 론

2-1. 염료감응형 태양전지

염료감응형 태양전지의 구조 및 에너지도는 그림 1, 2와 같다. 태양의 자외선 영역의 빛에 의해 TiO_2의 원자가 전자대(valence band)의 전자가 전도대(conduction band)로 여기되는 광촉매(photocatalyst)의 원리를 개선하여 TiO_2에 흡착된 염료의 HOMO(highly occupied molecular orbital)에서 LUMO(lowest unoccupied molecular orbital)로

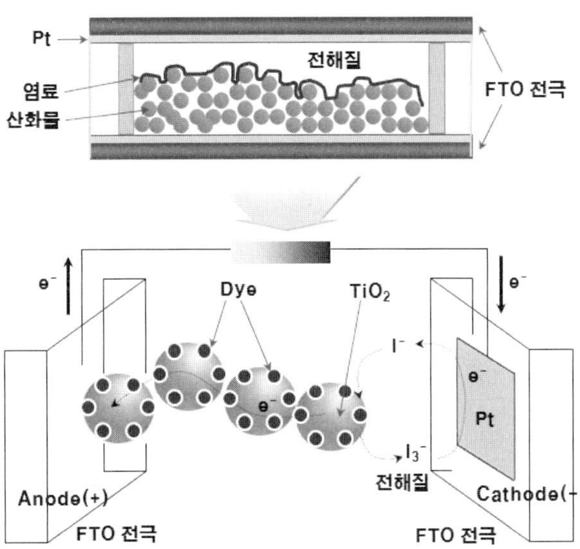

그림 1. 염료감응형 태양전지의 구조.

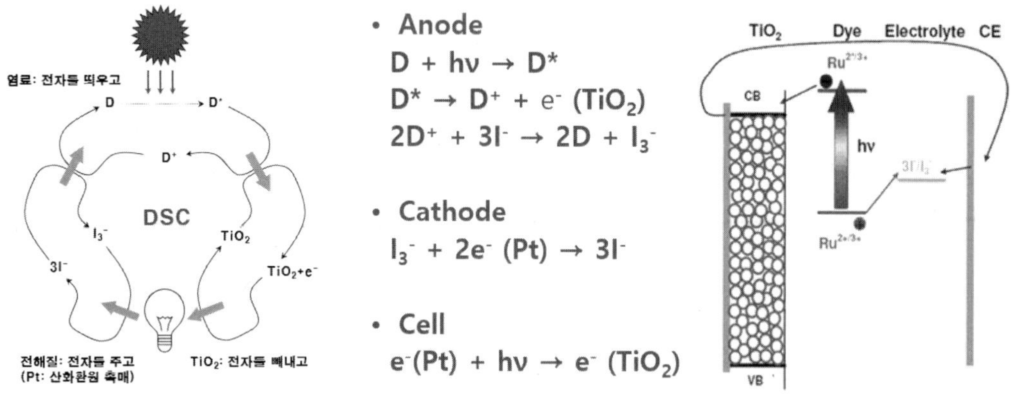

그림 2. **염료감응형 태양전지의 작동원리.**

가시광선의 빛의 받아들여 에너지 전환효율을 높이고 염료의 LUMO 상태에서 TiO_2 전도대로 여기된 전자가 전달되도록 설계되어 있다(그림 2). 한편 염료의 HOMO 상태로는 산화반응을 통해 요오드 전해질로부터 전자가 공급되고 상대전극인 백금(Pt) 전극에서는 전해질이 환원되면서 염료의 HOMO 상태에 공급할 전자를 다시 확보하게 된다(그림 2).

2-2. 염료의 구조

염료는 태양에서 빛을 흡수하여 전자를 여기시키는 전자주개(donor) 부분과 여기된 전자가 이동하는 전자받개(acceptor) 부분으로 구성되어 있다. 전자주개 부분은 TiO_2의 표면과 연결되는 -COOH (카복시기, anchoring part)를 포함한다. 그림 3은 잘 알려진 루테늄계 염료인 N_3 염료를 보여준다.

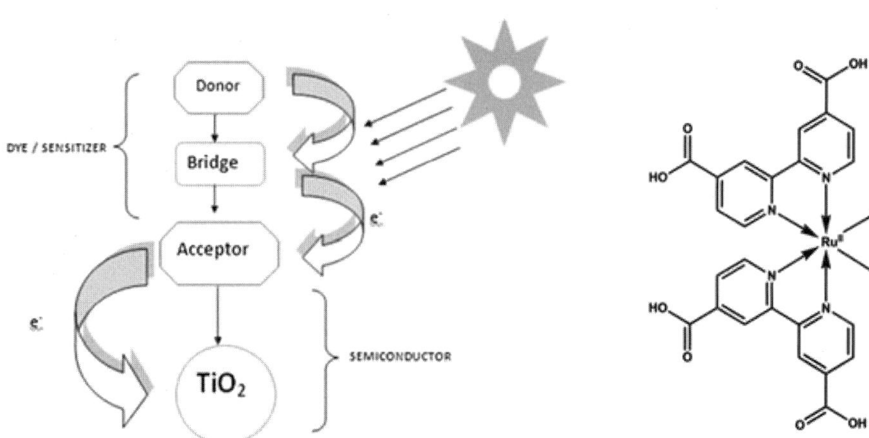

그림 3. **염료의 구조 및 루테늄계 N_3 염료.**

3. 실험장치 및 시약

3-1. 시약

염료감응형 태양전지 제작에 필요한 주요 재료는 FTO glass, TiO_2 페이스트, N_3(또는 N719) 염료, Pt 페이스트, 전해질, surlyn으로서 총 6가지이다.(www.solaronix.com) 한편 염료감응형 태양전지 kit이 시중에 판매 중이므로 이를 이용할 수 있다.

3-2. 실험장치

전기로(electric furnace), 비커, 피펫, 다리미(또는 납땜 인두), 부저나 모터

4. 실험방법

4-1. 셀 설계

실험에 의해 제작될 염료감응형 태양전지의 규격은 (가로)×(세로) 5 cm×5 cm 크기의 FTO Glass 두 장이 포개어지는 형태이다(그림 4). 염료감응형 태양전지 셀 안에 들어갈 유효 면적(active area)의 크기는 2.5 cm×2.5 cm이다. 실험에 앞서 정확한 크기로 FTO glass를 절단해 놓는 것이 필요하다. 한편 전해질을 투입하는 구멍(hole)의 경우 전기 드릴(drill)로 직접 만들 수 있으나 위험할 뿐 아니라 FTO glass 자체가 쉽게 깨지는 문제가 발생하기 때문에 샌드 블라스팅(sandblasting)을 외부에 의뢰하여 미리 준비해 놓는 것이 좋다.

FTO glass 2개 5 cm×5 cm (A)
TiO_2 area
0.5 cm(C), 1.0 cm (B)
Sealing film 1~2 mm (D)
Electrolyte hole 5 mm (E)

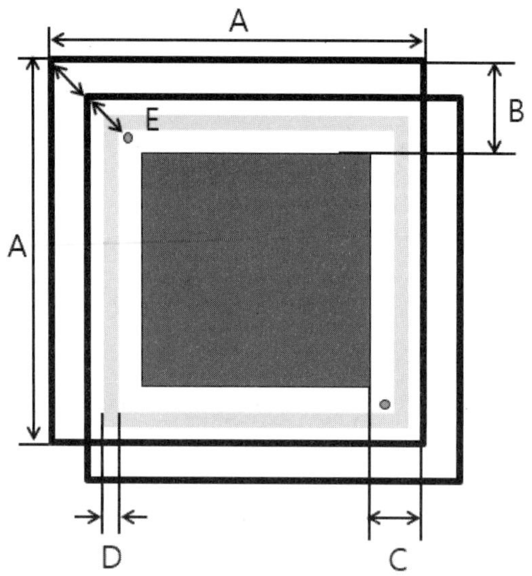

그림 4. **염료감응형 태양전지의 설계.**

4-2. 셀 제작

셀을 제작하는 과정은 3단계로 나누어 진행된다.

4-2-1. 광전극(TiO_2 전극)

1) FTO Glass를 원하는 크기로 두 장을 자른다.
2) 한 장의 FTO glass 투명 전극 표면에 투명테이프를 붙이고 도안한 디자인 모양을 본 떠 그 부분의 테이프를 제거한다.

주의사항

전도면(FTO가 코팅된 면)을 확인한 후에 실시한다.

3) 테이프가 제거된 부분에 TiO_2 페이스트를 doctor-blading 방식으로 코팅한다. 이 때 TiO_2의 표면은 평평해야 하기 때문에 알루미늄 자와 같은 도구로 TiO_2 부분을 긁으며 평면을 고르게 한다.

주의사항

TiO_2 페이스트를 직접 만들 경우, P25 TiO_2 입자(Degussa)를 에틸 셀룰로스(ethyl cellulose, EC) 바인더와 (EC/TiO_2=30 wt.%)의 비율로 terpineol 용매 하에서 분산시킨다.

4) 나머지 테이프를 제거한 후, 코팅된 FTO glass를 공기 분위기에서 500℃까지 열처리한다.

주의사항

325℃에서 5분, 375℃에서 5분, 450℃에서 15분, 500℃에서 30분으로 프로그래밍하여 서서히 열처리할 수 있다. 한편 소성 후 40 mM $TiCl_4$ 수용액에서 50℃에서 20분 동안 TiO_2 광전극의 표면처리를 진행할 수 있다.

5) FTO glass가 열처리되는 동안, 에탄올을 용매로 0.3 mM N_3(또는 719) 염료용액을 제조한다.

주의사항

염료는 빛에 민감하므로 냉장고에 보관한다.

6) 열처리한 FTO glass를 앞서 만든 염료 용액에 12시간 이상 담지한다.
7) FTO glass를 에탄올로 세정한 후, 어두운 곳에 보관한다.

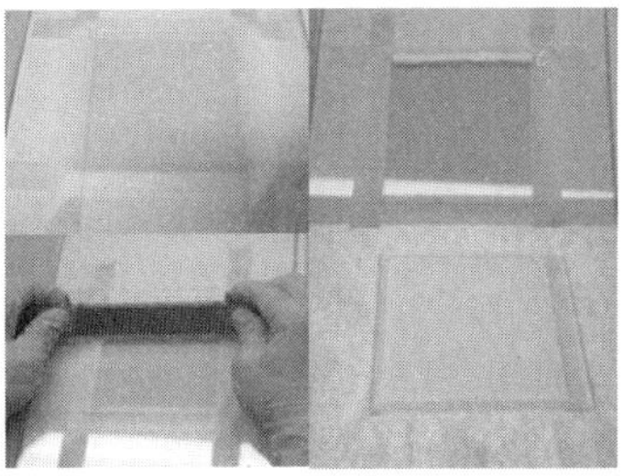

4-2-2. 상대전극(Pt 전극)

1) 직경 1 mm의 구멍(그림 4의 E)을 모서리 부분에 대각선으로 2개 뚫는다. 이 구멍을 통해 전해질이 투입된다.
2) Glass 내에 유효면적을 포함하는 적절한 면적만 남기고 모서리 부분에 테이프를 붙인다. 전체 면적을 대상으로 해도 문제는 없다.
3) 테이프가 붙지 않은 부분에 Pt 페이스트를 칠한다. Doctor-blading 방식을 이용하거나 붓으로 칠하는 방식도 좋다.

주의사항

전도면(FTO가 코팅된 면)을 확인한 후에 실시한다. 한편 Pt 코팅 대신에 양초의 그을림을 사용할 수 있다.

4) 테이프를 제거하고 TiO_2 때와 마찬가지로 열처리를 한다. 이 때 온도는 400℃로 설정한다.

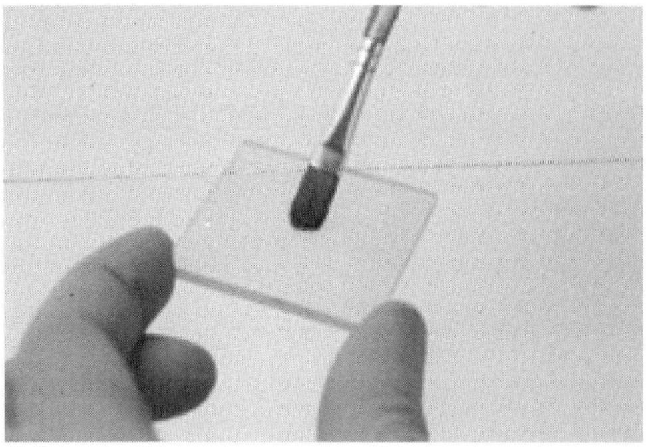 

4-2-3. 셀 제작

1) (4-2-1)과 (4-2-2)에서 제작된 glass 두 장이 겹쳐지는 크기의 surlyn을 자른다. 이때, surlyn의 폭은 1~2 mm이 ㅁ자 모양이 되도록 한다.
2) Surlyn을 두 glass 사이에 끼워 잘 포갠 후, 다리미와 같은 전열기구로 surlyn 부분에 열을 가한다. Surlyn이 녹으면서 두 장의 glass가 접착이 되는 것을 볼 수 있다. 전해질이 바깥으로 새는 일이 없도록 완전히 밀봉한다.
3) 전해질을 스포이드에 넣은 후 glass 구멍을 통해 주입한다. 전해질은 모세관 현상에 의해 glass 사이에 생긴 빈 공간으로 자연스럽게 유입된다. 이 후 전해질이 증발되지 않도록 구멍을 테이프로 잘 막도록 한다.

주의사항

구멍으로 전해질의 증발이 생길 수 있지만 조립 후 바로 셀이 작동하는지를 확인하는 경우라면 구멍을 막지 않을 수 있다.

4) 완성된 염료감응형 태양전지 셀을 부저나 모터에 연결하고 햇빛에 노출하여 정상 작동하는지 확인한다. 이때 전류계로 전류를 측정할 수 있다.

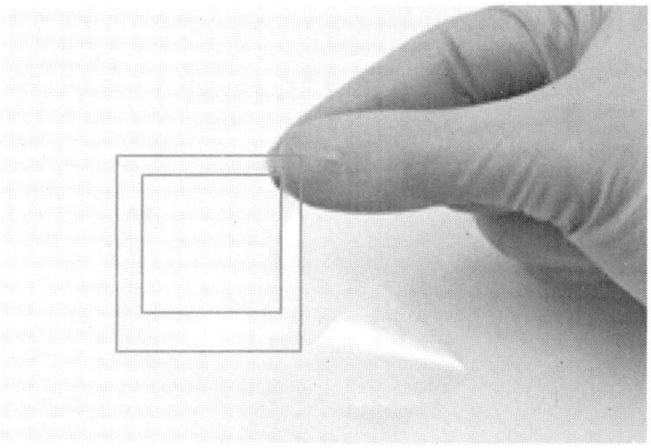

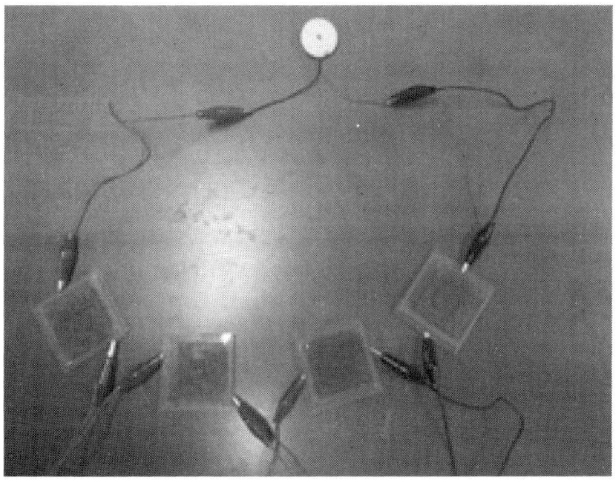

5. 결 과

1) 이 실험은 작동이 되는 태양전지 셀을 만들어 보는 것이 목적이므로 따로 정량적인 분석이 요구되지는 않는다. 각 조가 제작한 셀들을 직렬로 연결하면 부저나 모터를 작동시키기에 충분한 전력을 얻을 수 있다.
2) 하지만 아래와 같이 매우 간단한 화공양론적 계산이 가능하다.
   측정된 태양전지 에너지: 3.01 V × 21.8 mA = 0.0654 W

태양전지로 들어온 에너지

태양전지 표면적: 3.5 cm × 3.5 cm(유효면적) × 4(직렬연결 셀 개수)

= 0.0049 m^2

에너지양(W): 1000 W/m^2(태양의 에너지 플러스) × 0.0049 m^2 = 4.9 W

효율 계산: 0.0654 W/4.9 W × 100 = 1.335%

6. 토 론

1) 염료감응형 태양전지와 비슷한 계열인 photochemical cell이나 리튬이온전지의 작동원리를 조사하고 비교하시오.
2) 위 장치들의 산업적인 용도나 상용화된 제품을 조사하시오.
3) 염료감응형 태양전지는 특히 BIPV(building-integrated photovoltaics) 분야에 적합한 태양전지로 알려져 왔는데, BIPV에 대해 조사하고 BIPV 적용이 가능한 다른 태양전지들에 대해서도 조사하시오.
4) 최근에 염료감응형 태양전지 연구는 perovskite 전지 연구로 대부분 전환되었는데, 어떤 점에서 비슷하고 어떤 점에서 다른지 조사하고 비교하시오.

7. 참고문헌

1) 김재홍, “특별기획(III): 염료감응형 태양전지(Dye-Sensitized Solar Cell),” NICE, 25(4), 390-394 (2007).

실험 18
양자 터널링 복합재 소자 제작

1. 개 요

고전역학(classical mechanics)과 뚜렷이 구분되는 양자역학(quantum mechanics)의 대표적인 현상인 터널링(tunneling)을 간단한 QTC(quantum tunneling composite) 소자를 제작해 봄으로써 확인해 본다.

2. 이 론

2-1. 터널링

물질 입자를 다루는 고전역학에서는 매우 큰 에너지장벽(potential barrier)이 존재한다면 물질은 절대 장벽을 통과할 수 없다. 그러나 물질을 물질파(matter wave), 즉 파동으로 취급하면 그림 1과 같이 에너지장벽의 두께가 얇을 경우 통과(penetration)할 수 있다. 이를 터널링이라 하며 양자역학이 고전역학과 뚜렷이 구분되는 대표적인 예이다. 에너지장벽의 두께가 두꺼운 경우 파동은 에너지장벽 내에서 지수적으로 감소(exponentially decay)하여 흡수되어 고전역학에서와 같이 에너지장벽을 통과할 수 없다.

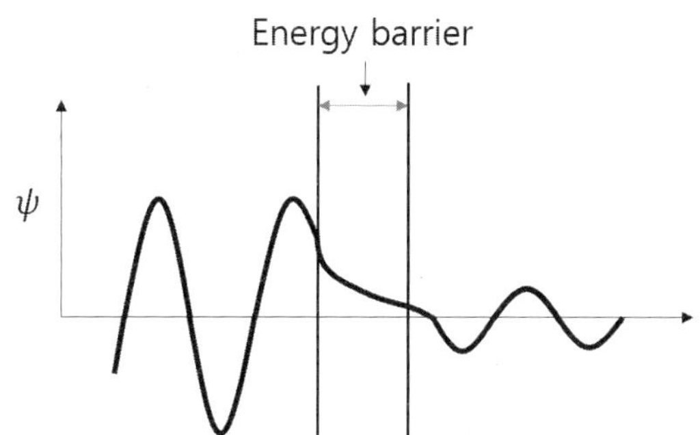

그림 1. 파동의 터널링.

2-2. 터널링이 이용되는 사례1(낸드 플래시 메모리)

터널링 현상이 이용되는 익숙한 예인 낸드 플래시 메모리(또는 USB 메모리)의 구조를 그림 2에 나타내었다. ONO(oxide-nitride-oxide)라고 부르는 3중 절연막은 컨트롤 게이트에 걸리는 전위가 하부 구조에 전기장의 영향을 주도록 하는 역할을 하고 있으며 그 아래의 SiO_2 절연막은 전자들이 터널링을 통해 플로팅 게이트로 출입하는 것이 가능하도록 구성되어 있다. 2-1절의 설명을 도입하면 ONO 절연막은 에너지장벽의 두께가 두꺼워 전자가 직접 이동할 수 없으나 발생된 전기장이 하부구조에 영향을 줄 수 있다. 반면 플로팅 게이트 아래의 SiO_2 절연막은 두께가 얇아 전자가 터널링 현상에 의해 통과할 수 있다.

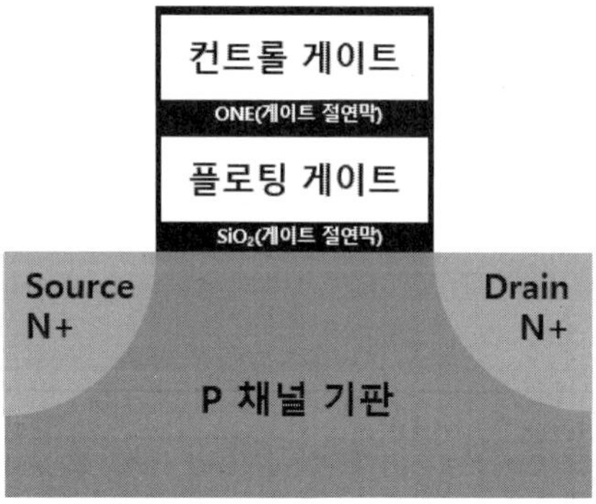

그림 2. **낸드 플래시 메모리의 기본 구조.**

컨트롤 게이트에 양(positive) 전위가 인가되면 그림 2처럼 기판을 지나는 전자들이 SiO_2 절연막을 터널링으로 통과하여 플로팅 게이트로 채워지고 반대로 컨트롤 게이트에 음(negative) 전위가가 인가되면 플로팅 게이트에 채워진 전자들을 기판으로 빼낼 수 있다. 컨트롤 게이트에 전위가 인가되지 않으면 플로팅 게이트에 채워진 전자들을 그대로 갇혀 있게 된다. 이렇게 플로팅 게이트에 전자들이 채워진 상태와 비워진 상태를 이진법의 디지털 신호(0/1)로 처리함으로써 메모리의 역할을 할 수 있다.

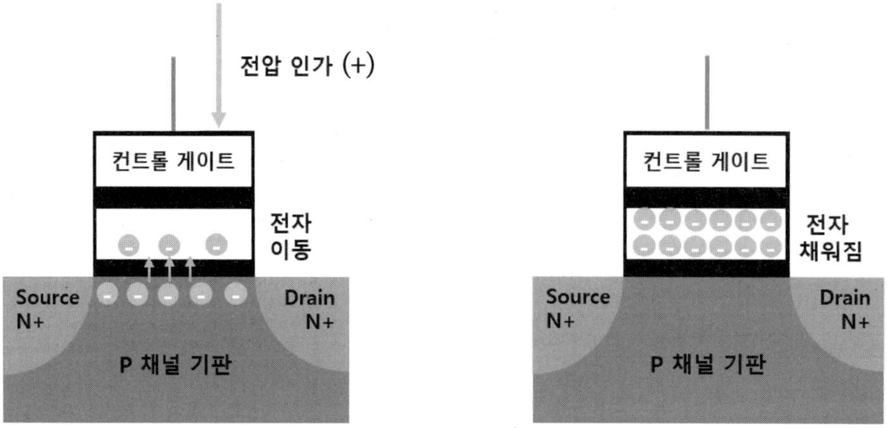

그림 3. **낸드 플래시 메모리의 작동 원리.**

2-2. 터널링이 이용되는 사례2(양자 터널링 복합재)

QTC는 압력센서로 사용되는 금속과 비전도성 탄성 바인더의 복합 재료로 압력이 없으면 전도성 요소인 금속이 너무 멀리 떨어져 전기를 통할 수 없지만 압력이 가해지고 금속 입자가 더 가까워지면 터널링에 의해 전자가 절연체를 통과하여 전기를 통할 수 있다. 작동원리를 간단하게 설명하면 마치 밤송이와 같은 입자들이 비전도성이며 탄성인 폴리머 내에 분산되어 있다가 전극 사이에 압력이 가해지면 입자들의 거리가 가까워지고 입자들의 첨단(tip)을 통해 터널링 전류가 흐를 수 있게 된다(그림 4). 첨단이 뾰족할수록 터널링이 쉽게 일어나고 비슷한 예로는 주사전자현미경의 전계방사 전자총이 있다. 주사전자현미경의 열방사 전자총의 경우는 머리핀(hairpin) 모양의 텅스텐을 가열하여 표면의 일함수(work function)를 넘어선 에너지를 가진 전자들을 발생시키고 이를 전기적으로 방향성을 가지도록 함으로써 전자빔(electron beam)을 만든다. 반면 전계방사 전자총은 가열이 없이 전계를 걸어주는 것만으로 전자빔을 만들게 된다. 그렇기 위해서는 전자총을 첨단 형태로 가공하여 그림 1의 에너지장벽의 두께를 얇게 해주는 것이 필요하며, 이는 그림 4의 니켈입자의 첨단을 통한 터널링 전류 발생과 동일한 원리이다.

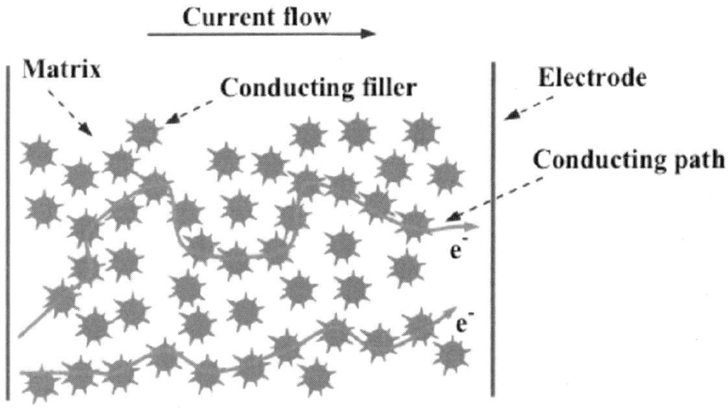

그림 4. **양자 터널링 복합재의 구조와 터널링을 통한 전류 흐름 개략도.**

3. 실험장치 및 시약

3-1. 시약

경화제가 포함된 Sylgard 184 Silicone elastomer kit (Dow Corning Company, 세왕 하이텍), 니켈 파우더 (Type 123) (Vale Inco Ltd.), 전극용 금속판

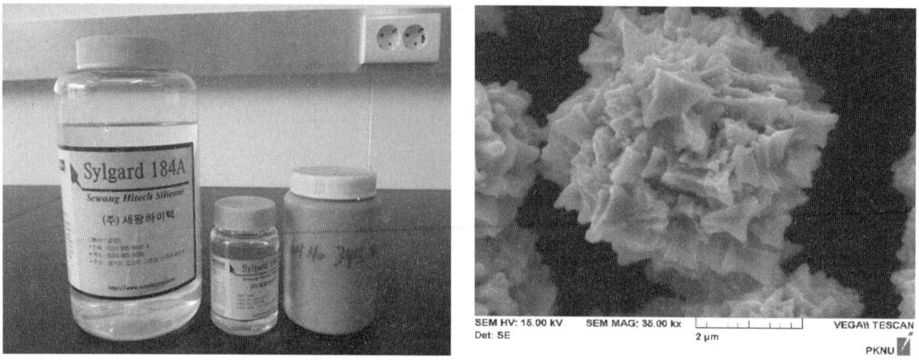

그림 5. **실리콘 엘라스토머, 경화제, 니켈파우더(주사전자현미경 사진).**

3-2. 실험장치

비이커, 유리막대, 플라스틱 접시 또는 알루미늄 호일, 진공 건조 오븐(vacuum drying oven), 전류계, 부저, 전선, 전지, 프레스(press)

4. 실험방법

4-1. 실험방법

1) Sylgard 184 Kit에서 엘라스토머 10 g을 채취하여 비커에 넣는다.
2) 니켈 파우더(Type 123) 40 g을 채취하여 같은 비커에 넣는다. 조 별로 각각 다른 양(예를 들어 10 g 단위로)을 취하도록 한다.
3) 경화제(curing agent) 1 g을 채취하여 같은 비커에 넣고 유리막대로 잘 섞는다. 육안으로 최대한 분산이 잘 될 때까지 저어준다.
4) 비커를 진공 건조 오븐에서 육안으로 확인하여 적절할 때까지 경화한다. Sylgard 184 kit의 사양서(specification sheet)에 따르면 진공 없이 경화하는 경우 상온에서 48시간, 100℃에서 35분, 125℃에서 20분, 150도에서 10℃이다.

주의사항

경화 후에 폴리머를 떼어내기 쉽지 않으므로 플라스틱 재질로 된 접시를 사용하여 경화 후 접시를 파괴하여 떼어내는 것이 편리하다. 또는 금속판(또는 호일) 사이에 폴리머를 발라 QTC 구조를 갖춘 상태에서 건조할 수 있다.

5) 완성된 QTC에 전극과 전지를 연결하고 전류계를 직렬로 연결한다.

6) 압력계를 사용하여 QTC에 압력을 가하고 그 때의 저항값을 측정한다. 단순히 압력 센서로서의 작동여부를 관찰하고자 한다면 부저(buzzer)를 설치하고 압력을 가하면서 부저의 작동여부를 관찰한다.

4-2. 관련사진(예)

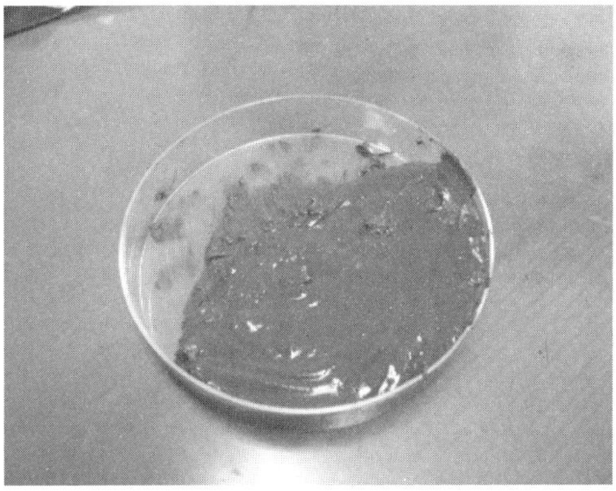

5. 결 과

이 실험에서 제작한 소자는 매우 간단한 방식으로 압력센서로의 가능성 평가만으로도 실험의 목적을 달성한 것으로 간주할 수 있다. 가해진 압력이 강하면 강할수록 터널링 전류의 양이 증가할 것이다. 조별로 니켈 파우더의 양을 다르게 취하였으므로 니켈 파우더의 양에 의한 영향도 평가해 본다. 니켈 파우더의 양이 작을수록 입자 사이의 거리가 멀어져 같은 압력에서 터널링 전류의 양은 작아진다.

6. 토 론

1) 터널링 현상이 적용되는 다른 예를 찾아보시오.
2) QTC를 적용한 상품이나 특허를 검색해 보시오.

7. 참고문헌

1) Arthur Beiser, Concepts of Modern Physics, 6th ed., McGraw-Hill(1994).
2) Vladar A. E.,, Radi, Z., Postek, M. T. and Joy, D. C., "Nanotip Electron Gun for the Scanning Electron Microscope," Scanning, 28, 133-141(2006).
3) Stassi, S., Valentian, C., Canavese, G., and Pirri, C. F., "Flexible Tactile Sensing Based on Piezoresistive Composites: A Review", Sensors, 14(3), 5296-5332 (2014).

Data Sheet

실험제목: 양자 터널링 복합재 소자 제작

강좌번호: 실험조: 조장: 확인:

실험일: 년 월 일

실내온도:

압력계의 압력을 증가시키며 전류계에 측정된 저항값을 기록한다.

회수	압력(MPa)	저항(Ohm)
1		
2		
3		
4		
5		

* 첨가한 니켈파우더 양: g

실험 19
연속식 반응기 운전의 이해

1. 개 요

회분식 반응에 대응되는 연속식 반응의 특징을 학습하고, 연속식 관형 반응기의 구조 및 운전 원리를 이해한다. 또한 정상 상태의 개념을 확인하고 실제 반응기 운전 시 정상 상태가 구현되는 양상을 관찰하며, 유량, 체류 시간과의 상관 관계를 이해한다.

2. 이 론

임의의 물질 A가 화학반응기에 투입되어 반응에 의해 소모되거나 생성되는 경우를 생각해보자. 이 때 반응기에 투입되는 A의 양(유입량)과 반응에 의해 A가 생성되는 양(생성량)의 합에서 반응기로부터 배출되는 A의 양(유출량)과 반응에 의해 소모되는 A의 양(소모량)을 뺀 값만큼 A는 반응기 내에 축적되게 된다. 이를 식으로 표현하면 다음과 같이 나타낼 수 있으며, 이를 물질수지라고 한다.

(유입량) + (생성량) - (유출량) - (소모량) = (축적량)

위 식에서 유입량과 유출량이 모두 0인 경우, 즉 반응기 내외부 간에 물질 이동이 전혀 없는 경우 위 물질수지 방정식은 다음과 같이 표현될 수 있다.

(생성량) - (소모량) = (축적량)

이러한 상태를 “닫힌 계”라고 부르며, 이러한 형태로 운전되는 반응기를 회분식 반응기라고 한다. 반면 유입량 또는 유출량이 존재하는 경우는 “열린 계”라고 부르는데, 유입과 유출이 모두 발생하는 형태로 운전되는 반응기를 연속식 반응기, 유입 또는 유출 어느 한 쪽만 존재하는 형태를 반연속식 반응기라고 한다.

회분식 반응기에서는 반응기 내의 모든 물질이 반응 시작부터 종료 시까지 동일한 시간 동안 반응을 겪게 된다. 즉, 반응 시작 후 특정 시간이 지난 후 반응기 내에 존재하는 모든 물질은 동일한 반응 시간을 경험한 것으로 볼 수 있다. 반면, 연속식 반응기에서는 반응기 내에 물질이 순차적으로 투입되어 일정 시간 동안 반응기 내에 머무른 뒤 배출되게 되므로, 특정 시점에서 반응기 내에 존재하는 물질이 경험한 반응 시간을 살펴보면 물질에 따라 각각 다른 반응 시간을 겪은 것으로 나타나게 된다.

예를 들어, 회분식 반응기처럼 한 방에 스톱워치를 가진 10명의 사람이 들어가게 한 다음 문을 닫고 그 순간부터 스톱워치로 시간을 측정하도록 했다고 가정하자. 이후 10분이 지난 후 문을 열고 10명에게 각자의 스톱워치를 확인하게 하면 모두 동일하게 10분이 경과한 것으로 측정되었을 것이다. 이는 어느 시점에 확인하더라도 항상 동일한 결과를 얻게 된다.

반면 연속식 반응기처럼 입구와 출구가 따로 있는 방에 스톱워치를 가진 10명의 사람이 1분 간격으로 차례로 들어가게 한 다음, 방에 들어간 순간부터 스톱워치를 작동시켜 20분 동안 방 안에 머문 후 나오도록 했다고 가정하자. 마찬가지로 10분이 경과한 후 방 안에 있는 사람들에게 각자의 스톱워치를 확인하게 해보면, 제일 먼저 들어온 사람은 10분 동안 머무른 것으로 측정되겠지만, 두번째로 들어온 사람은 9분, 세번째 사람은 8분만 머무른 것으로 측정될 것이다.

그러므로 회분식 반응기에서의 반응 시간은 반응을 개시한 시점부터 종료한 시점 사이의 실제 시간과 일치하지만, 연속식 반응기에서의 반응 시간은 실제 반응기 운전에 소요된 시간과 일치하지는 않는다. 연속식 반응기에서 물질이 반응을 겪게 되는 시간은 물질이 반응기에 투입되는 순간부터 배출되는 순간까지 소요된 시간으로 정의될 수 있으며, 이를 체류시간이라고 한다. 액상 반응의 경우 체류시간은 (부피유량)/(반응기 부피)로 정의된다. 단 실제 반응기에서 개별 분자의 체류시간은 동일하지 않고 정상분포의 형태를 띠기 때문에, 일반적으로 말하는 체류시간은 각 분자가 겪는 체류시간의 평균값으로 이해된다.

정상 상태는 연속식 시스템 내의 상태변수가 시간에 따라 변화하지 않는 상태로, 위 물질수지 식에서 축적량이 0인 경우를 일컬으며 다음과 같이 표현된다.

$$(유입량) + (생성량) - (유출량) - (소모량) = 0$$

이 때 반응이 발생하지 않는 경우, 즉 생성량과 소모량이 0인 경우에는 다음과 같이 표현될 수 있다.

$$(유입량) - (유출량) = 0$$

즉, 유입량과 유출량이 같아지게 되므로 이를 통해 시스템의 정상 상태 도달 여부를 파악할 수 있다.

정상 상태인 계에서 입력 변수에 변화가 발생한 경우 이 영향이 출력 변수에 반영되는 데에는 일정한 시간 간격이 발생하게 된다. 이는 연속식 반응기의 특성에 의한 것으로 다음과 같은 예시를 들어 설명할 수 있다. 어떤 물질 A가 B로 변환되는 조건에서 정상 상태를 이루고 있는 반응기에서 A가 C로 변환되는 조건으로 유입 조건이 바뀌는 경우, A가 투입된 후 반응기 유출부에 도달하는 시간, 즉 체류시간만큼의 시간이 지난 후에야 유출부에서 C가 관찰되게 된다. 단 위에서 언급하였듯 각 분자가 겪는 체류시간은 동일하지 않기 때문에유출부에서 B가 배출되지 않고 C만이 배출되는 상태, 새로운 정상 상태로 도달하기까지는 평균 체류시간보다 긴 시간이 필요하게 된다.

3. 실험장치 및 시약

3-1. 시약

증류수, 에탄올

3-2. 실험장치

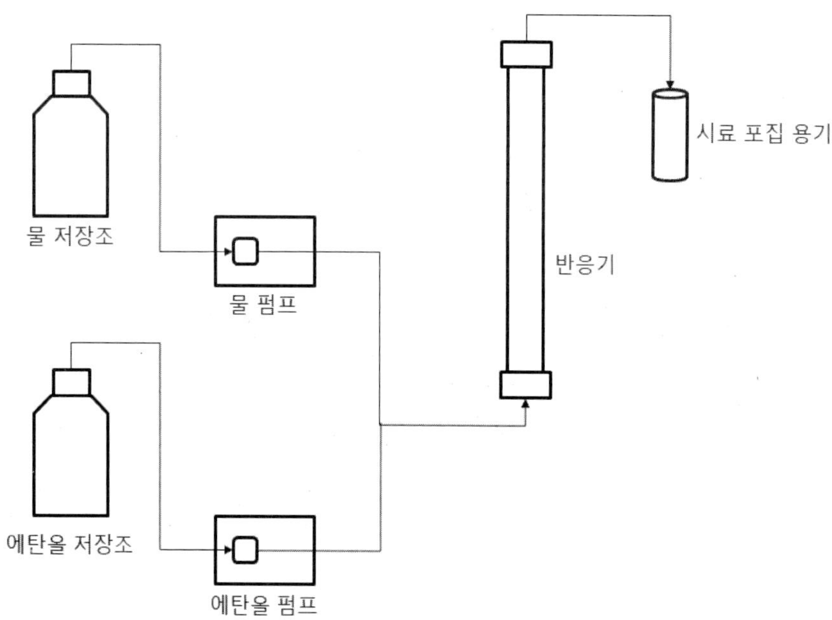

연속식 반응 실험 장치 (위 그림 참조)16)

- 물과 에탄올을 각각 주입할 수 있는 저장조 및 펌프를 배치한다.

16) 배관 및 밸브의 종류와 연결에 대하여 실험 21의 "실험장치 구성을 위한 피팅과 튜빙 실습"을 참고할 수 있다.

- 관형 반응기는 배관에서의 체류시간을 무시 가능할 정도로 충분히 큰 부피를 가지도록 한다. 1/8"인치 규격 튜브 기준으로 각 저장조에서 반응기까지 도달하는 배관 길이는 1 m 이내, 반응기의 부피는 100 mL 이상을 권장한다.
- 실험 수업 시간을 고려하여 최대 체류 시간이 30분 이내가 되도록 반응기 부피 및 펌프 용량을 결정한다.

  저울, 주정계

4. 실험방법

1) 연속식 반응 장치의 구조 및 조작 방법을 숙지하고, 관형 반응기의 내부 부피를 확인한다.
2) 제시되는 체류 시간 및 혼합비에 맞도록 물 및 에탄올 펌프의 필요 유량을 계산한다.
3) 물 펌프를 먼저 가동하여 반응기 내부를 채운 다음, 에탄올 펌프를 가동하여 유출되는 혼합용액의 양 및 농도를 일정 시간 간격으로 측정한다.
4) 유출량 및 농도가 일정해지는 구간을 확인하고, 에탄올 주입 시부터 정상 상태에 도달하기까지 걸린 시간을 기록한다.
5) 체류 시간 및 혼합비를 달리 하여 펌프 유량을 재조정한 후, 동일한 방법으로 유출량 및 농도의 변화를 일정 시간 간격으로 측정하여 정상 상태에 도달하는 시간을 확인한다.
6) 3가지 이상의 체류 시간 및 혼합비 조건에서 정상 상태 도달 시간을 측정하여 비교한다.

5. 결 과 (자료분석)

1) 관형 반응기의 내부 부피에 기반하여 주어진 체류 시간 및 혼합비를 구현하기 위해 필요한 물과 에탄올의 유량을 각각 계산해본다.
2) 체류 시간 및 혼합비의 변화에 따른 정상 상태 도달 시간의 변화를 확인하고 상관관계를 도출해본다.

6. 토 론

1) 각 조건에서 정상 상태에 도달했다고 판단한 기준을 설명해보시오.
2) 체류 시간과 혼합비 이외에 정상 상태 도달 시간에 영향을 줄 수 있는 변수가 있는지 논하시오.
3) 화학반응의 특성에 따른 회분식 반응과 연속식 반응의 장/단점을 비교하여 논하시오.

7. 참고문헌

1) Himmelblau, D. M. and Riggs, J. B., 화공양론강의(신재순, 강춘형, 서성섭, 양오봉 역), 사이플러스(2020).
2) Fogler, H. S., 핵심화학반응공학(이윤우 역), 한티에듀(2020).

Data Sheet

실험제목: 연속식 반응기 운전의 이해

강좌번호: 실험조: 조장: 확인:

실험일: 년 월 일

실내온도:

실험 번호	1		2		3	
반응기 부피 (mL)						
체류 시간 (min)						
혼합비 (물:에탄올, v/v)						
물 유량 (mL/min)						
에탄올 유량 (mL/min)						
경과 시간	유출량 (g)	에탄올 농도 (%)	유출량 (g)	에탄올 농도 (%)	유출량 (g)	에탄올 농도 (%)
min						
min						
min						
min						
min						
min						
min						
min						
min						
min						

실험 20
온도제어의 기초

1. 개 요

화학공학에서 실험의 핵심은 제어(control)이다. 온도나 압력, 농도와 같은 공정변수를 정확하게 통제할 수 있는 것은 실험의 신뢰도와 재현성을 보장하며, 나아가 실제 공정에서 성공적인 품질관리 및 안전관리로 이어지기 때문에 매우 중요하다고 할 수 있다. 본 실험에서는 가열, 제어, 측정을 담당한 부품들(히팅테이프, 온도 컨트롤러, 열전쌍)을 결합하여 유리관을 원하는 온도로 가열하고 유지할 수 있는 간단한 장치를 제작하는 것을 최종 목적으로 한다. 그 과정을 통해서 온도조절장치의 기본 구성과 각 구성요소(컨트롤러, 고체상릴레이, 열전쌍, 히팅테이프)의 역할을 이해한다. 이를 통해서 종합적으로 온도를 일정하게 유지하는 제어가 어떻게 일어나는지 체득할 수 있다. 이는 다양한 공정제어의 기반이 되는 이해의 기초가 된다. 또한 상황에 맞는 열전쌍의 타입(J-타입, K-타입, 등)을 선택하는 방법을 학습한다. 아주 기본적인 전선 및 단자 체결을 실습하고 전기안전에 대해 이해한다.

2. 이 론

2-1. 온도제어장치의 개요 및 제어

본 실험에서 제작하고자 하는 온도제어장치의 구성도를 그림 1에 도시하였다. 온도제어장치의 핵심적인 부품은 온도 컨트롤러(temperature controller)이다. 온도 컨트롤러는 기 입력된 원하는 온도(set point, SP)와 열전쌍을 통하여 측정된 현재 온도(process value, PV)를 비교하여 그 차이로부터 가열 출력을 얼마나 해야 할지 결정한다. 만약 SP가 PV보다 높다면 온도 컨트롤러는 고체상 릴레이를 작동시켜 가열회로를 닫아서 가열장치가 작동하게 한다. 만약 SP가 PV보다 낮다면 온도 컨트롤러는 가열회로를 열어서 자연냉각이 일어나게 한다. 이는 온도 컨트롤러가 계(system)의 온도를 제어하는 가장 기본적인 원리이다.

화학공정에서는 온도 뿐만 아니라 압력, 유량 등 공정의 성패를 좌우하는 다양한 물리적인 변수를 제어하는데, 근본적인 원리는 본 실험에서 다루는 온도제어와 크게 다르지 않다. 공정에서 '제어'란 계의 특정한 물리적 변인을 우리가 원하는 대로 변화시키기 위하여 계에 조작을 가하는 일체의 행위를 의미한다. 유리관의 실제 온도와 같이 우리가 조작하고자 하는 변인을 제어변수(controlled variable)이라 하며, 열전쌍을 이용해 측정된 제어변수의 값이 PV가 된다. 한편, 온도 컨트롤러에 입력하는 온도값과 같이 원하는 목적을 이루기 위하여 우리가 조작을 가하는 변인을 조작변수(manipulated variable)라 한다.

제어의 방법에는 크게 피드백(feedback) 제어와 피드포워드(feedforward)제어가 있다. 피드백 제어는 제어변수의 현재 측정값(PV)을 감지할 수 있는 센서를 필요로 한다. 우리가 원하는 값인 SP와 현재 측정값인 PV의 차이를 바탕으로 조작변수의 변동을 결정하는 제어 방법이다. 본 실험에서 구성하는 온도제어장치는 열전쌍(thermocouple)을 센서로 하는 피드백 제어에 해당한다. 한편 피드포워드 제어는 기 수립된 모델이나 원하는 SP 등 알려진 정보를 바탕으로 제어를 하는 것을 의미하며, 센서를 필요로 하지 않는다. 예를 들어 라면을 끓일 때 물의 양이나 불의 화력, 라면을 넣는 시점을 경험이나 레시피 등(알려진 정보 및 모델)을 통해 최종 산물인 맛있는 라면을 얻는 것은 피드포워드 제어에 해당한다고 할 수 있다. 하지만 피드포워드 제어는 예측불가능한 방해요인인 ‘외란(disturbance)’에 취약하다. 라면을 끓이다가 예상치 못하게 물이 갑자기 끓어넘치는 것은 외란에 해당한다. 이때 우리는 눈(센서)으로 현상을 보고 화력(제어변수)을 줄이는데, 이것은 앞서 설명한 피드백 제어에 해당한다. 이와 같이 효과적인 목표달성을 위해 화학공정에서 많은 제어는 피드포워드 제어와 피드백 제어를 조합하여 이루어진다.

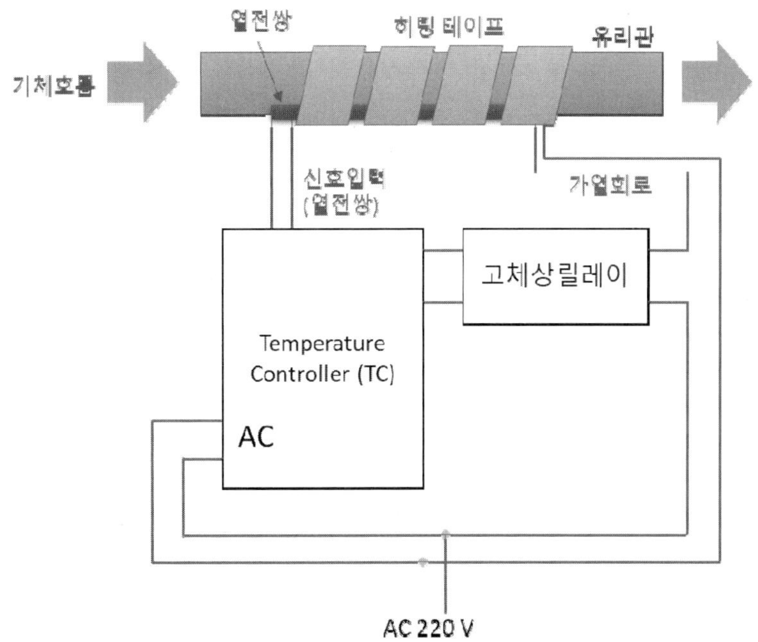

그림 1. 온도제어장치의 구성도.

2-2. 온도제어장치의 구성 및 원리

온도 컨트롤러의 전면에는 SP, PV, 출력(%) 등의 현재값, 또는 설정값이 숫자로 표시되는 디스플레이 패널과 조작을 위한 버튼들이 위치한다. 온도 컨트롤러의 후면에는 결선을 위한 단자들이 위치한다. 온도 컨트롤러의 구성은 제조사에 따라 다소 다르지만 대부분의 경우 사용자 매뉴얼을 제공하기 때문에 장치를 이해하는 데 유용하게 사용할 수 있다. 온도 컨트롤러의 사용자 매뉴얼에는 일반적으로 전압 등 사용규격, 각 부의 명칭, 패널 조작 방법, 장치를 연결하는 가이드라인인 결선도, PID 설정 방법, PID 자동 튜닝 방법, 오류(error)시 조치방법 등이 제공되어 있다.

온도 컨트롤러가 사용자가 입력한 원하는 온도(SP)에 맞추어 계측되는 온도(PV)를 제어하는 방법에는 여러 가지가 있을 수 있다. 제어 방법에서 가장 단순한 방법은 ON/OFF 제어이며, 가장 흔히 사용되는 유용한 제어 방법은 PID제어이다. ON/OFF 제어는 단순히 SP와 PV의 값을 비교하여 SP가 PV보다 낮으면 회로를 닫아 열을 가하여 온도를 올리고, PV가 SP보다 높으면 회로를 열어 히터를 정지시켜 식히는 방식이다. 이 과정에서 히터의 출력은 0%(off)와 100%(on) 두 가지 값만 가지게 된다. ON/OFF 제어는 가장 단순하지만 열적 관성(thermal inertia)이 있기 때문에 PV는 일정하지 못하고 SP 주변에서 진동하는 양상을 보이게 된다. ON/OFF 제어는 원리적으로는 간단하지만 이와 같은 PV의 진동을 완전히 제거하는 것은 근본적으로 불가능하다.

다양한 제어장치에서 가장 유용하게 사용되는 제어법은 PID제어이다. PID는 각각 비례(proportional, P)제어, 적분(integral, I)제어, 미분(derivative, D)제어의 약어로, 이 3가지 제어를 적절하게 주어진 각각의 '기여도'를 조절하여 동시에 사용한다는 의미를 가지고 있다. P제어는 SP와 PV의 편차에 비례하여 히터의 출력을 조절하는 방식이다. SP와 PV의 격차가 크면 히터의 출력을 높이고, 작으면 그에 비례하여 히터의 출력을 낮추는 방식이다. 다만, P제어만 사용하게 되면 시스템이 정상상태(steady state)에 도달하였을 때 PV가 SP보다 다소 작은 잔류편차가 언제나 남는다는 문제가 있다. 이를 해결하기 위하여 P제어에 더하여 편차값의 누적된 값(적분값)을 제어에 적용하는 I제어의 요소를 도입할 수 있다. 이를 PI제어라 한다. I제어를 도입하게 되면 잔류편차는 제거할 수 있지만 여전히 외란에 대응하는 데 걸리는 시간이 길고 오버슛(overshoot)이 커질 수 있다는 문제가 있다. 편차값의 변화값(미분값)을 제어에 적용하는 D제어의 요소를 추가적으로 도입하면 PV의 변화를 더 기민하게 조절할 수 있다. PID제어를 통한 편차(e)와 조작량(u)간의 상관관계는 다음 식으로 주어진다.

$$u(t) = K_P\, e(t) + K_I \int c(t) + K_D\, \frac{de(t)}{dt}$$

여기서 K_P, K_I, K_D는 각각 비례게인(proportional gain), 적분게인(integral gain), 미분게인(derivative gain)으로, 제어에서 PID 3요소의 '기여도'라고 이해할 수 있다. 이에 대한 자세한 수학적인 기술은 '공정제어' 또는 '공정실험' 등 상위 이론 및 실험 교과목에서 다루므로 여기서는 생략하도록 한다. 실무에서 중요한 것은 성공적인 제어를 위하여 이 K_P, K_I, K_D값의 적절한 조합을 찾아내는 과정(튜닝, tuning)이다. 본 실험에서 제시된 예를 포함하여 현재 시판되는 대부분의 온도 컨트롤러들은 이를 자동으로 수행해 주는 자동튜닝(auto-tuning) 기능이 들어있으므로 유용하게 활용할 수 있다.

2-3. 열전쌍의 종류와 선택

열전쌍은 산업적으로 온도를 측정하기 위하여 널리 사용되는 부품이다. 열전쌍은 일반 온도계에 비하여 현저하게 넓은 온도측정범위를 가지며, 1차 측정값이 전압이기 때문에 전자제어에 사용하기 용이하다. 열전쌍은 열전 효과(thermoelectric effect)의 일종인 제벡 효과(Seebeck effect)에 기반하여 작동한다. 제벡 효과는 2개의 서로 다른 금속이나 반도체로 폐회로를 만들고 온도차를 인가하면 기전력(electromotive force)이 발생하여 전류가 흐르는 현상을 말한다.

열전쌍의 원리를 나타낸 간단한 도식을 그림 2에 나타내었다. 열전쌍은 한쪽 끝이 접합된 2개의 서로 다른 금속 와이어로 이루어져 있다. 자유전자를 가진 금속이나 반도체에서 온도가 변화하면 전자의 에너지 준위가 변하게 된다. 만약 같은 금속 내에 온도구배(temperature gradient)가 발생하면 그에 따라서 전자의 분포도 달라지게 될 것이다. 이 열전거동의 양상은 금속이나 반도체의 종류에 따라 고유한 특성을 가지므로 2개의 서로 다른 전도성 소재를 그림 2와 같이 접합하고, 동일한 온도구배를 인가하면 2개의 소재 내에는 서로 다른 전하분포가 발생할 것이다. 이에 의해 2개의 소재 사이에 전위차이가 발생

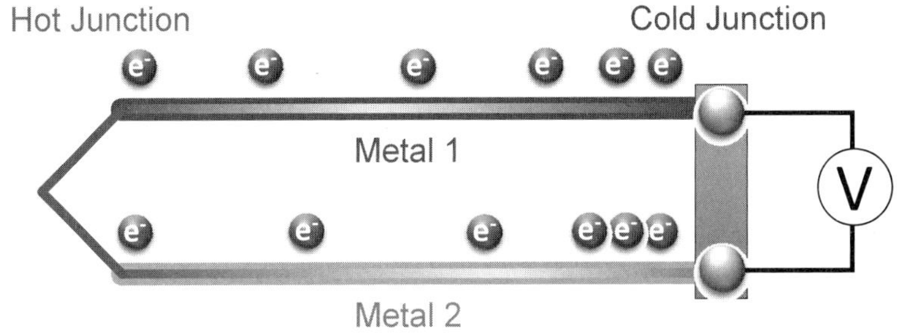

그림 2. **열전쌍의 원리.**

하는데, 이 전위차를 측정하면 그 값을 온도로 환산할 수 있다. 이것이 열전쌍을 통해서 온도를 측정하는 핵심적인 원리이다.

열전쌍 측정값의 신뢰도를 보장할 수 있는 온도범위는 열전쌍을 이루는 소재에 의해서 결정된다. 다양한 열전쌍의 타입과 작동 온도범위를 그림 3의 표에 나타내었다. 가장 많이 사용되는 열전쌍의 타입은 K-타입이다. K-타입은 니켈과 크로뮴의 합금인 크로멜(chromel)과 니켈과 알루미늄의 합금인 알루멜(alumel) 전극으로 구성되어 있다. 섭씨 1,400도를 넘는 고온 영역대의 온도를 측정할 때는 K-타입 열전쌍을 사용할 수 없고, 온도 상한선이 섭씨 1,700도를 넘는 S-, R-, B-타입을 사용해야 한다. 이 경우 더 높은 온도를 측정할 수 있지만 온도 신뢰구간의 하한선도 같이 올라가서 낮은 온도에서 정확성이 떨어지는 단점이 있다.

ANSI Code	ANSI		Alloy Combination		T/C Range
	Thermocouple	Extension	+ 단자	- 단자	
K		황색	Ni-Cr	Ni-Al	-270 – 1,372 °C (3 – 1,645 K)
J		검정	Fe	Cu-Ni	-270 – 1,200 °C (63 – 1,473 K)
T		파랑	Cu	Cu-Ni	-270 – 400 °C (3 – 673 K)
E		자색	Ni-Cr	Cu-Ni	-270 – 1,000 °C (3 – 1,273 K)
N		주황	Ni-Cr-Si	Ni-Si-Mg	-270 – 1,300 °C (3 – 1,573 K)
S	N/A	녹색	Pt-10%Rh	Pt	-50 – 1,768 °C (223 – 2,041 K)
R	N/A	녹색	Pt-13%Rh	Pt	-50 – 1,768 °C (223 – 2,041 K)
B	N/A	회색	Pt-30%Rh	Pt-6%Rh	0 – 1,820 °C (273 – 2,093 K)

그림 3. 열전쌍의 종류, 재질 및 작동 온도범위.

3. 실험기구 및 시약

제조사 및 모델명은 예시이며, 상응하는 대체품을 활용할 수 있다.

3-1. 실험기구

컨트롤러(temperature controller, 템코라인 T54-C00), 히팅테이프(heating tape, 미성과학 MS-HT2515, 1 inch×1 m), 단열테이프(insulating tape), 고체상릴레이(solid state relay, 오토닉스 SR1-1215-N), 열전쌍(thermocouple, 미성과학 K162, K-type, ø1.6×200 mm), 유리관(glass column), 스탠드(lab stand), 피복절단기, 니퍼, 드라이버, 가위, 220 V 전원케이블, 전선(1.5SQ (1.5 mm^2)), 압착 단자(라보텍, O단자, 1.5-4), 와이어커넥터, 압착기, 절연테이프, 보온용 글래스테이프

4. 실험방법

4-1. 전선 다루기의 기초

전기 관련 실험에서 적절하게 전선을 연결하고 짜임새 있게 마무리하는 것은 성공적인 실험뿐만 아니라 안전 측면에서도 매우 중요하다.

4-1-1. 전선 연결하기

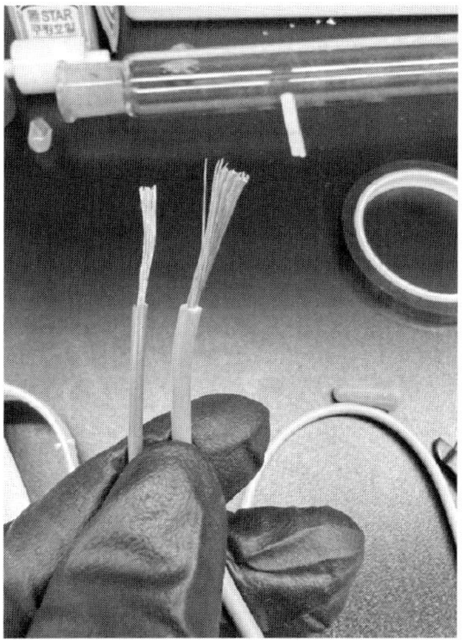

1) 전선의 피복을 벗긴 뒤, 부채꼴 모양으로 펴주어 엇갈리게 연결한다.

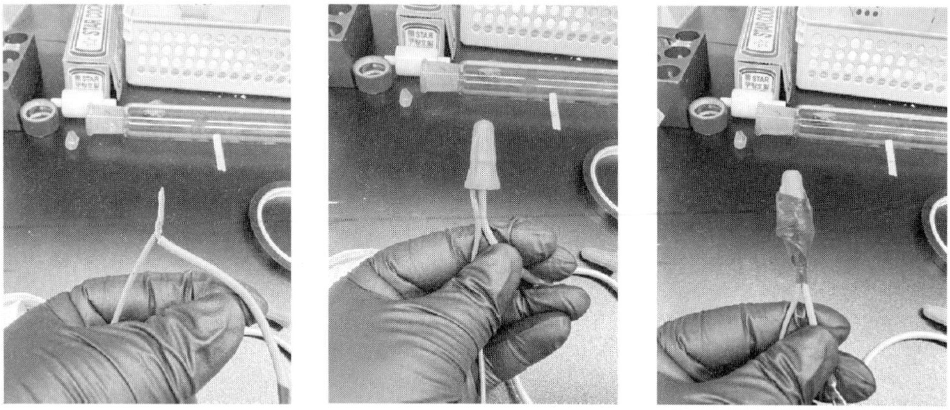

2) 겹쳐진 전선을 꼬아서 연결해준 뒤, 와이어커넥터를 연결한다. 와이어커넥터와 전선을 전기테이프로 마감한다.

4-1-2. 전선에 압착단자 체결하기

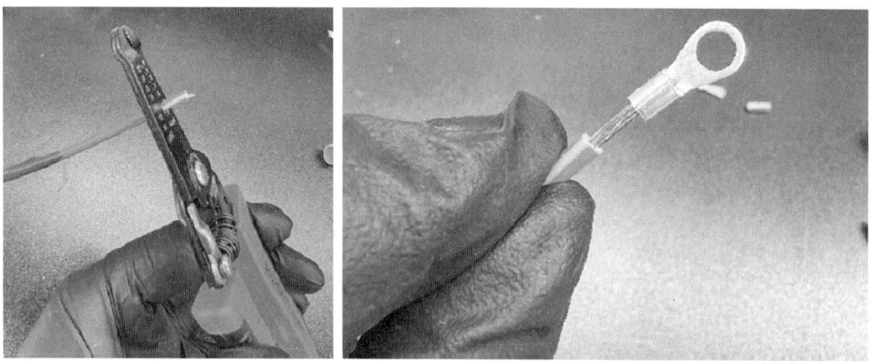

1) 전선의 피복을 벗긴 뒤 압착 단자를 결합한다.

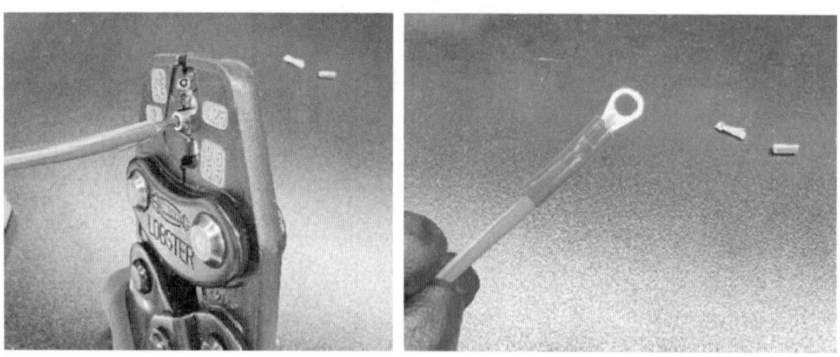

2) 압착기로 압착하여 단단히 체결한 후 절연테이프로 마감한다.

4-2. 온도제어장치 조립

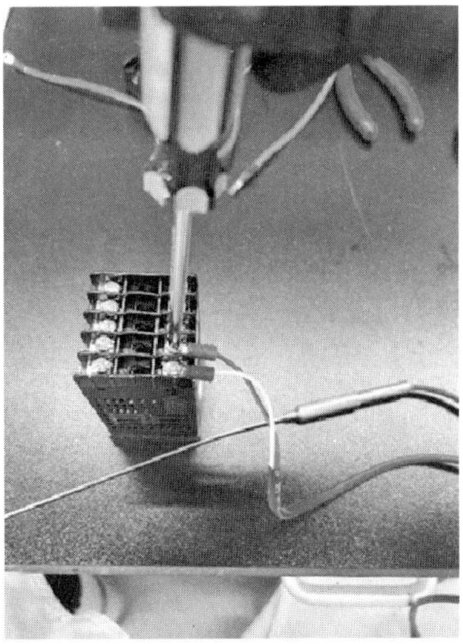 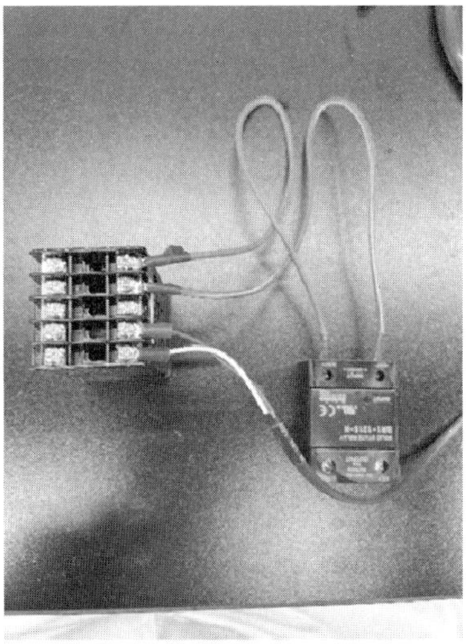

1) 온도 컨트롤러에 열전쌍을 극을 맞추어 체결한다. 대부분의 온도 컨트롤러에는 10개 이상의 단자가 존재한다. 시판되는 온도 컨트롤러에는 대부분의 경우 그 외장에 열전쌍, 전원, 릴레이를 어떤 단자에 연결하여야 하는지 회로도가 주어져 있다. 이를 참고하여 각각의 부품을 연결한다.
2) 고체상 릴레이를 해당하는 단자에 체결한다.

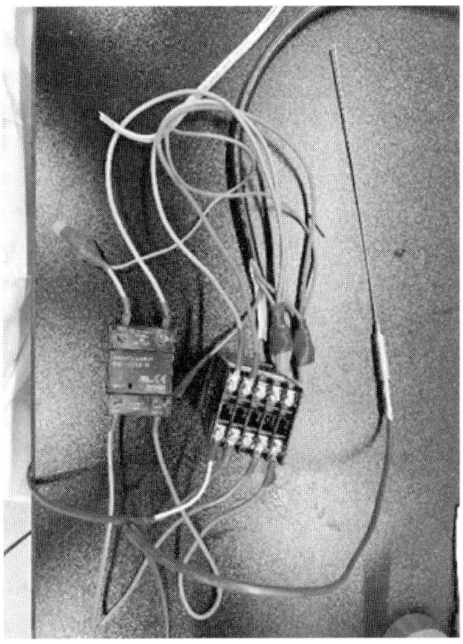

3) 고체상 릴레이를 회로도(그림 1)을 참고하여 히팅테이프와 전원에 연결한다. 220 V 전원선에서 녹색은 접지선이므로 사용하지 않도록 한다. 절연테이프를 적절히 사용하여 피복이 벗겨진 부분이 노출되지 않도록 주의하며, 특히 합선에 주의한다.

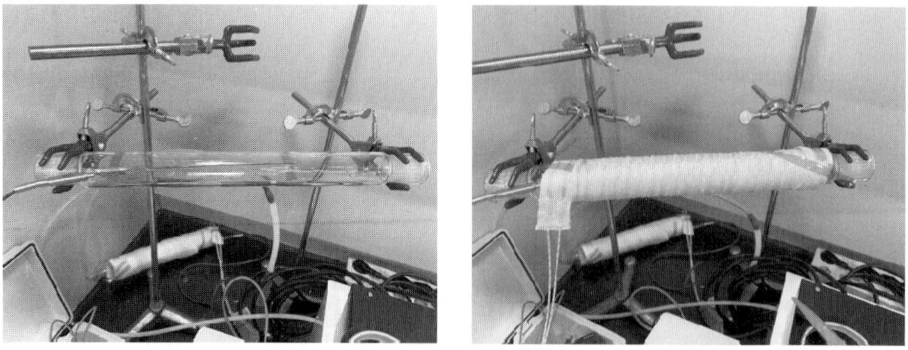

4) 가열하고자 하는 유리관을 원하는 곳에 위치시킨 후 히팅테이프를 감아 준다.

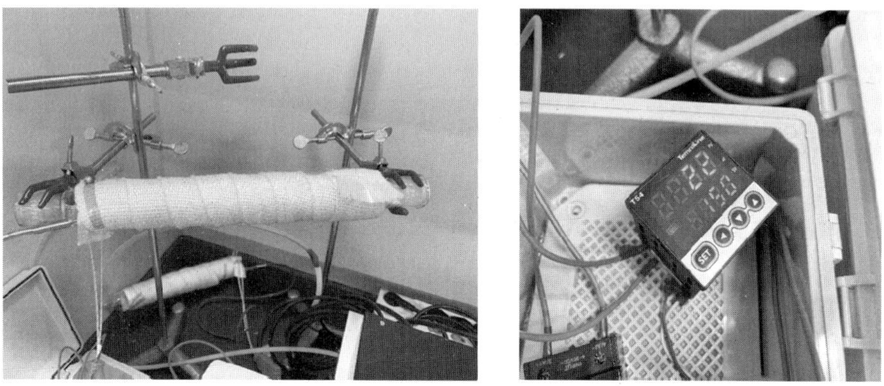

5) 유리관에 보온용 내열테이프를 감아서 마무리한다.

6) 전원 코드를 연결하여 온도 컨트롤러를 작동시키고, 자동 튜닝을 실시한다.(매뉴얼을 참조하라.) 원하는 온도로 가열이 잘 되는지 확인한다.

주의사항

1. 전기회로를 구성할 때는 반드시 전기부품이 전압, 전류 등 규격에 맞는지 확인하여야 한다. 그렇지 않으면 화재나 감전 등의 사고로 이루어질 수 있다.
2. 실험 중에는 반드시 절연성이 높은 장갑 등을 착용하여 감전 등으로부터 스스로를 보호한 후 실험을 실시하여야 한다. 또한 절연테이프 작업시 꼼꼼하게 감아 누전 등의 사고를 예방해야 한다.
3. 열전쌍이 위치를 벗어나 히터의 온도를 측정하지 않게 되는 상황에서 장치를 작동하면 과열의 위험이 있다.
4. 불의의 사고를 대비하기 위하여 실험실의 전원스위치와 두꺼비집의 위치를 확인하고, 전기화재에 대응할 수 있는 이산화탄소나 할론 소화기를 구비한다.
5. 담당교수 또는 실험조교가 실험실습 전 미리 작동상태를 확인하는 것이 권장된다.

5. 토 론

1) 원하는 온도가 작동 온도범위를 벗어나는 잘못된 열전쌍을 선택하여 온도제어장치에 사용할 경우 예상되는 문제점에 대하여 논의하라.
2) PV가 SP보다 낮을 경우 온도 컨트롤러는 히팅테이프를 작동시켜 PV를 상승시키는데, 이때 히팅테이프가 유리관에 열을 전달하는 시간당 열량을 '출력(output)'이라 부른다. 만약 히팅테이프의 출력이 지나치게 크다면 가열 속도가 너무 빨라 PV가 SP를 크게 넘어버리는 오버슛(overshoot)이 일어날 것이다. 또는 출력이 지나치게 낮으면 SP에 도달하는 데 지나치게 오랜 시간이 걸릴 것이다. 이와 같은 문제를 근본적으로 해결하기 위한 방안을 고민해보라.
3) 우리 주변의 일상생활에서 피드백 제어와 피드포워드 제어의 예시를 각각 3개씩 찾아보라.
4) 열전쌍이 히팅 테이프에서 벗어나서 다른 곳의 온도를 측정하게 되면 어떤 문제가 발생할 수 있겠는가? (※ 주의: 안전상의 문제가 있을 수 있으니 반드시 사고실험으로 답을 제안하고, 절대 실제 실험으로 답을 찾지 말 것.)
5) 현재 시판되는 많은 간이 온도 컨트롤러들은 K_P, K_I, K_D값의 적절한 조합을 자동으로 찾아주는 자동 튜닝(auto-tuning) 기능을 가지고 있다. 이 자동 튜닝 기능에 대하여 조사하고 원리를 간략하게 적어 보라.

실험 21
실험장치 구성을 위한 피팅과 튜빙 실습

1. 개 요

우리는 대학이나 기업의 화학공학 관련 실험실에서 스텐레스 스틸(stainless steel)로 만들어진 복잡한 관로 시스템이나 반응기를 본 일이 있다. 석유화학단지 내의 화려한 조명아래 빼곡히 들어선 단위공정들을 실핏줄처럼 이어주는 배관들처럼 웅장한 규모를 자랑하지는 못하지만 실험실의 배관과 장치들은 산업현장의 장치를 모사하고 동일한 조업 조건을 실험실에서 적용하기 위해서 반드시 필요하다.

이번 장에서는 실험장치를 구성하기 위한 스텐레스 스틸 튜브와 피팅(fitting)을 다루는 방법을 익히고 간단한 형태의 용기와 관으로 구성된 가상의 실험장치를 구성하는 실습을 수행한다.

2. 이 론

2-1. 피팅(fitting)의 역사

산업혁명 이전에는 모든 파이프와 커넥터는 다른 모든 것과 마찬가지로 손으로 만들어졌다. 산업화가 시작되고 대량 생산이 가능해지자 산업현장 종사자들은 파이프 대량 생산이 산업혁명에 엄청난 영향을 미칠 것이라 예상하고 파이프 크기를 표준화할 방법을 강구하기 시작했다. 이러한 표준화는 그 당시의 수요, 재료 및 제조 능력에 기초하여 이루어졌다. 어떤 파이프가 얼마나 많은 양의 흐름을 처리할 수 있는지를 가늠하는 것이 중요했기 때문에, 외부지름(외경)이 아닌 내부지름(내경)을 기준으로 삼았다. 얼마 지나지 않아 외경도 표준화되었으며 모든 배관을 큰 문제없이 접합할 수 있었다. 예를 들면, 1/2" 파이프의 내경이 1/2"이고 표준 관두께(구리관의 경우 1/16")를 가진다. 또한 야금기술 및 배관 제조공정이 개선되었고 새로운 재료로 배관을 만들기 시작했다. 재료의 발달로 인해 파이프는 더 얇아졌지만 이전 파이프와 같은 표준을 가지게 될 만큼 견고해졌다. 구리외의 많은 재료를 이용하여 파이프를 생산하기 시작했다. 모든 배관이 잘 맞도록 외경을 동일하게 조절했지만 재료에 따라서 내경이 변화할 수 있기 때문에 이전처럼 더 이상 1/2"이라 부를 수 없게 되었다. 이러한 이유로 인해 산업현장에서는 배관의 연결이 원활하게 이루어지도록 추가적인 표준화작업이 필요하다는 것을 알게 되었다. 피팅은 파이프 외경에 의해 표준화가 되어야 하는 것도 인지되었다. 이러한 변화로 인해 파이프에 대한 다양한 측정값도 표준화되있으며 적용되는 압력에 따라서도 파이프와 피팅의 표준화가 이루어졌다.

표 1. 피팅 재료의 종류와 구분

금속	비금속
carbon steel (CS, 탄소강)	acrylonitrile butadiene styrene (ABS)
galvanized steel (도금강)	fibre-reinforced plastic (FRP)
low-temp carbon steel(LTCS, 저온탄소강)	polyvinyl chloride (PVC)
impact-tested carbon steel (ITCS)	chlorinated polyvinyl chloride (CPVC)
stainless steel	high-density polyethylene (HDPE)
malleable iron (주조강)	toughened glass
chrome-molybdenum alloy	
inconel (고온 내 부식성)	

주거 환경에서 볼 수 있는 강성 배관의 주요 유형은 Nominal, IPS, CST 등으로 분류되지만 이번 장에서는 다루지 않는다. 대신, 우리는 실험실에서 사용되는 스텐레스스틸 배관과 이에 사용되는 피팅에 대해서 주로 학습한다.

2-2. 피팅의 제원

2-2-1. 피팅의 재료와 표시방법

피팅을 구성하는 물질의 종류로는 구리, 강철, 탄소강, 테플론 등의 다양한 물질이 존재한다. 이러한 재료를 표시하기 위해 아래 표와 같은 표현 방식을 사용한다.

표 2. 피팅 재료의 종류와 구분

Instrumentation Material Designator (피팅소재 표시 약어)	비금속
IB	Brass
ISS	316 Stainless Steel
ICS	Carbon Steel
IHC	Hastelloy® C
IM	Monel®
IN*	Nylon
IPFA*	PFA Teflon®
ITFE*	PTFE Teflon®

*페룰(Ferrules)에만 적용

실험실 장비를 유심히 관찰할 수 있는 기회가 있었던 학생이라면 분석장치나 복잡하고 유연한 공간구성이 필요한 경우에는 구리관과 피팅을 사용하는 것을 확인할 수 있을 것이다. Hastelloy, Monel, Teflon과 같은 이름은 이를 개발한 회사가 붙여준 고유 상품명이다.

2-2-2. 피팅의 사이즈

피팅은 영국과 같은 단위체계를 사용하는 국가들에서 가장 먼저 개발되었다. 따라서, 인치를 표준 단위로 사용한다. 아래 표에 배관 및 피팅 사이즈와 연번을 나타내었으니 참고하라.

표 3. **배관 및 피팅 사이즈**

Size Designator (피팅 사이즈 지정 연번)	Tube O.D. or MNPT*, FNPT* size
1	1/16″
2	1/88″
3	3/16″
4	1/4″
5	5/16″
6	3/8″
8	1/2″
10	5/8″
12	3/4″
16	1″
20	1-1/4″
24	1-1/2″
32	2″

* MNPT: Male Nominal Pipe Thread
* FNPT: Female Nominal Pipe Thread

(MNPT)

(FNPT)

2-3. 피팅의 모양과 명칭

피팅은 용도에 따라서 매우 다양한 모양을 가지고 있다. 우선 모양에 따른 명칭을 익혀

보자. 연결되는 형태에 따라 표 4에는 NPT 피팅과 표준튜빙[17]과의 연결, 표 5에는 표준튜빙과 표준튜빙의 연결을 위한 피팅들을 나타내었다. 직선연결은 Union으로 각도가 변하는 연결은 Elbow, 튜빙사이즈가 다른 것을 연결할 때는 Reducing Union이나 Reducing Tee를 이용한다. 표 6에는 피팅의 연결에 필수적인 너트(Nut)와 페룰(Ferrule)의 구성을 보여주고 있다. 너트의 회전과 함께 앞페룰(Front Ferrule)과 뒷페룰(Back Ferrule)의 압착되고 튜빙의 외벽을 파고 들어 기밀성이 확보된다.

표 4. NPT 연결용 피팅 (Male connectors)

구분	모양	명칭	약어	용도
Male Connector (MC)		Male connector to ISO parallel	MCRS	ISO parallel에 표준 튜빙의 연결
	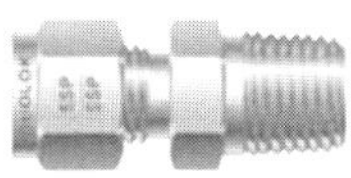	Male connector to ISO Tapered	MCRT	ISO Tapered에 표준 튜빙의 연결
	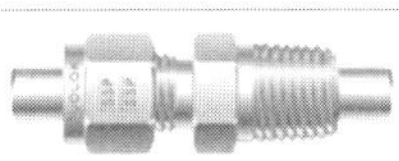	Male connector to Bored Through	MCBT	FNPT를 통과하는 연결을 위해 사용
	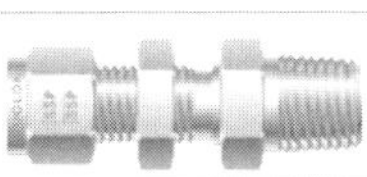	Bulk headed male connector	BMC	벽면에 고정하여 연결구를 만들때 사용
	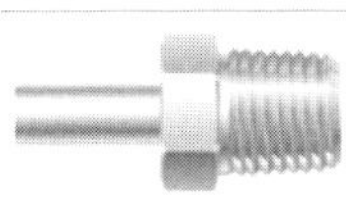	Male adapter	MA	표준 튜빙과 FNPT 연결
Male Elbow (ME)	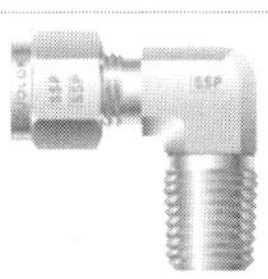	Male Elbow to ISO Tapered	MERT	FNPT에 90도 연결
	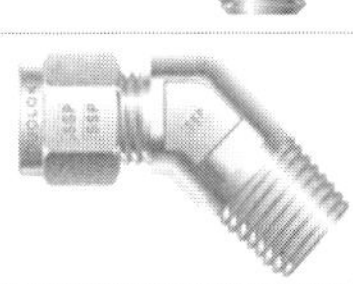	45° Male Elbow	M45E	FNPT에 45도 연결
	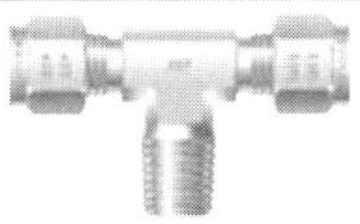	Male Branch Tee	MBT	FNPT에서 나오는 흐름 수평 분배
	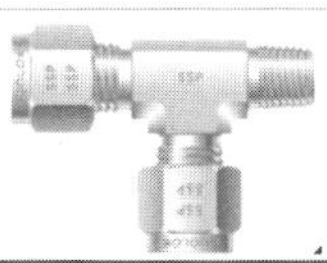	Male Run Tee	MRT	FNPT에서 나오는 흐름 90도 분배

17) NPT 피팅은 나사산의 각도가 60°, 표준 피팅은 나사산의 각도가 55°로 다르기 때문에 구분해서 사용해야 한다.

표 5. Stainless Steel Tube 연결용 피팅

구분	모양	명칭	약어	용도
유니온	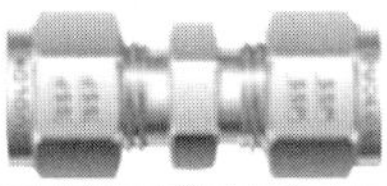	Union	U	표준 튜빙의 연결
		Reducing Union	RU	Size가 다른 표준 튜빙의 연결
	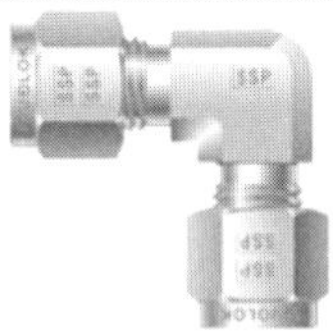	Union Elbow	UE	튜빙의 직각 연결
		Union Tee	UT	같은 튜빙사이즈에서 유체의 합산이나 분배에 사용
	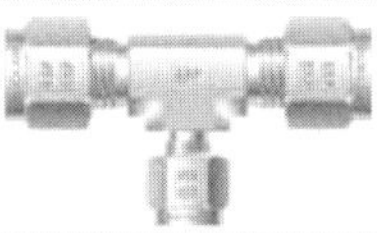	Reducing Union Tee	RUT	다른 튜빙사이즈에서 유체의 합산이나 분배에 사용
	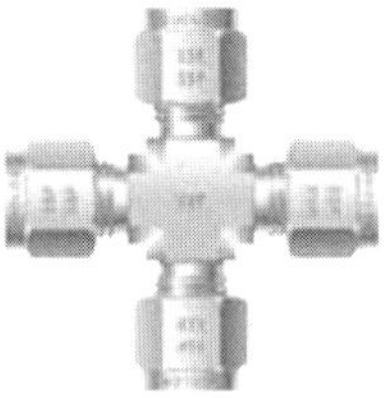	Union Cross	UC	같은 튜빙사이즈에서 네가지 유체흐름의 연결

표 6. 너트와 페룰

구분	모양	명칭	약어
결속장치		Nut	N
		Front Ferrule	FF
		Back Ferrule	BF

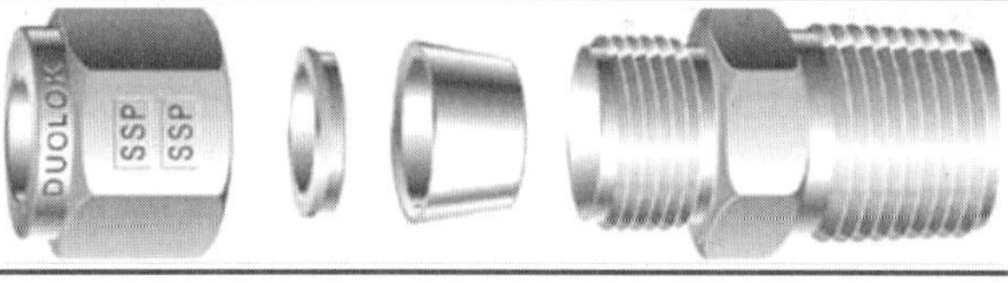

2-3-1. 피팅의 결합방법

피팅의 결합방법은 상대적으로 간단하다고 할 수 있다. 나사선이 있는 바디에 결합되는 순서는 앞페룰의 좁은 부분이 바디를 향하도록, 그리고 그 뒤에 뒷페룰의 좁은 부분이 앞페룰과 결합되도록 그리고 그 다음 너트가 결합되어 나사선을 타고 회전하면서 결합된다. 그 사이에는 튜빙이 관통하도록 위치시키고 손으로 너트를 꼭 조인다. 더 이상 손으로 조일 수 없을 때 렌치를 사용해서 바디를 잡고 또 다른 렌치를 사용하여 너트를 회전시킨다. 새롭게 마련된 페룰을 사용한다고 가정할 경우, 1/4″튜빙의 연결을 위해서는 너트를 1바퀴를 회전하고 1/4바퀴를 더 돌려 체결한다. 만일 3/16″ 이하의 튜빙을 연결할 경우에는 너트를 3/4 바퀴만 돌려서 체결하면 된다. 무리한 힘을 가할 경우 페룰이 망가져서 기밀성이 보장되지 않을 수 있으니 주의하여야 한다. 렌치는 사이즈별로 준비하고 너트나 바디의 크기에 따라 선정하여 사용하는 것이 이상적이지만, 적절한 사이즈의 몽키스패너를 사용하여도 무방하다.

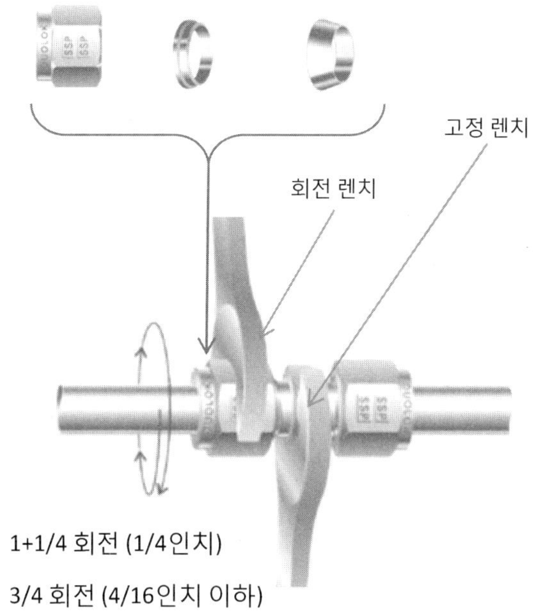

그림 1. **피팅 체결 방법.**

2-3-2. 밸브

밸브는 튜브내의 유체흐름을 차단하거나 조절하는 기능을 가진다. 차단과 개방의 역할만 수행하는 개폐용 볼밸브(Ball valve), 시스템 내의 압력을 조절하는 BPR(Back Pressure

Regulator), 유체의 흐름을 미세하게 조절하는 니들 밸브(Needle valve), 유체의 흐름을 한쪽 방향으로만 허용하는 첵밸브(Check valve) 등이 있다. 이외에도 재질과 용도에 따라서 다양한 형태의 밸브들이 존재하지만 작동되는 메카니즘을 대표할 수 있는 밸브들은 이 정도 수준이라고 이해해도 무방하다. 또한, 연구실 내의 실험장치 구성을 위해서는 표 7에 나열한 밸브들로도 충분하다.

표 7. NPT 연결용 피팅 (Male connectors)

모양	명칭	용도
	ball valve	유체 흐름의 개방이나 차단
	3way ball valve	유체흐름의 방향을 선택하여 통제
	BPR(Back pressure regulator)	설치된 앞 단의 압력 조절과 유지
	Needle valve	유체흐름의 미세 조절
	Check valve	유체흐름의 단방향 통제

2-3-3. 튜브벤더

튜브벤더는 Stainless Steel Tube를 구부리는데 사용되는 기구이다. 실험장치의 구성에 있어 유체의 흐름량에 지장을 주지 않으면서 관을 구부리거나 꺾어서 유체의 흐름방향을 설정하는 것은 매우 중요한 작업이다. 그림 2에는 전형적인 튜브벤더의 형태를 삽화로 나타내었다.

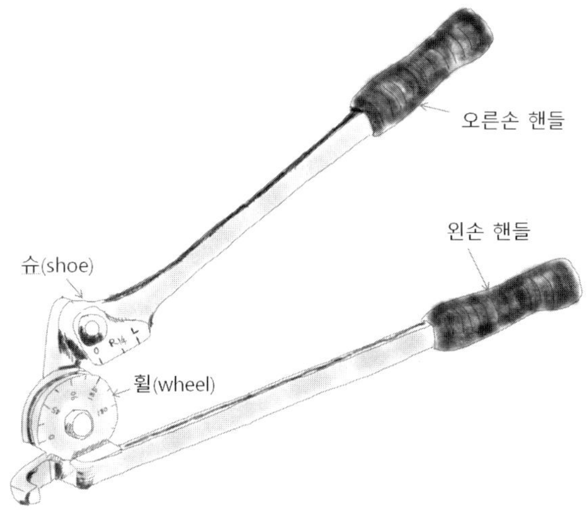

그림 2. **튜브벤더.**

튜브벤더는 튜브가 감싸면서 휘어지는 휠(wheel)과 튜브고정 훅(hook)이 부착된 왼손 핸들 부분과, 슈(shoe)가 부착된 오른손 핸들이 회전볼트로 연결된 형태로 구성된다.

그림 3에는 튜브를 180° 구부리는 방법과, 길이에 맞추어 90° 구부리는 방법을 나타내었다. 굴곡이 시작되는 부분은 휠과 슈과 만나는 눈금 0 지점이며, 지정된 길이로 구부릴 경우(90°로 구부리는 경우가 대부분), 지정한 길이에 마킹을 하고 튜브위의 마킹지점이 슈의 L이나 R 눈금에 맞춰지도록 설정하고 벤딩을 실시한다. 벤더 앞단에서 길이를 지정하는 경우에는 마킹 눈금이 L에 위치하도록, 뒷단에서 길이를 지정하는 경우에는 마킹 눈금이 R에 위치하도록 하여 정확한 벤딩 포인트를 설정한다.

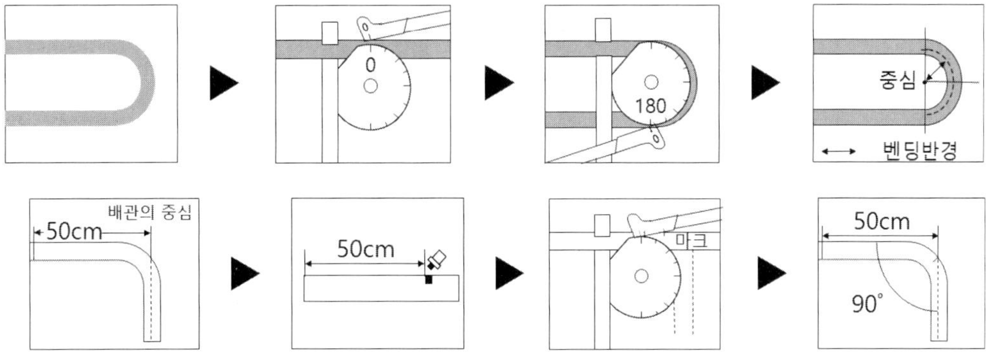

그림 3. **튜브벤더의 사용방법.**

3. 실험기구

3-1. 실험 공구

튜브벤더, 튜브커터, 줄자, 리크테스트용액, 압력게이지(1 MPa), 몽키스패너, 렌치 셋,

3-2. 튜브 및 피팅

1/4″ Stainless Steel Tube, 1/8″ Stainless Steel Tube, Reducing Union (1/4″→ 1/8″), 1/4″ Union, 1/8″ Union, 3 way ball valve, 2 way ball valve, Back Pressure Regulator

4. 실험방법

4-1. 도면의 해석

그림 4에는 학생들이 직접 제작할 가상의 실험장치에 대한 도면을 나타내었다. 실험장치 왼쪽 입구는 볼밸브로 마무리되며 실험장치가 완성되면 질소나 공기 실린더에 이 볼밸브를 연결하여 실험장치 전체에 압력을 채우게 된다. 실험장치의 자세한 구성은 다음과 같이 기술할 수 있다.

- 1/4″ 2way 볼밸브가 150 mm 길이의 1/4″ Stainless Steel Tube에 연결된다.
- 1/4″ Stainless Steel Tube의 다른 쪽 끝은 3way 볼밸브의 하단에 연결되며 위쪽과 아랫쪽으로 기체 흐름이 갈라진다.
- 위쪽으로 흐르는 기체 흐름은 밸브 끝단에서 위쪽 방향으로 80 mm까지 1/4″ Stainless Steel Tube를 통해 흐르다가 180° 로 선회하여 40 mm 전진 다시 90° 반시계 방향으로 꺾여서 400cc 부피의 steel cylinder로 투입된다. 또한, steel cylinder를 거쳐 1/8″ Stainless Steel Tube를 통해 압력게이지와 back pressure regulator를 거쳐 외부로 배출된다.
- 아랫쪽으로는 1/4″Stainless Steel Tube를 통해 직진하다가 1/8″Stainless Steel Tube로 바뀌고, 90°씩 두번 꺾여 위로 직진, 다시 180° 선회하여 아랫쪽으로 흐르다 반시계방향으로 90° 꺾여서 steel cylinder로 유입되고 유출된다. 이후, 1/4″관으로 바뀌고 BPR을 통해서 배출된다.

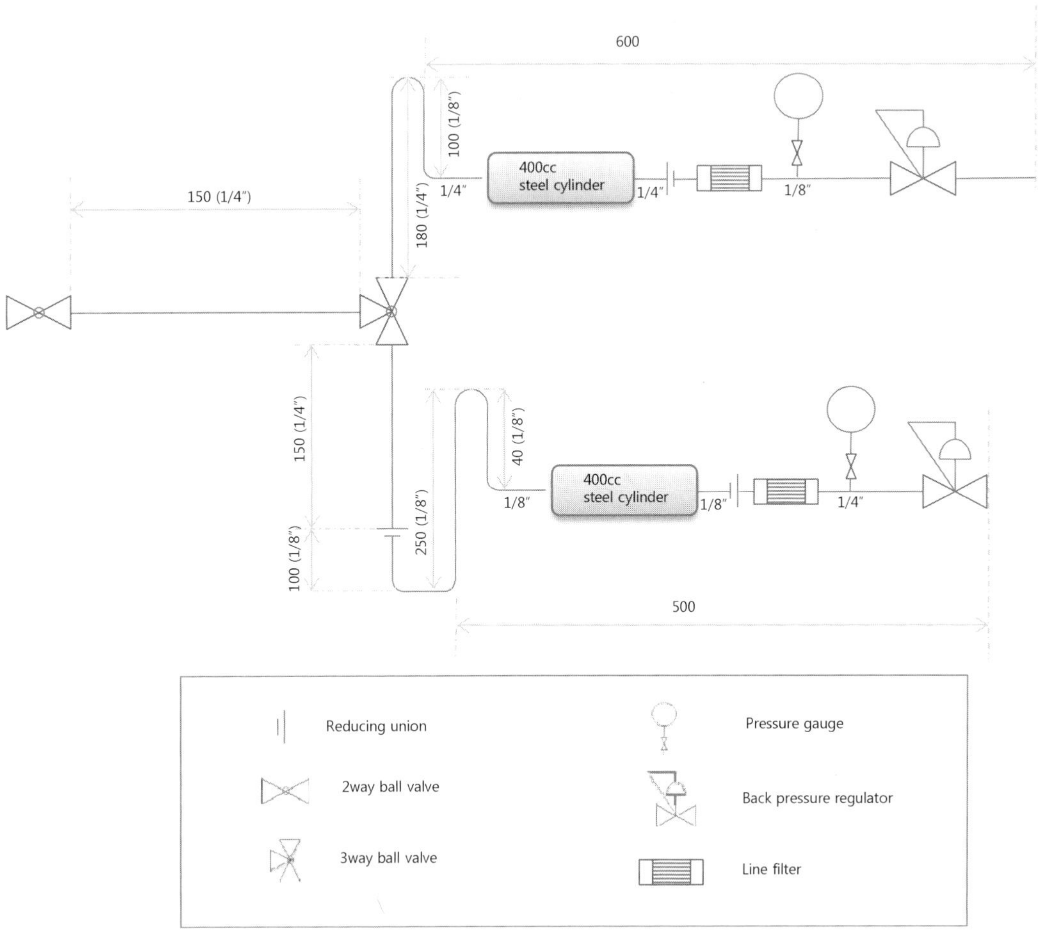

그림 4. **실험장치 도면.**

4-2. 실험장치의 구성

주어진 공구와 재료를 사용하여 **그림 4**에 표시된 가상의 실험장치를 실제로 구성한다. 실험장치의 구성 시 다음의 사항들을 유의하도록 한다.

1) SUS 튜브의 절단과 가공 시 손을 보호하기 위해 반드시 장갑을 착용한다.
2) 조교의 지시사항을 반드시 따른다.
3) 피팅의 조립 시 무리한 힘을 가하지 않도록 특별히 신경 쓴다.
4) 도면에 나온 수치에 근접하도록 사전에 길이 측정에 신경 쓴다.
5) 구성된 장치를 고압의 질소나 공기 실린더에 연결하고, BPR을 이용하여 장치의 한쪽 영역은 8 barg로 압력을 올려 유지하고, 다른 한쪽 영역은 5 barg로 압력을 높여서 유지한다.

6) 압력이 높아진 상태에서 장치는 밸브를 조작하여 밀폐하고 고압의 실린더와 분리한다.
7) 기체가 새는지 확인하고 조교에서 검사를 받는다.

주의사항

1. 피팅의 조립에 있어 최초 조립과 해체 후 조립시 렌치로 돌리는 각도에 유의한다.
2. 벤더를 이용하여 튜브를 구부릴 때 길이변화에 대해서 유의한다.
3. 압력 적용 시 가스 실린더의 취급에 주의하며 항시 조교의 확인을 받도록 한다.

5. 결 과

5-1. 구성 장치의 검사

구성된 장치를 도면과 비교하면서 굴곡정도와 길이을 측정하여 도면에 일치하는지 확인한다.

도면과 실제 장치와의 치수 차이가 심각한 수준이면 수정할 수 있는지 확인한다.

조교는 학생이 제작한 장치를 검사하여 평가한다.

학생은 기체가 새는 부분이 있는지 검사하고 검사과정을 조교가 확인한다.

5-2. 장치의 분해

검사가 끝난 장치는 피팅과 튜빙을 기본단위로 다시 분해한다. 분해한 구성품은 잘 확인하고 조교에게 반납한다.

6. 토 론

1) 피팅의 조립 후 새는 곳이 있는지 확인하는 효과적인 방법은 무엇인가? 기체가 새는 곳이 있다면 이에 대한 위험성과 대처방안을 논의하시오.
2) 실험 장치 내부의 압력조절 방법에 대해서 논의하시오. 압력을 올리고 내리는 과정에서 주의해야 할 점은 무엇인지 논의하시오.
3) 벤더를 이용하여 튜브를 구부릴 때 발생하는 오차를 줄이는 방법에 대해 논의하시오.

7. 참고문헌

1) Instrument Tube Fitting Installation Manual, Bulletin 4200-B4, Parker(2014).

실험 22
중력식 연속 디캔터

1. 개 요

중력식 연속 디캔터는 정유 및 석유화학 산업에서 널리 사용되는 장치 중 하나이다. 원유가 정유사에 들어오면 제일 먼저 desalter라고 하는 장치에 도입되어 염분 등이 제거되는데 처리된 원유와 염수가 연속적으로 액액분리된다. 액액추출공정에서 mixer-settler 장치를 사용하면 mixer에서는 고도의 전달응력을 부여하여 액상(feed)-액상(solvent) 간에서 물질전달을 최대한으로 높이고 settler(중력식 연속 디캔터)에서는 액상(extract)-액상(raffinate)으로 상분리된다. 이 실험에서는 간단한 형태의 중력식 연속 디캔터(gravity decanter)를 통해 서로 섞이지 않는 두 물질을 분리해 봄으로써 유체역학 수업 초반부에 다루는 유체 정역학(fluid statics)을 이해한다. 실제 현장에서 많이 사용되는 디캔터의 작동 원리에 대해 학습한다.

2. 이 론

2-1. 중력식 연속 디캔터의 구조

전형적인 중력식 연속 디캔터의 구조와 원리는 그림 1과 같다(참고문헌의 식 (2.12)와 그림 2.5 참조).

그림 1의 측면도에서 나타난 두 액액 층의 평형 액체높이를 수식으로 나타내면 다음과 같다.

$$(Z_1 - Z_3)\rho_B + Z_3\rho_A = Z_2\rho_A$$

여기서 Z_1, Z_2, Z_3는 위 그림 내의 각각의 높이이며, ρ_A와 ρ_B는 각각 무거운 액체(중액, heavy liquid)과 가벼운 액체(경액, light liquid)의 밀도이다.

2-2. 중력식 연속 디캔터의 설계

식용유의 비중(specific gravity)이 0.92로 알려져 있으므로 물과 식용유를 대상으로 2-1절의 식을 적용해 보면 다음과 같다.

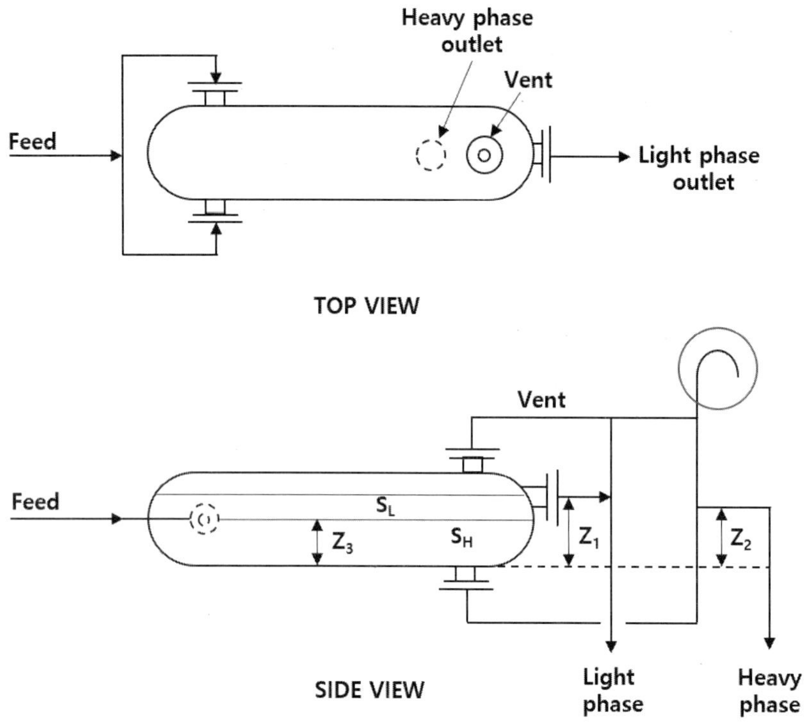

그림 1. **중력식 연속 디캔터의 구조.**

두 상의 계면(Z_3)을 디캔터 바닥으로부터 50 cm 위에 위치시키고 가벼운 액체의 일류다리(overflow leg)(Z_1)를 침강조의 바닥으로부터 1 m 위에 위치시킨다고 가정한다. 계산의 기준은 2-1절의 그림에서 보듯이 디캔터 바닥이다.

$$Z_2 = 50 + (100 - 50)\frac{0.92}{1.0} = 96$$

이렇게 되면 (Z_1-Z_2)의 높이차가 고작 4 cm가 되어 장치의 설계가 쉽지 않다. 한편 디캔터의 크기를 2배로 하면, 즉 Z_1 = 2 m, Z_3 = 1 m로 늘리면 (Z_1-Z_2)의 높이차가 8 cm가 되어 다소 여유가 생긴다. 한편 (Z_1-Z_2)의 높이차는 두 상의 계면을 어디에 위치시키는가에 따라서 달라질 수 있는데, 침강조의 깊이(Z_1)를 2배로 하고 계면을 바닥에서 30 cm에 위치시키면 (Z_1-Z_2)의 높이차는 13.6 cm로 변한다.

이러한 정역학 설계에서 주의할 점은 디캔터에 유입되는 유입유량이 많으면 무거운 액체과 가벼운 액체가 분리되면서 각각 일류다리에 압력손실이 발생하고 이를 정역학 설계에 반영하여야 한다. 따라서 압력손실을 무시할 수 있을 정도의 여유 있는 배관크기를 확보하거나 유입유량을 작게 조절한다.

3. 실험기구 및 시약

3-1. 시약

수돗물, 식용유(대두유)

3-2. 실험기구[18)]

중력식 연속 디캔터 장치를 단순화하여 아래와 같은 반회분식(semi-batch) 장치를 구성한다. 압력을 동일하게 유지하기 위해 위 부분이 열린 아크릴 재질의 기다란 원통을 서로 연결한다. 왼쪽 원통은 물과 식용유를 섞은 용액을 인입할 때 발생할 수 있는 충격이 중력수지(gravity balance)에 영향을 미치는 것을 최소화하기 위함이며 오른쪽 통은 물과 식용유가 분리되는 분리조(separation drum) 역할을 한다. 무거운 액체가 배출되는 유로는 높이 조절이 가능하도록 플렉서블 배관으로 연결한다.

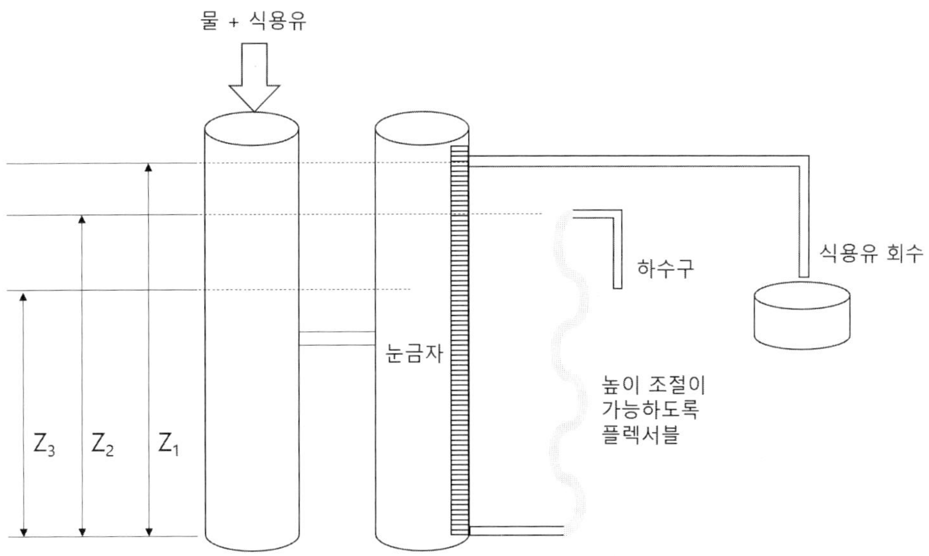

그림 2. Semi-batch 형태의 실험실용 디캔터.

18) 배관 및 밸브의 종류와 연결에 대하여 실험21의 "실험장치 구성을 위한 피팅과 튜빙 실습"을 참고할 수 있다.

4. 실험방법

1) 물과 식용유를 잘 섞어 흔든 후 왼쪽 통 상단에 서서히 부어준다.
2) 무거운 액체가 배출되는 유로의 높이(Z_2)를 조절하며 분리가 잘 이루어지는지를 관찰하고 계면의 높이(Z_3)를 눈금자로부터 읽는다. 여기서 Z_1은 고정된 상태이다.
3) Z_2와 Z_3의 데이터 쌍을 구하는 실험을 반복한다.

주의사항

Z_2의 높이를 조절하면서 식용유가 분리조 아래로 배출되어 하수구로 버려지지 않도록 주의한다.

5. 결 과

1) 2-1절과 2-2절에 주어진 식과 예를 이용하여 Z_2와 Z_3의 데이터 쌍과의 관계를 확인한다.
2) 관계에 부합하는 이 실험에 사용된 식용유의 정확한 비중을 구한다.

6. 토 론

먼저 중력식 연속 디캔터가 적용되는 실제 예는 아래와 같다.

PET(poly ethylene terephthalate)의 원료인 TA (terephthalic acid)는 PX(p-xylene)가 산소와 반응하여 물을 부산물로 생성된다. 다량의 HAc(acetic acid)가 반응에 용매로 참여하는데, 생성물인 TA가 결정화 공정과 원심분리 과정을 거치면서 분리된 후 부산물인 물과 HAc가 혼합된 용액이 증류탑에서 분리되어 물은 버려지고 HAc는 다시 반응기에 투입된다.

물의 끓는점이 대기압에서 100℃이고 HAc의 끓는점이 118℃이므로 증류탑 하단으로 순수한 HAc가 분리된다. 그러나 이 증류탑에 미반응 PX가 유입될 수 있는데, PX의 끓는점은 138.4℃로 증류탑의 하단으로 배출될 것으로 예상되나 물과 92℃에서 공비(azeotrope)를 형성하여 증류탑의 상단으로 배출된다. 물과 PX가 섞인 증기가 증류탑 상단의 냉각기(condenser)를 거치면서 응축되면 물과 PX는 저장조(storage tank)에서 물과 기름처럼 서로 분리된다.

PX가 물에 비해 비중이 낮기 때문에 물 위에 떠서 저장조에 계속 축적되고 이렇게 축적된 PX가 환류(reflux)를 통해 증류탑에 유입되면 증류탑 운전에 불안정성을 유발하게 된다. 한편 응축된 물은 환류를 제외하고 하수구로 버려지는데, PX가 같이 버려지면 중요한 반응물이 손실되는 것으로 PX 원단위가 올라가고 환경적으로는 매우 심한 악취를 유발한다. 이에 저장조에 PX가 축적되지 않도록 부유형(floating) 깔대기와 같은 장치가 설치되어 물 위에 떠있는 PX를 물과 함께 배출한다.

1) 부유형 깔때기를 통해 배출되는 흐름에 대하여 중력식 연속 디캔터를 설계하시오.
2) 디캔터의 상부와 하부의 일류다리에는 1/4 in. 파이프가 사용되는데, 어느 정도의 인입유량까지 디캔터의 운전에 영향을 미치는 압력손실을 유발하지 않을지 의견을 제시하시오.
3) 현장에는 생각보다 공간이 많지 않습니다. 즉, 2-1절과 같은 커다란 디캔터가 설치되기 어렵습니다. 좁은 공간을 최대로 활용하는 디캔터의 구조를 설계해 보시오.
4) 사이폰(siphon) 현상을 조사하고 위 설계에서 사이폰 현상이 발생할 수 있는 조건이 있는지 생각해 보고 이 현상이 발생하지 않는 디캔터 설계를 개선해 보시오 (힌트: 그림 1 ○ 표시).

실제로 현장에서는 HAZOP(hazard operability) study라고 공정을 설계한 후에 공정이 운전되면서 생길 수 있는 문제점들을 전문가들이 모여서 토론을 통해 예측하고 대응방안을 마련하여 공정설계에 재반영하는 일이 매우 중요하다.

7. 참고문헌

1) Warren L. McCabe, Julian C. Smith and Peter Harriott, Unit Operations of Chemical Engineering, 7th ed., McGraw-Hill(2005).
2) Warren L. McCabe, Julian C. Smith and Peter Harriott(이화영·전해수·조영일 공역), McCabe의 단위조작, 7th ed., McGraw-Hill(2017).
3) J. D. Seader, Ernest J. Henley and D. Keith Roper, Separation Process Principles, 4th ed., Wiley Publishing(2020).

Data Sheet

실험제목: 중력식 연속 디캔터

강좌번호: 실험조: 조장: 확인:

실험일: 년 월 일

실내온도:

무거운 액체가 배출되는 유로의 높이(Z_2)와 계면의 높이(Z_3)

회수	Z_2 (cm)	Z_3 (cm)
1		
2		
3		
4		
5		

실험 23
밸브계수 측정

1. 개 요

공정에서 밸브의 역할과 다양한 밸브의 특징에 대하여 이해한다. 밸브에 형성되는 유체 흐름의 원리를 베르누이 식을 이용하여 설명할 수 있다. 밸브 상수(flow coefficient, CV)의 정의를 알고 실험을 통해 구할 수 있다. 직접 구한 밸브 상수값으로부터 압력차에 따라 valve에 흐르는 유량을 예측할 수 있다.

2. 이 론

2-1. 베르누이 식(Bernoulli Equation)

베르누이식은 정상상태에 있는 비압축성 흐름에서의 에너지수지식으로 유체역학에서 널리 사용된다. 입출구 흐름이 있는 계의 에너지 수지는 다음과 같다.

$$d[m(U+gz+\frac{V^2}{2})]_{sys}=(U+\frac{P}{\rho}+gz+\frac{V^2}{2})_{in}dm_{in}-(U+\frac{P}{\rho}+gz+\frac{V^2}{2})_{out}dm_{out}+dQ+dW_{add}$$

여기서 m은 질량, U는 내부에너지, g는 중력가속도, z는 높이, V는 속도, ρ는 밀도, Q는 열에너지, W는 일에너지를 의미하여 아래첨자 sys는 계, in과 out은 입구 및 출구, add는 추가일(팽창일 이외의)을 의미한다. 이 식에서 좌변은 계의 에너지 - 내부에너지, 위치에너지, 운동에너지의 변화량이고, 우변은 입구 흐름과 출구 흐름의 에너지 차이 및 열에너지, 추가일의 변화를 의미한다. 우변의 입출구 흐름에 대한 식에서 $(P/\rho dm)_{in}-(P/\rho dm)_{out}$은 유체가 계를 지나는 동안 받는 팽창일로, 앞의 내부에너지와 결합하여 엔탈피로 표현하기도 한다. 단일 정상상태 흐름에서 위 식은 아래와 같이 요약된다.

$$(U+\frac{P}{\rho}+gz+\frac{V^2}{2})_{out}-(U+\frac{P}{\rho}+gz+\frac{V^2}{2})_{in}=\frac{dQ}{dm}+\frac{dW_{add}}{dm}$$

위 식에서 입출구 흐름의 변화량을 Δ로 표현하고, 내부에너지를 우변으로 넘기면 다음과 같이 정리된다.

$$\Delta(\frac{P}{\rho}+gz+\frac{V^2}{2})=\frac{dW_{add}}{dm}-(\Delta U-\frac{dQ}{dm})$$

단열공정이라면 우변의 두 번째 항 $\triangle U-\frac{dQ}{dm}$은 마찰에 의한 유체의 내부에너지와 열에너지의 변화량을 의미한다. 이를 질량당 마찰열 F로 표현하면 아래와 같은 베르누이 식을 얻게 된다.

$$\triangle(\frac{P}{\rho}+gz+\frac{V^2}{2})=\frac{dW_{add}}{dm}-F \tag{1}$$

2-2. 제어밸브(유량조절밸브, Control Valva)

제어밸브는 유체이동에 있어서 가장 기본적인 설비이다. 그림 1과 같이 유체에 인위적인 압력강하를 만들어 유량을 조절하는 역할을 수행한다.

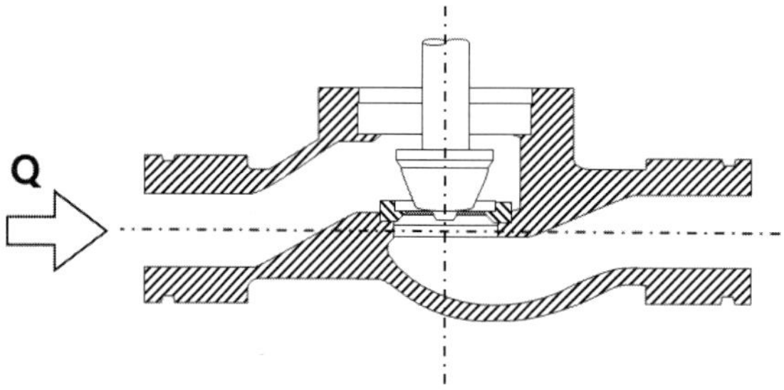

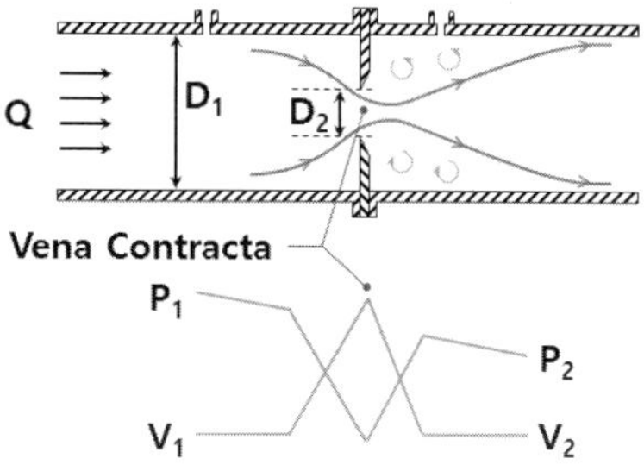

그림 1. **제어 밸브의 원리.**

산업공정 내 유체배관에는 목적과 규모에 따라 다양과 밸브가 사용된다. 대표적으로 사용되는 밸브의 특성은 표 1과 같다.

표 1. **대표적인 제어 밸브의 특성**

이 름	내 용	그 림
Ball valve	Quick opening 밸브로 주로 on/off의 기능이 필요할 때 사용된다. 밸브 내 원통형으로 구멍이 뚫린 ball이 삽입되어 이 ball이 회전하여 흐름 및 차단상태를 만든다. 밸브를 일정량만 열고 사용하는 경우 유량 제어가 가능하나 ball의 절삭마모(abrasive wear)로 인한 유체의 누출(leakage)이 유발될 수 있어 조름(throttle)공정에는 추천되지 않는다.	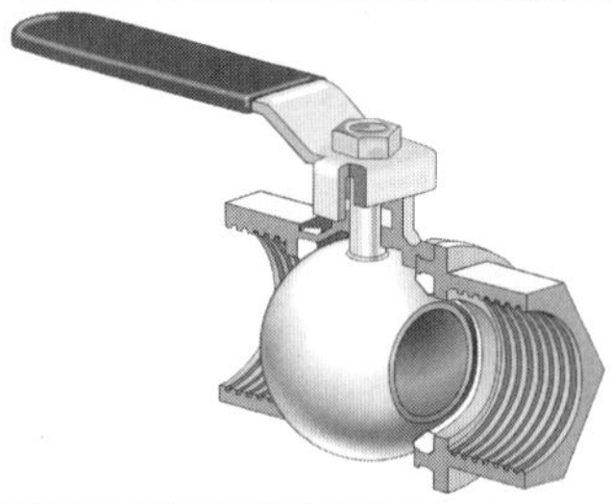

이 름	내 용	그 림
Butterfly valve	원판이 밸브 조작에 따라 회전하면서 유체가 흐르는 면적을 조절한다. 유량이나 압력손실이 크지 않을 때 사용된다. 제어할 수 있는 압력손실이 크지 않으므로 제한적인 범위에서 throttle 흐름을 생성할 수 있다.	
Globe valve	Valve seat에 안착되어 있는 globe plug를 valve stem이 위아래로 움직이게 된다. 완전히 열렸을 때조차 throttling 흐름을 기반으로 하므로 압력손실이 크고 유량이 상대적으로 작을 때 사용한다. 핸드 휠을 돌릴 때, 밸브 스템과 핸드 휠이 함께 회전하고 올라간다.	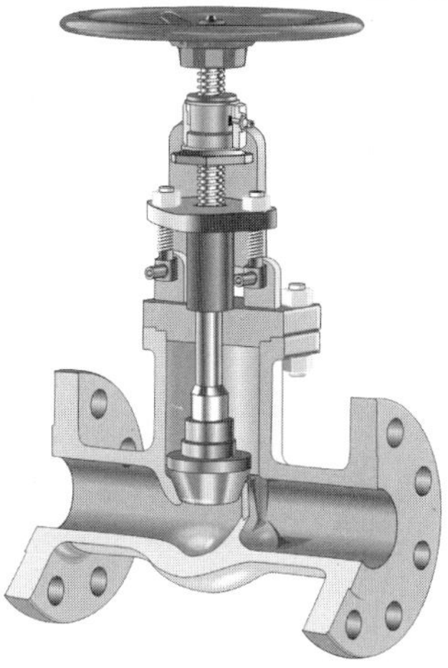
Gate valve	Wedge 형태의 disc를 사용하는 sealing이 매우 tight한 밸브로 non-throttling 밸브로 분류된다. 핸드 휠을 돌리면 스템만 위아래로 움직이며 핸드 휠의 위치는 고정된다.	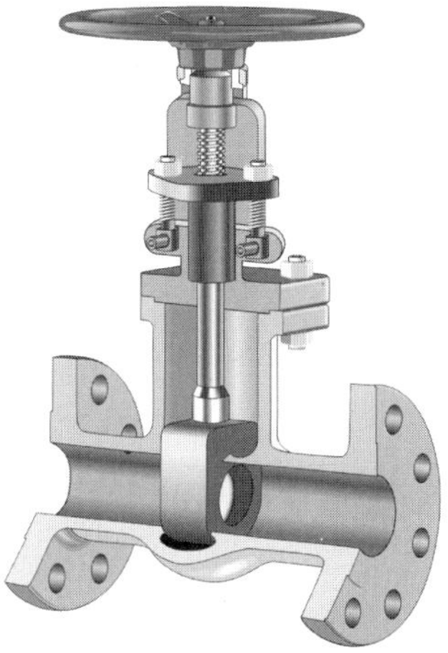

밸브의 유량제어 특성은 C_V로 표현하는데, 이는 밸브가 완전히 열린 상태에서 양단에 압력 차이가 1 psi가 있을 때, 60℉의 물이 흐르는 유량이 얼마(gallons per minute)로 정의된다. 이를 식으로 표현하면 아래와 같다.

$$C_V = Q\sqrt{(S/\triangle P)} \tag{2}$$

여기서 Q는 유량이며, S는 60℉에서 유체(물)의 비중, ΔP는 밸브 양단의 압력차이다. 또한, 세계적으로 점차 SI 단위계로 통일하고 있는 추세로 이러한 C_V값을 대신하여 밸브의 차압이 1 bar일 때, 5-30℃의 물이 통과하는 유량을 m^3/hr로 표현하는 K_V값($C_V = K_V \times 1.17$)을 사용하기도 한다. 밸브의 열린 정도에 따라 C_V를 구하여 이를 완전히 열린 상태에 대한 비율(%)로 나타내면 그림 2와 같은 여러 형태의 밸브 특성을 얻게 된다.

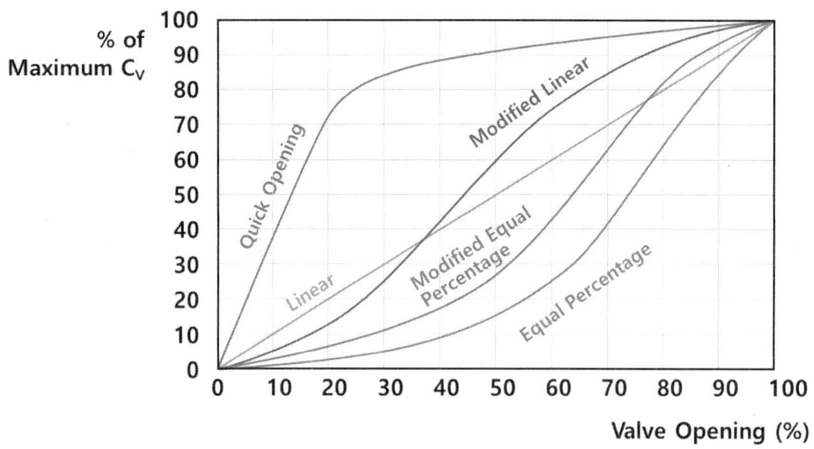

그림 2. C_V 값에 따른 다양한 밸브 특성.

2-3. 펌프(Pump)

펌프 또한 유체이송에 필수적인 기계장치로 모터의 동력을 통해 유체를 이동시키기 위한 압력에너지를 생성하는 역할을 한다. 직관적으로 펌프는 유체를 어느 정도 높이까지 이송시키는가로 이해되기 때문에 이러한 유체의 높이를 head로 표현하고 이는 펌프의 배출 압력과 같은 개념이다. 그림 3에는 일반적인 centrifugal pump의 유량에 따른 head의 변화를 pump curve로 나타내고 있는데, 펌프의 동력은 일정한 수준이므로 적은 유량을 이송시킬 경우 head가 높아지는 모습을 보이고 있다.

펌프는 제어밸브와 쌍을 이루어 유체이송시스템을 구성하는데, 이에 대한 설계방법은 다음과 같다.

① 공정의 설계가 완료되면 한 지점(S)에서 다른 지점(F)까지 이송해야하는 유체와 그의 유량, 압력이 결정된다[19].

② S에서 F 지점까지의 높이 차(Δz), 배관 및 피팅에서 발생하는 압력강하를 포함하여 시스템에서 발생하는 총 압력손실을 계산한다.

③ 밸브에서 생기는 압력손실을 추가하여 펌프의 필요한 head를 산정한다. 일반적으로 75% C_V에서 밸브에 의해 생기는 압력손실이 총 압력손실의 25-30%가 되도록 한다.

④ 그림 3에서 A지점의 x축이 유량이고, y축은 총 압력손실(pump head)로 시스템과 밸브에 의한 압력손실의 합과 같다. 기성제품을 구입하는 경우 펌프마다의 작동특성(specification)이 제시되어 적절한 제품을 선정하게 된다.

⑤ 설계유량보다 작은 유량이 필요하다면 밸브를 닫아주어 밸브에 의한 압력손실을 증가시키게 된다. 그림 3에서 B는 이로인해 head가 높아지고, 유량이 줄어든 지점이 된다. 이 때 유량이 줄어들었으므로 A에 비해 시스템에서 발생하는 압력강하도 줄어든 것을 확인할 수 있다.

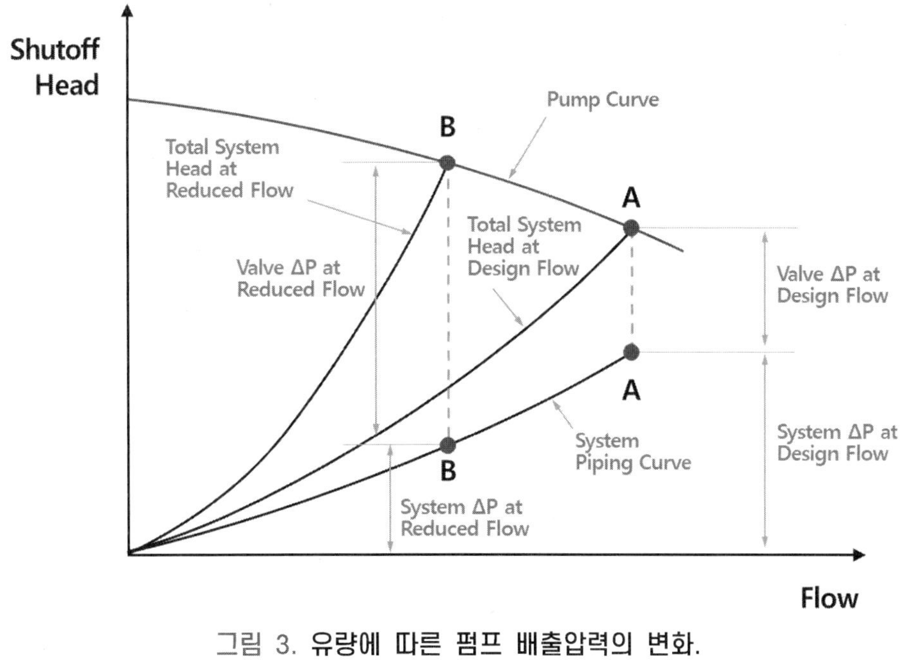

그림 3. **유량에 따른 펌프 배출압력의 변화.**

19) 개념적인 설계를 통해 공정의 PFD (process flow diagram)과 M/B (material balance)가 제작되면 이를 기반으로 유체 이송 시스템의 설계를 수행한다.

베르누이 식을 살펴보면 일정한 에너지를 가지는 상황에서 유속이 빠른 지점은 압력이 낮다는 것을 알 수 있다. 예를들어, 잠수함은 물 속에서 운행됨에도 불구하고, 프로펠러에는 기포가 발생하게 되는데 이는 프로펠러 주변 유체의 속도가 빨라 압력은 낮아지므로 이에 따라 물이 기화한 것이다. 이를 공동현상(cavitation)이라고 하는데, 펌프나 밸브에서도 동일한 현상이 발생할 수 있다. 그림 4에서 밸브를 지나는 부분의 유체는 압력이 낮아져 기화되고, 밸브를 지난 뒤 다시 액화하게 되는데, 만약 압력이 충분히 회복되지 않으면 유체에 기포가 같이 이송되는 flashing 현상이 생기게 된다. 펌프에서는 유체가 인입될 때 압력강하가 생기므로 이때 공동현상이 생길 수 있다. 생성된 기포는 높은 토출압력으로 인해 다시 액화하게 되는데, 그 과정에서 펌프의 회전날개(blade)를 파괴하는 등의 문제를 일으킬 수 있다. 그러므로 펌프의 설계에서는 펌프 전단의 압력이 충분히 높게 유지될 수 있도록 하여 공동현상을 억제하는 방법이 반영되어야 한다.

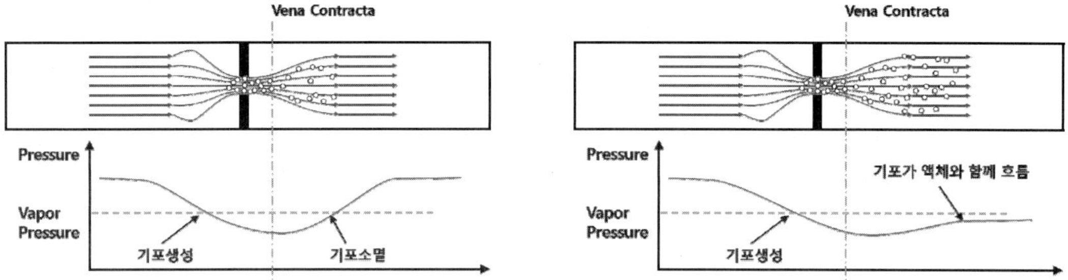

그림 4. 밸브 흐름에서 공동현상.

3. 실험기구 및 시약

1) 일정 수준의 수압을 만들어주는 장치

① 펌프 혹은 수도꼭지: 기본적으로 펌프를 사용할 수 있고, 건물의 상수도는 일정 수준의 수압을 가지므로 수도꼭지를 사용할 수 있다. 펌프나 수도꼭지를 사용하는 경우 수압을 측정하기 위한 압력계가 필요하다(그림 5).

② 물의 높이를 일정하게 유지할 수 있는 물통을 그림 6, 7과 같이 제작하여 사용할 수 있다. 압력계가 있다면 보다 용이한 실험이 가능하나 물의 높이를 통해 배출되는 지점의 수압을 산정할 수 있으므로 압력계가 없어도 실험 수행이 가능하다.

③ 유량 측정 장치: 유량계 혹은 stop watch와 물통을 이용하여 유량을 측정한다.

④ 압력계 (pressure gauge, PG)

2) 배관 및 밸브: 다양한 밸브를 준비하여 실험할 것을 추천하며 특히 throttle 흐름을 만들 수 있는 globe valve를 포함시킬 것을 권고한다[20].

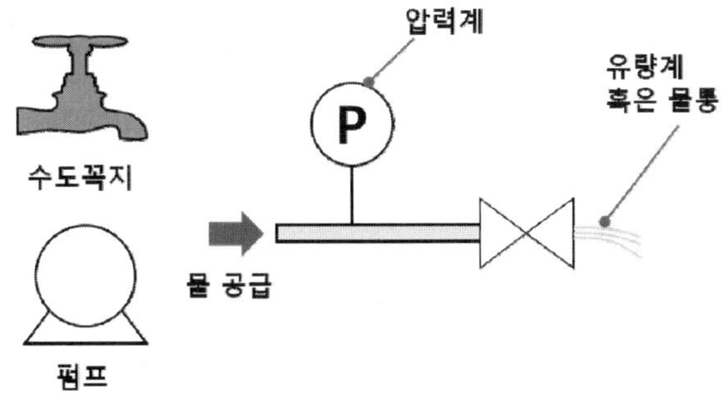

그림 5. 실험기기 준비 예(1).

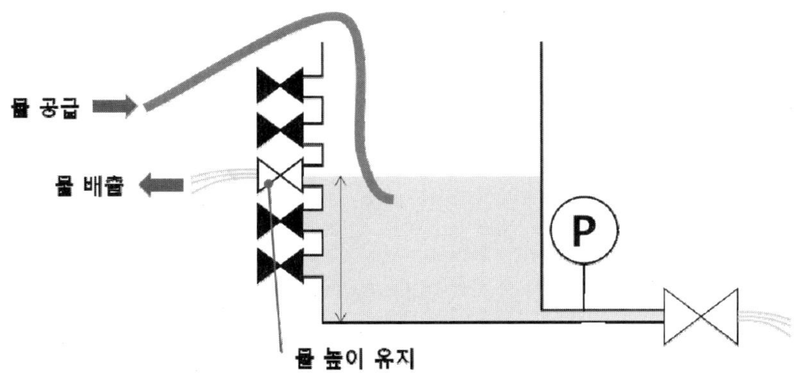

그림 6. 실험기기 준비 예(2).

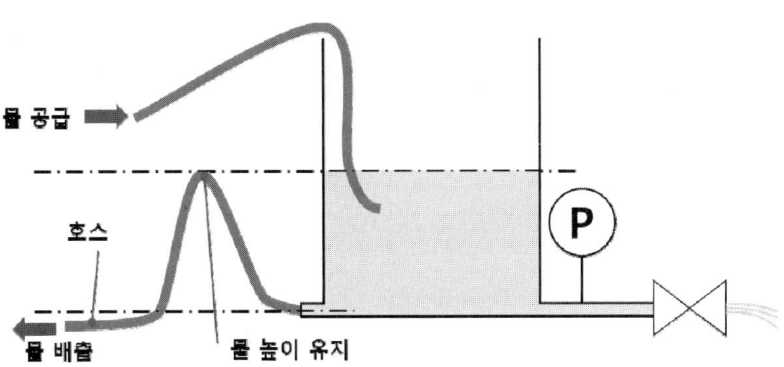

그림 7. 실험기기 준비 예(3).

20) 배관 및 밸브의 종류와 연결에 대하여 실험 21의 "실험장치 구성을 위한 피팅과 튜빙 실습"을 참고할 수 있다.

4. 실험방법

4-1. 실험기구 준비

1) 물 공급장치를 준비하고, 배관 및 밸브, 압력계를 설치한다.
2) 압력계는 밸브의 전단에 설치하며 가능한 한 밸브와 가까운 곳에 위치하도록 한다. 압력계가 없는 경우 배관에서 발생하는 압력강하를 최소화하기 위하여 관을 되도록 짧게 설치한다.

4-2. 실험 절차

1) 물통을 이용하여 공급하는 압력을 조절할 때는 먼저 물통의 높이가 70.3 cm 가량 물을 채운다.
2) 밸브를 전량 열고, 밸브 앞단의 압력이 밸브 전단의 압력이 1 psig (0.069 barg, 0.068 atmg, 703 mmH_2Og)가 되도록 유량을 조절한다[21]. 수도꼭지나 펌프를 사용하는 경우 유량흐름을 조작하여 압력을 조정할 수 있다. 물통을 이용할 때는 하여 물통의 높이를 조절하여 압력을 조정한다. 이때, 물통 내부의 높이가 실험 중 유지되어야 한다. 즉, 물통으로 공급되는 물의 유량이 밸브를 통해 배출되는 유량보다 다소 많아야 한다.
3) 밸브 전단의 압력을 1 psi로 유지하면서 충분한 일정동안 유량을 측정한다.
4) 밸브 전단의 압력을 바꾸거나, 혹은 밸브 전단의 압력을 1 psi를 유지한 채, 밸브의 열림 정도를 다르게 하면서 유량을 측정한다. 밸브의 노브가 돌아가는 총 가동범위 대비 현재 가동시킨 정도로 opening%로 기록하여 둔다. 예를 들어 노브가 최대 90° 각도로 돌아가는 밸브라면 잠긴상태에서 30°를 돌렸을 때 opening은 33.3%이다.
5) 압력을 바꾸어 opening%를 조정해가며 유량을 측정한다.
6) 밸브의 종류를 바꾸어 동일한 실험을 반복한다.

5. 결 과

5-1. Cv 값 도출 및 Cv% vs. Opening% 그래프 도시

1) 밸브 전단의 압력이 1 psi일 때, 배출되는 유량을 통해 식 (2)로부터 Cv 값을 도출한다. 이때 밸브의 후단은 대기에 노출되어 있으므로 대기압으로 가정한다.

---

21) 여기서 압력은 대기압을 0으로 가정한 게이지 압력(압력계의 압력)이다. 1 psig를 절대압력으로 표기한다면 대기압(1 atm = 14.7 psia)을 더한 15.7 psia가 될 것이다.

2) 실험 수행한 밸브 별로 밸브 전단 압력이 1 psig일 때, 밸브의 opening%에 따른 Cv%를 그래프로 도시하고, 밸브의 특성을 그림 2을 참조하여 결정하라.
3) 밸브 전단 압력에 따른 유량 결과값과 위 1)에서 결정한 Cv 값과 식 (2)에서 예상되는 유량값을 비교해보자.

5-2. 마찰력 추정

1) 베르누이 식 (식 (1))을 이용하여 밸브에서 발생한 마찰력을 추정해보자. 이때 배관의 마찰력은 없는 것으로 가정한다.

6. 토 론

1) 야구공에 회전을 주었을 때, 공은 휘어져 나간다. 또한 비행기는 한쪽으로 치우친 유선형의 날개를 가지고 있어 앞을 향해 이동할 때 위쪽으로 뜰 수 있다. 위 현상을 베르누이 식을 이용하여 설명해보고, 베르누이 식이 적용되는 또 다른 예를 찾아보라.
2) 위 5-1의 3)에서 Cv값을 통해 예상한 유량값과 실제 실험값의 차이가 있는가? 그렇다면 이러한 오차가 어디로부터 발생하는지 생각해보자.

7. 참고문헌

1) Noel de Nevers and Geroffrey D. Silcox, Fluid Mechanics for Chemical Engineers, 4th ed., McGrawHill(2020).

Data Sheet

실험제목: 밸브계수 측정

강좌번호: 실험조: 조장: 확인:

실험일: 년 월 일

실내온도:

1. 밸브의 유량 실험

1) Cv 값 측정결과

밸브 유형:			밸브 유형:		
압력차	유량	Cv	압력차	유량	Cv

밸브 유형:			밸브 유형:		
압력차	유량	Cv	압력차	유량	Cv

2) 밸브 opening%에 따른 유량 결과

밸브 유형:				
압력차	Opening%	유량(실험)	유량(계산)	오차%

3) 밸브 전단 압력에 따른 유량 결과

밸브 유형:				
압력차	Opening%	유량(실험)	유량(계산)	오차%

4) Cv% vs. Opening% 그래프

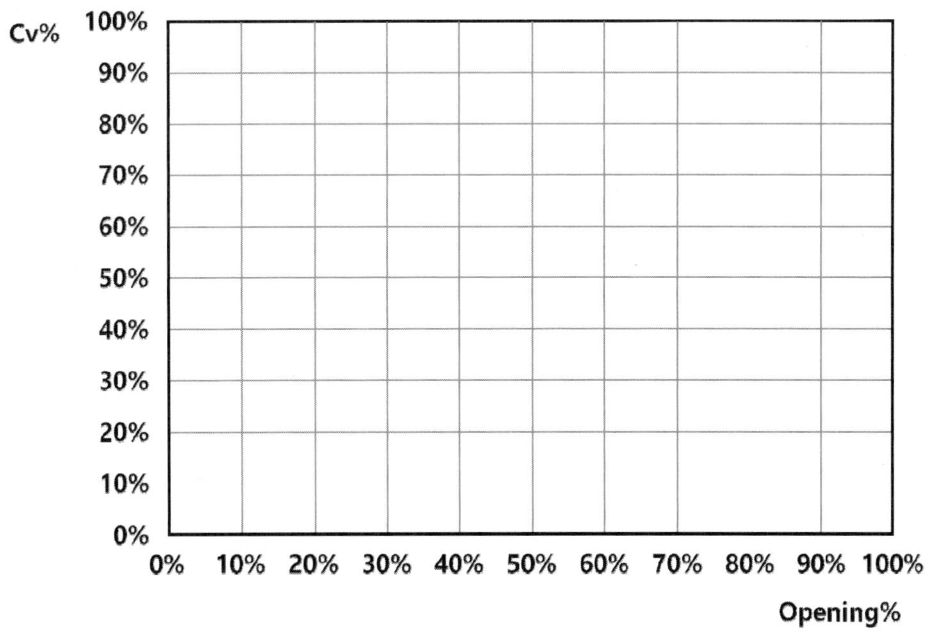

2. 마찰력 도출

밸브 유형:

- 밸브 전단: (압력) , (유량)
- 밸브 후단: (압력) , (유량)
- 마찰력:

밸브 유형:

- 밸브 전단: (압력) , (유량)
- 밸브 후단: (압력) , (유량)
- 마찰력:

밸브 유형:

- 밸브 전단: (압력) , (유량)
- 밸브 후단: (압력) , (유량)
- 마찰력:

실험 24
분리막 제조 및 성능시험

1. 개 요

대표적인 단위 분리공정인 막분리에서 기체 성분이 분리막을 투과하는 투과확산 현상과 분리막의 성능평가지표인 투과도, 선택도를 이해한다. 파우더나 비드(bead) 형태인 고분자 물질을 용매에 녹여 막의 형태로 가공하고, 이를 기체분리에 적용하여 투과도와 선택도를 도출한다.

2. 이 론

2-1. 분리막

막(membrane)은 2차원의 면을 갖는 형상의 물질이다. 넓은 범위에서는 피부, 옷, 종이 또한 막에 포함된다. 물리화학적 성질을 이용하여 대상 혼합물을 분리하는 막을 분리막이라고 하고, 고분자, 세라믹/금속, 탄소분자체 및 이들의 복합소재 등 다양한 재료가 사용된다. 특정 성분이 선택적으로 막을 투과하는 성질을 활용하여 막 소재는 혼합물의 분리 및 수처리 등의 산업분야에 널리 사용되어 왔으며, 최근 이온교환막은 배터리, 연료전지에서 전해질을 이동시키는 핵심소재로 각광받고 있다. 그림 1은 고분자 기체분리막에서 투과 메커니즘을 도시화한 것으로 기체분자는 분리막과의 상호작용에 따라 선택적으로 분리막 표면에 흡착되고, 분리막 양쪽에 존재하는 물질이동 구동력(압력, 농도 등)에 따라 분리막 내부에서 확산한 뒤, 반대편에서 탈착된다. 이에 따라 투과기체(permeate)로는 분리막과 상호작용 세기가 큰 물질이, 잔여물(residue, retentate)에는 상호작용이 작은 물질이 농축되어 얻어진다. 그러므로 분리막은 내압용기에 분리막을 설치하여 분리막 모듈을 제작하는데, 분리막 모듈의 내부는 분리막을 중심으로 투과기체와 잔여물 두 구역으로 나뉘진다. 이러한 분리막 모듈은 제조형태에 따라 평판형(flat-sheet), 나권형(spiral wound), 관형(tubular), 중공사막(hollow-fiber)으로 나뉜다(그림 2).

고분자 분리막은 제조가 용이하고, 가격이 저렴하여 가장 많이 활용된다. 먼저 파우더나 비드(bead) 형태의 고분자를 용매에 녹이고, 막의 형태를 유지하면서 용매를 제거하여 분리막을 얻는다. 용매를 제거하는 과정에서 비용매 - 고분자는 녹지 않으며, 용매와는 잘 섞이는 용액을 이용하여 제거하는 비용매유도 상분리(NIPS, Non-solvent induced phase

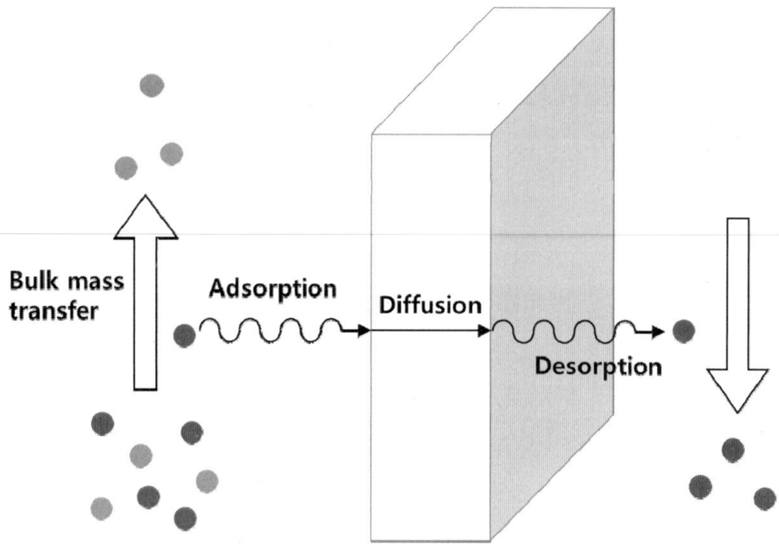

그림 1. **고분자 분리막에서 투과확산의 원리.**

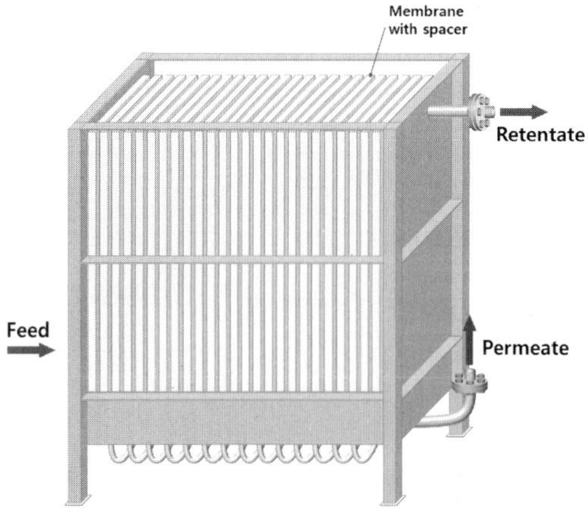

평판형(flat-sheet) 분리막 모듈

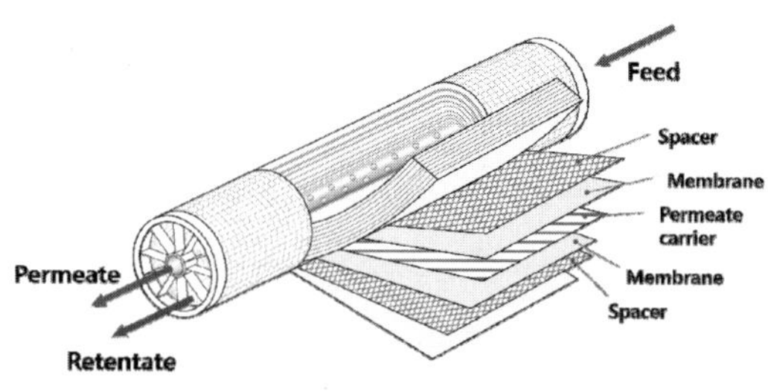

나권형(spiral-wound) 분리막 모듈

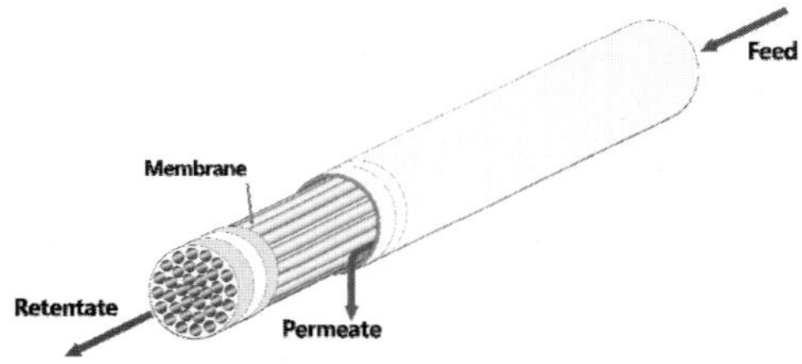

관형(spiral-wound) 분리막 모듈

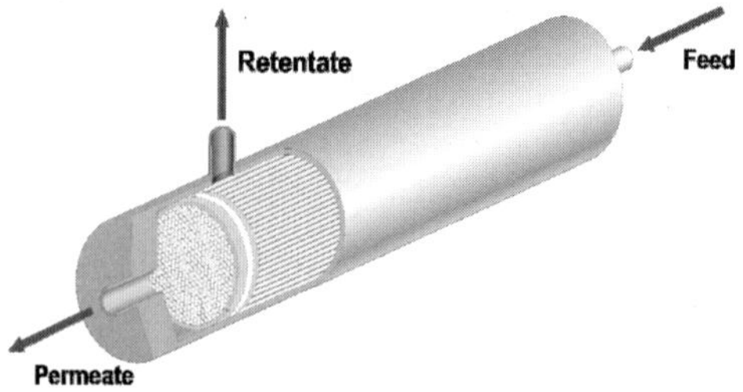

중공사막 모듈

그림 2. **분리막 모듈.**

separation) 방법과 용매를 휘발시켜 제거하는 열유도 상분리(TIPS, Thermally induced phase separation) 방법이 사용된다.

2-2. 용해·확산 분리막 투과 모델

기체성분이 분리막을 투과하는 메커니즘은 주로 용해·확산 모델로 설명한다. 그림 1에서 분리막 외부의 벌크상을 이동하는 유체 내 물질은 분리막과의 상호작용 크기에 따라 분리막 표면에 흡착되는데 이 과정을 용해 현상으로 간주한다. 흡착된 성분이 분리막 내부에서 이동할 수 있도록 분리막의 맞은 편에 구동력을 가해준다. 기체분리막의 경우 혼합물 및 잔여기체 쪽에 높은 압력을 투과기체 쪽에는 낮은 압력으로 유지해주어 압력차(부분 압력)에 의해 기체성분이 분리막을 투과하게 된다. 유사하게 투과기체 쪽에 다른 가스(sweep gas)를 흘려 투과기체 성분의 부분압력을 낮추는 방법도 있다.

정상 상태에서 투과물의 유량이 농도구배에 비례한다는 가정에서 Fick의 확산모델은 다음과 같이 표현된다.

$$J_i = -D_i \frac{dc_i}{dx}$$

여기서, J_i는 투과물 i의 확산 유량[mol/cm^2/sec], D_i는 확산 계수[cm^2/sec], C_i는 투과물 i의 농도[mol/cc], 그리고 x는 확산 거리[cm]이다. 분리막 두께 방향으로 확산계수가 일정하다는 가정에서 다음과 같은 용해확산 모델이 얻어진다.

$$J_i = \frac{Q_i}{\delta}(P_i^{in} - P_i^{out}) \tag{1}$$

여기서 Q_i는 투과율(permeability)로 $Barrer = 1\times10^{-10}\frac{cc(STP)\cdot cm}{cm^2\cdot s\cdot cmHg}$의 단위가 주로 사용되고, δ는 분리막의 두께이며, 괄호안의 농도 구배(압력 차)가 확산의 추진력으로 작용된다. 또한 우변에서 Q_i/δ를 투과도(permeance)라고 하고, 주로 $GPU = 1\times10^{-6}\frac{cc(STP)}{cm^2\cdot s\cdot cmHg}$ 단위를 사용한다. 여기서 GPU는 Gas permeation unit의 약자이다. 혼합물 성분 1, 2에 대한 투과도의 비율이 선택도(식 (2))로, 투과도와 선택도가 분리막의 대표적인 성능지표로 사용된다.

$$\alpha_{1/2} = Q_1/Q_2 \tag{2}$$

Permeability와 permeance는 가장 일반적으로 투과율, 투과도로 표현한다. 이 두 용어는 종종 혼용되거나 반대로 사용되는 경우도 더러 있다. 두 값은 모두 압력차에 대한 투과 flux의 비례관계를 의미하는데, 투과도는 투과율을 분리막의 두께로 나누어준 값이라는 차이만 있다. 투과도는 분리막의 두께를 고려하지 않고 주어진 분리막의 투과성능을 나타내는데, 두께가 서로 다른 분리막이라고 하여도 동일한 압력조건에서 같은 투과 flux를 보인다면 투과도(GPU) 값은 동일하다. 그러나 투과율은 여기에 분리막 두께가 곱해지게 되므로 두께가 두꺼운 분리막이 더 큰 값을 갖게 되며, 이는 flux가 동일한 경우 두꺼운 분리막이 보다 성능이 뛰어남을 의미한다. 특히, 식 (1)에서 분리막의 두께는 flux (좌변)의 분모항이 아니며, 투과도의 의미를 단위 두께당 통과시키는 양으로 오해하지 않도록 주의해야 한다.

2-3. 분리막 모듈의 성능

분리막 모듈에서의 혼합물 분리 공정의 개략도를 그림 3에 나타내었다. 분리막 모듈의 3개의 입출구 흐름은 각각 Feed, Permeate, Retentate이며 이들의 값은 윗첨자 F, P, R로 각각 표기하였다. 압력을 P, 유량을 F, 몰분율을 y로 나타내었고, 성분 A를 아래첨자로 표기하였다. 간단한 예시를 위해 2성분계 분리공정을 가정($Q_A > Q_B$)하자. 분리막 모듈은 사각형으로 표시하고, 그 내부를 분리막(빗금이 있는 사각형)이 두 구역으로 구획하고 있다.

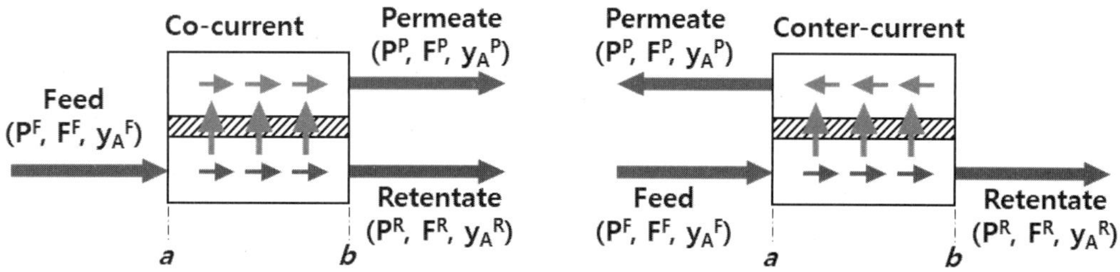

그림 3. **병류흐름 분리막 모듈 개략도.**

앞서 기술한 것과 같이 기체분리막의 경우 통상적으로 분리막 양단 간의 압력차이를 구동력으로 한다. Feed 흐름이 상대적인 고압으로 주입되고, 모듈에서의 압력강하를 무시한다면 $P^R = P^F$이다. 구동력을 만들어주기 위해 Permeate의 압력 P^P는 P^F보다 낮게 설정되어 성분 A의 투과를 위한 구동력은 $P^F y_A^F - P^P y_A^P > 0$가 된다. a지점의 경우 주입된

Feed와 거의 동일한 기체가 분리막의 Retentate 기체에 접하게 된다. 성분 A의 투과량이 더 크기 때문에 흐름 방향 z에 대한 Retentate 흐름의 A성분 농도 $y_A^R(z)$는 a에서 b로 진행될수록 점차 낮아진다. 이는 Permeate 흐름에서의 농도 $y_A^P(z)$ 또한, a에서 가장 높고, b로 진행될수록 점차 낮아진다는 것을 의미한다.

그림 4에서 Feed 및 Retentate, Permeate 흐름이 모두 동일한 이동방향을 가진 병류흐름(co-current)의 모듈을 나타내고 있고, Permeate 흐름 방향이 반대가 되면 향류흐름(counter-current)의 모듈이 된다. 병류흐름에서 $y_A^P(z)$는 투과한 기체와 $y_A^P(z-\Delta z)$의 농도를 가진 기체가 섞여서 만들어지므로 병류흐름은 Permeate 기체의 이동에 의해 구동력이 작아짐을 알 수 있다. 반면 향류흐름에서는 $y_A^P(z)$에 더 낮은 농도 $y_A^P(z+\Delta z)$를 가지는 기체가 섞이게 되어 구동력을 향상시키게 된다. 그러므로 통상적으로 향류흐름의 모듈이 더 성능이 좋은 것으로 알려져 있다.

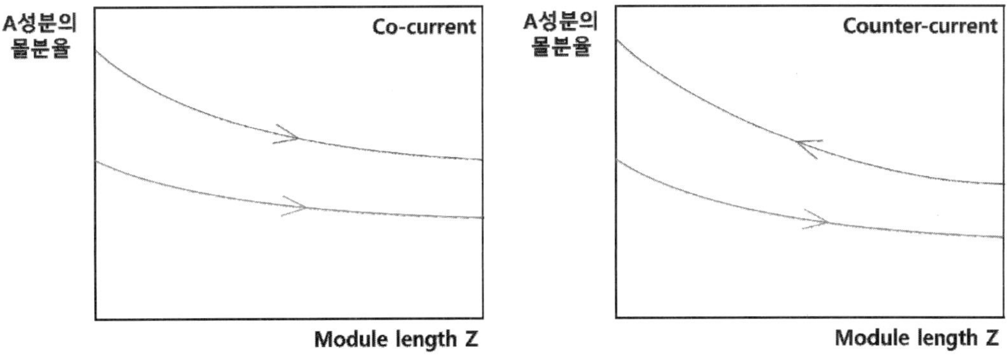

그림 4. **병류 및 향류흐름 분리막 모듈의 분리효율.**

앞서 설명한 바와 같이 선택도는 분리막 소재의 성능을 나타낸다. 그러나 분리막 모듈에서는 각 지점마다 성분별로 구동력이 달라지므로 모듈의 성능을 나타내지는 못한다. 이를 대신하여 분리막 모듈에서는 분리계수(Separation factor)나 Stage-cut과 같은 성능지표가 사용된다. 분리계수는 모든 분리공정에서 통용되는 성능지표로 분리조작에 의한 feed와 product의 농도비율을 성분 간의 비율로 나타낸다. 그림 3의 분리막 모듈에 이를 적용하여 성분 B에 대한 성분 A의 분리도를 표현하면 다음과 같다.

$$S_{A/B} = \frac{y_A^P / y_A^F}{y_B^P / y_B^F} = \frac{y_A^P / y_A^F}{(1-y_A^P)/(1-y_A^F)}$$

또한, Stage-cut은 얼마나 많은 양의 유체가 Permeate로 투과하였는가를 나타내며 다음 식과 같이 표현된다.

$$Stage-cut(\theta)=\frac{F^P}{F^F}$$

이들은 각각 분리막 모듈을 통해 대상가스를 농축한 정도와 그 생산물의 양을 나타내는 값으로 이 두 가지 성능지표가 함께 표현될 때 모듈의 성능을 정확히 표현할 수 있을 것이다.

3. 실험기구 및 시약

분리막에서 기체 혹은 액체가 투과하는 양(투과도, 투과율)은 주요한 성능지표로 통상적으로는 분리막을 얇게 제조할수록 유리하다. 그러나 막 두께가 지나치게 얇으면 쉽게 손상되어 다루기가 어려우므로 다루기에 적당한 두께를 갖도록 제조된다. 충분한 두께를 가져 그 자체로 사용될 수 있는 분리막을 free-standing 막이라고 한다. 혹은 튼튼한 지지체(support material)위에 분리막을 얇게 제조하기도 하는데 이를 복합막(composite membrane)이라고 한다. 지지체는 가스가 매우 쉽게 투과되는 다공성 구조를 가져 분리성능은 좋지 않지만 기계적으로 강도가 높은 막이다.

본 실험에서는 PVA (Polyvinyl alcohol) 혹은 PVP (Polyvinylpyrrolidone)을 free-standing 막과 복합막으로 제조하는 과정을 다루었다. Free-standing 막은 제조과정이 비교적 간단하지만 투과도가 높지 않아 투과가스의 유량측정이 어렵다. 복합막의 경우 지지체 위에 분리층을 제조하는 과정이 다소 복잡할 수 있으나 분리막 성능 측정은 용이하다. 또한, 제막과정은 실험에 참여하는 시간은 짧은 반면, 혼합, 탈기, 건조의 과정이 각각 1-2일의 긴 시간을 필요로 한다. 이에 상황에 맞추어 실험을 보완하거나 일정을 조율할 것을 권고한다. 또한, 제조한 분리막의 경우 투과도가 낮아 투과가스의 유량 측정이 어려울 수 있으므로 상용 제품을 구입하여 성능시험을 진행할 수도 있다.

3-1. 분리막 제조

1) 시약: PVA 고분자[22], 다공성 분리막 필터 (Polyvinylidene fluoride / PVDF, Poly-tetrafluoroethylene, PTFE 등) 분리막 필터[23], 증류수, petri dish[24], 알루미늄 포

22) 약 90% 수화된 고분자 사용하면 실험을 용이하게 진행할 수 있다.
23) 되도록 직경 40 mm 이상 넓은 것으로 준비한다.

일(생략 가능)

2) 실험기구: 비커, 저울, 가열자력 교반기, 초음파 세척기, 페트리 디쉬(유리판), 진공 오븐, 유리판, casting knife (doctor blade, 양 끝을 테이프로 감은 유리막대로 대체 가능(그림 5)), 버니어 캘리퍼스

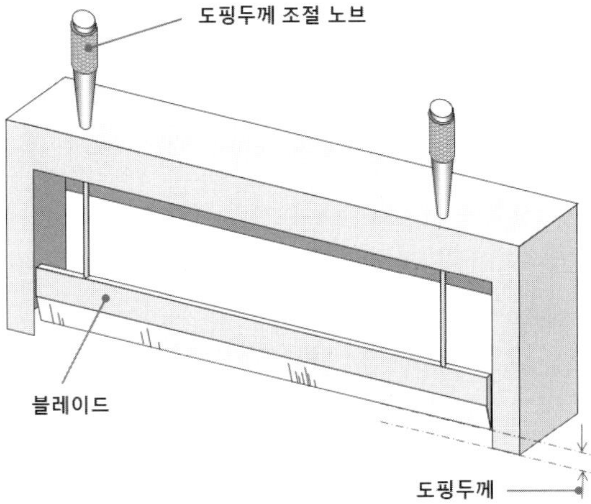

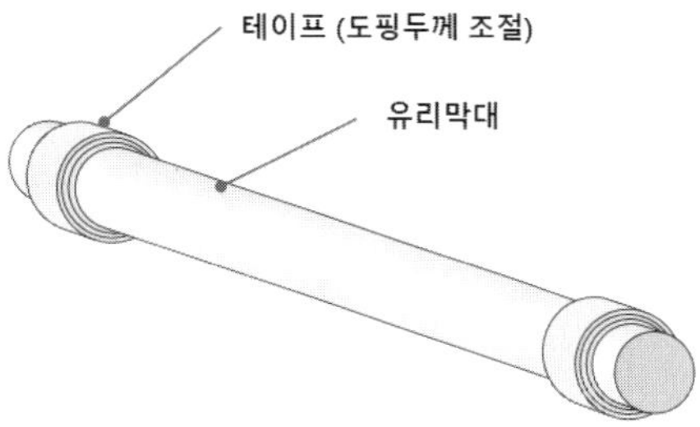

그림 5. Casting knife.

3-2. 분리막 성능시험

1) 가스 : CO_2, N_2, CH_4 등 2종 이상

2) 분리막 투과도 측정장치(그림 6)

① 각 주입가스는 압력조절기를 통해 분리막 cell로 공급된다.

② 분리막 cell (그림 7)은 상부판과 하부판이 결합되어 내부에 일정 부피를 갖는 vessel로, 이 공간은 분리막(직경 약 2-5 cm)[25]이 장착되면서 2개의 공간으로 분할된다. 분리막을 지지하는 메쉬와 내부공간이 분리막과 상부판 혹은 하부판으로 완전히 밀봉될 수 있도록 오링이 설치된다. 상부판과 하부판에는 각각 배관이 설치된다.

③ Feed 및 Retentate 가스의 압력은 가스 공급배관에 설치된 regulator로 수행하고, 가스 공급배관 혹은 분리막 cell의 상부 판에 설치된 압력계를 통해 압력을 읽을 수 있다.

③ 분리막 cell의 Permeate 가스배관에는 back pressure regulator (BPR)을 장착하여

24) 바닥이 평평한 것으로 준비한다.

25) 준비한 PVDF, PTFE 필터의 크기가 제조되는 복합막의 최대 크기로 분리막 cell은 이보다 작은 크기의 분리막이 장착될 수 있어야 한다.

Permeate 가스 압력을 조절할 수 있다. 상황에 따라 BPR을 제외하고, Permeate 가스 압력은 대기압으로 가정하거나, 압력계 및 진공펌프를 설치하여 대기압 이하의 압력을 적용할 수 있다.

④ Permeate 가스 배출관에는 유량측정 장치를 설치한다. 작은 유량의 측정을 위해 bubble flow meter의 사용을 권장하며, gas flow meter를 설치하는 경우 되도록 작은 용량의 설비를 사용한다.

4. 실험방법

4-1. 분리막 제조 (1) Free-standing 막

1) 비커에 PVA 고분자를 물과 5 wt%로 섞어 가역자력 교반기를 이용하여 90℃에서 완전히 녹을 때까지 교반한다[26]. 초음파 세척기를 사용(약 30분 이상)하여 혼합된 dope solution의 기포를 제거한다. 아래 복합막 제조에도 사용될 수 있도록 충분한 양을 제조한다[27]. 제조한 solution의 부피를 측정한다.
2) 위에서 제조한 dope solution을 유리 petri dish에 붓는다. Petri dish에 얇게 퍼진 dope solution의 높이가 약 0.3~0.1 cm가 되도록 조절하여 여러 개의 샘플을 준비한다[28]. Petri dish 바깥쪽으로 solution의 높이 위치에 눈금을 표시해둔다.
3) Dope solution이 담긴 petri dish를 상온 조건에서 4일 두어 물을 천천히 증발 시킨다. 이때 알루미늄 호일로 적당히 덮어 물의 증발을 천천히 일어나게 할 수 있다.
4) 물이 어느 정도 증발된 solution이 담긴 petri dish를 다시 진공오븐에 넣고 45℃에서 건조한다.
5) 핀셋이나 유리막대를 사용하여 제조한 분리막을 petri dish에서 떼어낸다.

4-2. 분리막 제조 (2) 복합막

1) 지지체로 사용될 다공성 분리막 필터의 두께를 버니어 캘리퍼스를 사용하여 측정한

---

26) PVA 고분자의 상태에 따라 녹이는데 필요한 시간이 달라진다. 완전히 마른 가루형태를 사용한다면 약 10시간 이상 시간이 소요되며, 90% 수화된 고분자를 사용하는 경우 1시간 정도면 완전히 녹게 된다. 수화된 고분자를 사용하는 경우 dope solution에서 수분을 제외한 고분자의 질량이 5 wt%가 될 수 있도록 계산하여 혼합하여야 한다.

27) 직경 5 cm 정도의 분리막 한 장을 만들기 위한 dope solution의 양을 약 10 ml로 생각하고 제조하도록 한다.

28) Dope solution이 이와 같이 매우 얇은 두께로 도포하는 것은 쉽지 않을 것이다. Dope solution을 붓기 전과 후의 비커 무게, petri dish의 직경, dope solution의 밀도를 측정하여 petri dish에 담긴 dope solution의 높이를 추정해보자.

다. 제품 사양에 명기된 두께를 사용할 수도 있다.

2) 유리판에 다공성 분리막 필터를 테이프를 이용하여 고정한다. 유리판과 필터 사이가 벌어지는 부분이 없도록 꼼꼼히 붙인다.

3) Free-standing 막 제조과정 1)에서 준비한 dope solution을 분리막 필터 위에 도포한다.

4) Casting knife로 밀어서 도포한 solution을 일정 두께로 만든다. 여기서 casting knife의 도포 두께는 만들고자 하는 dope solution의 두께와 지지체의 두께를 더한 만큼으로 설정한다.

5) Free-standing 막 제조의 3)~4)와 동일한 과정을 통해 건조시킨다.

4-3. 분리막 성능 측정[29)]

1) 성능시험을 위한 분리막의 두께 및 넓이, 무게를 측정한다.

2) 분리막의 투과도 측정은 복합막을 이용하여 수행한다. 제조한 복합막을 분리막 cell에 장착되는 크기로 자른다.

3) 준비된 측정장치(그림 6) 내 분리막 cell에 제조된 분리막을 장착하고, 분리막 cell을 측정장치에 연결한다. 모든 가스 배관에 설치된 밸브를 잠그고, 측정하고자 하는 가스봄베의 상단 밸브를 연다. 봄베에 연결된 regulator를 이용하여 측정하고자 하는 압력보다 약 0.5 bar정도 높게 설정한다. 측정 가스가 연결된 배관의 밸브를 연다. 압력계를 확인하면서 통합배관의 regulator를 천천히 열어 측정하고자 하는 압력이 되도록 조절한다. 압력이 과도하게 올라갔다면 레귤레이터를 잠그로 vent로 연결된 valve을 열어 압력을 낮춘다.

4) 투과가스의 유량을 측정한다. 압력을 변화시켜가며 이에 따른 유량을 측정한다.

5) 가스를 바꾸어 위 2)~3)의 과정을 반복한다.

6) 각기 다른 두께의 분리막을 장착하고 위 2)~4)과정을 반복하여 사용하여 투과도 측정을 실시한다.

29) 성능시험 장치의 배관 및 밸브의 종류와 연결에 대하여 실험 21의 "실험장치 구성을 위한 피팅과 튜빙 실습"을 참고할 수 있다.

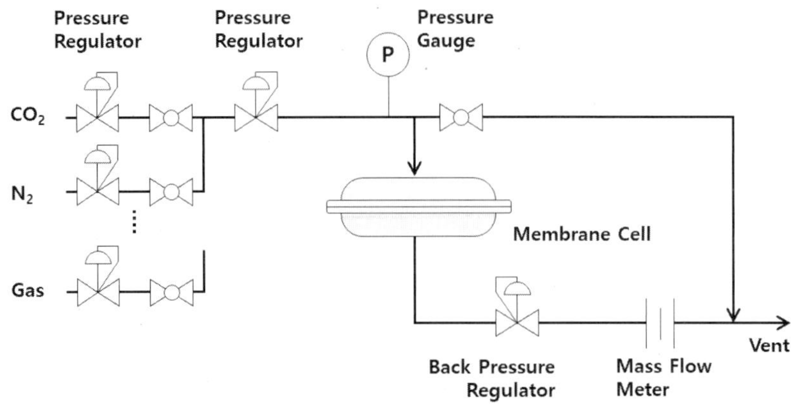

그림 6. 분리막 성능측정 장치 구성.

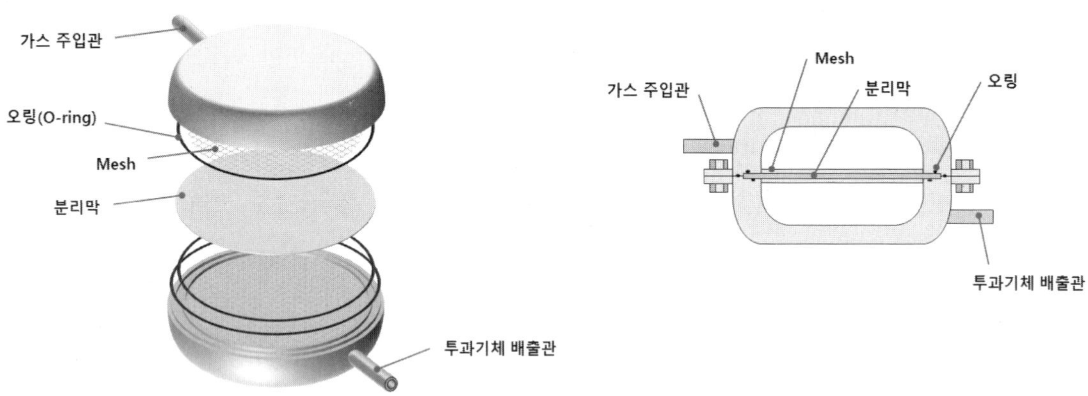

그림 7. Membrane cell 구성.

5. 결 과

1) 투입된 PVA와 물의 질량과 측정한 부피를 토대로 dope solution의 밀도를 구한다.
2) 제조된 분리막을 disc 형태로 가정하여 밀도를 구한다. 분리막 형태가 일정하지 않은 경우 원형 혹은 사각형으로 잘라 두께, 넓이, 무게를 측정함으로써 밀도를 구할 수 있다.
3) 식 (1)을 이용하여 적용한 sample에 대해 가스별, 압력별 투과율과 투과도를 구한다. 각 가스에 대해 측정한 압력별 투과도를 평균내어 투과도를 산정한다. 이때 사용된 분리막의 넓이는 분리막 cell에서 주입 가스와 닿는 부분의 넓이로 산정한다.

4) 가스 성분 간 투과도 값으로부터 선택도를 도출한다(식 (2)). 투과량이 큰 가스가 선택성이 있는 물질이므로 해당가스의 투과도를 분자로 두어 선택도가 1 이상이 되도록 한다.

6. 토 론

1) 기체분리막에서는 투과도와 선택도 간의 trade-off가 존재한다. 즉, 투과도가 높으면 선택도가 낮고, 반대로 선택도가 높으면 투과도가 낮다. 기체의 투과확산원리를 이용하여 이유를 설명해보자.
2) Dope solution을 유리판에 casting 할 때의 두께와 제조된 분리막의 두께를 비교해보자. 또한 PVA의 밀도 1.19 g/cm^{3}을 이용하여 투입된 PVA 질량으로부터 유추되는 분리막의 두께와 제조된 분리막 두께를 비교해보자. 이들 간에 차이가 생겨난 이유에 대해 논의해보자.
3) 만약 분리막을 두껍게 혹은 얇게 만들고 싶다면 dope solution의 농도와 casting하는 두께를 어떻게 조절하면 좋을지 생각해보자.

7. 참고문헌

1) Narkkun, T., Boonying, P., Yuenyao, C. and Amnuaypanich, S., "Green Synthesis of Porous Polyvinyl Alcohol Membranes Functionalized with L-Arginine and Their Application in the Removal of 4-Nitrophenol from Aqueous Solution", J. Appl. Polym. Sci., 136(31), 47835(2019).
2) Huang, Y. Huang, Q.-L., Liu, H., Zhang, C.-X., You, Y.-W., Li, N.-N. and Xiao, C.-F., "Preparation, Characterization, and Applications of Electrospun Ultrafine Fibrous PTFE Porous Membrane", J. of Memb. Sci., 523, 317-326 (2017).

Data Sheet

실험제목: 분리막 제조 및 성능시험

강좌번호: 실험조: 조장: 확인:

실험일: 년 월 일

실내온도:

1. Free-standing PVA 막

	항목	단위	Sample #1	Sample #2	Sample #3
Dope solution	PVA 질량	g			
	H_2O 질량	g			
	총 부피	ml			
	밀도	g/ml			
Casting	투입 질량 투입 부피	g ml			
	Petri dish 넓이	cm^2			
	Doping 두께	cm			
분리막	두께	μm			
	넓이	cm^2			
	부피	cm^3			
	질량	g			
	밀도	g/cm^3			

2. Composition 막

	항목	단위	Sample #1	Sample #2	Sample #3
Dope solution	PVA 질량	g			
	H_2O 질량	g			
	총 부피	ml			
	밀도	g/ml			
Casting	Doping 두께a	μm			
분리막	두께a	μm			
	넓이	cm^2			
	부피	cm^3			
	질량	g			
	밀도	g/cm^3			

a 지지체를 제외한 dope solution / 분리층의 두께

3. 복합막 분리성능

Sample 정보		분리막 이름	두께[a]	면적[b]	
			μm	cm^2	
투과도 결과		가스 1:	가스 2:	가스 3:	가스 4:
주입 압력	cmHg				
투과 압력	cmHg				
투과 유량	cc(STP)				
투과율	barrer				
투과도	GPU				
선택도	-	α / =			

Sample 정보		분리막 이름	두께[a]	면적[b]	
			μm	cm^2	
투과도 결과		가스 1:	가스 2:	가스 3:	가스 4:
주입 압력	cmHg				
투과 압력	cmHg				
투과 유량	cc(STP)				
투과율	barrer				
투과도	GPU				
선택도	-	α / =			

Sample 정보		분리막 이름	두께[a]	면적[b]	
			μm	cm^2	
투과도 결과		가스 1:	가스 2:	가스 3:	가스 4:
주입 압력	cmHg				
투과 압력	cmHg				
투과 유량	cc(STP)				
투과율	barrer				
투과도	GPU				
선택도	-	α / =			

a 지지체를 제외한 분리층의 두께
b 투과도 측정 시 가스와 접촉하는 분리막의 면적

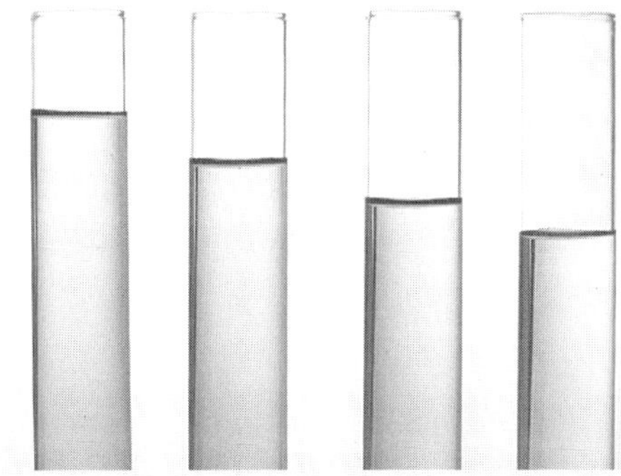

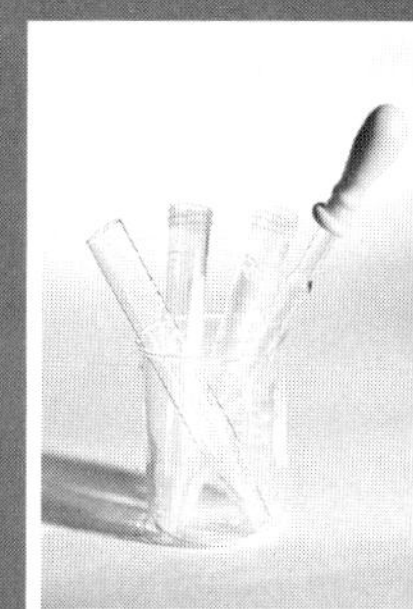

IV. 부록

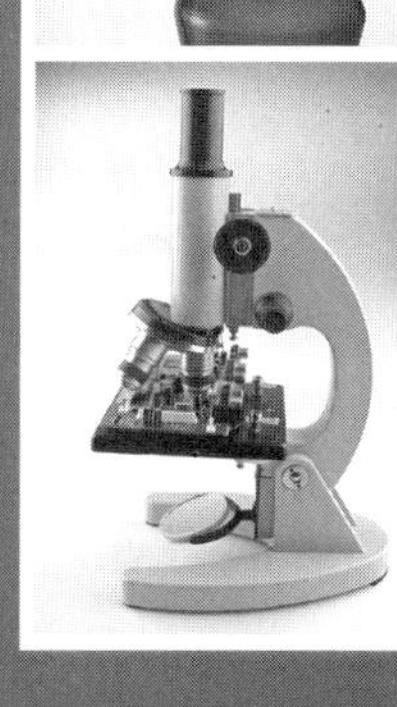

부록 1
실험보고서 작성법

1. 표 지

실험 제목, 학교, 학과, 학번, 작성자 이름, 담당 교수, 담당 조교, 실험 날짜와 제출 날짜 등을 적는다.

2. 실험 제목 & 실험 목적

제목은 교재에 있는 실험 제목을 쓰며, 실험 목적은 교재에 나와 있는 내용을 보고 실험에서 얻고자 하는 것이 무엇인지 쓰고 자신만의 목적을 기술한다. 자신만의 목적(예: 실험장치 개선 제안, 관찰력 훈련 등)을 기술하게 되면 개인 맞춤형 실험이 되기 때문에 실험에 집중할 수 있고 더 많은 것을 얻게 된다.

3. 실험 이론

실험과목에서는 제시된 문제를 해결하기 위하여 과학적 지식체계로 문제 정의를 한 후 구체적인 결론을 도출하기 위해서는 어떻게 실험장치를 설계하고 어떤 자료를 획득(data collection)하고 분석(data analysis)하는지를 배운다. 따라서 보고서의 실험 이론에는 실험과목에서 주어진 문제를 해결하는 데 필요한 과학적인 원리와 이론식, 그리고 의미 등을 작성한다. 이론을 통해서 실험 원리를 이해하게 되면 실험장치는 어떻게 설계되었으며 실험장치로부터 어떤 자료를 획득해야 하는지와 획득된 자료를 어떻게 가공해서 결론을 도출하는지를 알게 된다. 문제해결을 위해서 실험과정에서 어떤 자료를 얻어야 할 것인지는 그 실험에서 배워야 할 이론을 이해하고 있어야만 가능하다. 실험 이론은 교재의 내용을 요약하거나 인터넷이나 참고서 등에서 발췌할 수 있다.

4. 실험기구 및 실험방법

예비보고서에서는 실험기구의 개략도와 흐름도를 손으로 그려서 제출하고, 결과 보고서에는 실제로 자신이 사용한 실험기구를 구체적으로 쓰며, 실험장치 사진을 첨부한다. 실험방법에서는 실험과정을 차례대로 자세히 기술하되, 가능하다면 흐름도를 사용해서 전체 내용을 한눈에 볼 수 있도록 한다. 이때 실험 진행 과정에 대한 사진을 첨부하면 더 좋다.

만약 교재에 있는 실험방법과 다른 실험을 진행한 경우 결과보고서에는 직접 진행한 실험 방법을 기술한다.

5. 자료 획득

실험하면서 획득한 자료는 교재에서 주어진 Data Sheet에 기록한다. Data sheet에는 명시된 단위(unit)를 기반으로 기재하고, 단위를 주지 않았다면 사용한 단위를 기재한다.

6. 실험 결과

예비보고서에서는 예상되는 실험결과를 그래프에 스케치한다. 결과보고서에서는 획득한 자료를 이론을 활용하여 분석하여 결과를 도출한다. 이 과정을 자료분석(Data Ananlysis) 라고 한다. 측정한 값을 대표하는 평균값, 편차와 오차를 계산하고 유효숫자 자릿수를 사용하여 무의미한 숫자를 나열하지 않도록 한다. 일반적으로는 계산 도중에는 유효숫자보다 한두 자리 더 취하여 계산하고 최종 결과에서 반올림한다. 표나 그래프를 그릴 때가 있는데 축제목, 단위, 캡션 등을 자세히 기록한다.

7. 결론

결론에서는 이 실험의 목적은 무엇이며, 어떤 방법을 사용했고 그 결과는 무엇인지 등의 실험 전체 과정 및 결과를 기술한다. 또한, 결과에 대한 물리적 의미를 부여하고 고찰하면서, 실험 오차를 분석하고 그의 원인을 서술한다. 또한, 오차의 원인이 이론의 어떤 가정으로부터 기인하는지를 토의하고 장치를 개선하거나 이론을 확장할 방법에 대해 제안을 하면서 비판적인 사고를 훈련한다. 고찰에서는 실험의 목적과 자신의 개인적인 목적이 달성했는지를 검토하고 기술하며, 실험과정에서 어려웠던 점 등을 서술할 수 있다.

8. 참고문헌 및 출처

실험보고서를 작성하면서 참고한 서적 또는 인터넷 자료들을 참고문헌 표기 방법에 맞게 기록한다.

화학공학회 참고문헌 작성예

[1] Reid, R. C., Prausnitz, J. M. and Sherwood, T. K., The Properties of Gases and Liquids, 3rd ed., McGraw-Hill, New York, NY(1977).

순서: 저자명, 서적제목, 판차, 발행사, 발행지 (발행년도)

[2] Amstrong, D. W., "Bonded Phase Material for Chromatographic Separation," U.S. Patent No. 4, 539, 399(1985).

순서: 저자명, "특허명", 특허국, 특허등록번호(년도)

[3] Ban, H. S., Chang, S. H. and Ahn, W. S., "Alkylation of Toluene with Ethanol over a Ti-ZSM-5 Catalyst," Korean J. Chem. Eng.,40(2), 139-145(2002).

순서: 저자명, "논문제목", 저널명, 권(편), 시작쪽-끝쪽(년도)

[4] Lee, Y. W., "Pattern Formation and Convective Heat Transfer during Dendritic Crystal Growth," Ph.D. Dissertation, Rensselaer Polytechnic Institute, Troy, New York(1991).

순서: 저자명, "학위논문제목", 학위명 Dissertation, 학교명, 도시명, 국가명(년도),

[5] Hutchings, G. J. and Scurrell, M. S., in E. E. Wolf(Ed.), Methane Conversion by Oxidative Processes: Fundamental and Engineering Aspects, Van Nostrand Reinhold, New York, 200-249(1992).

순서: 저자명, in 편집자명(Ed.), 책제목:소제목, 출판사, 도시명, 시작쪽-끝쪽(년도)

[6] Jeon, M. H., Kim, H. S. and Choi, S. I., "Study on the Remediation of Pesticide-contaminated Soil Using in-situ Flushing," Spring Conference on Environmental Engineering, May, Seoul(2001).

순서: 저자명, "제목", 컨퍼런스명, 월, 장소(년도)

[7] http://www.aist.go.jp/RIODB/db030/hy/estimate.html

부록 2
물질안전보건자료(MSDS)의 검색과 활용

1. 물질안전보건자료(MSDS)란?

물질안전보건자료(material safety data sheet, 이하 MSDS)는 화학제품을 안전하게 사용하고 관리하기 위해서 필요한 정보를 기재한 서류이다. 화학물질의 유해성, 위험성 정보, 사고시 응급조치 요령, 취급방법 등을 비롯한 16가지 항목들로 구성되어 있다. 구체적인 내용은 본 부록에서 설명하고 있으며, 더욱 구체적인 내용은 국가법령정보센터(https://www.law.go.kr/)에서 『고용노동부고시 제 2020-130호(2020년 11월 12일), 화학물질의 분류·표시 및 물질안전보건자료에 관한 기준』을 검색하여 확인할 수 있다.

대부분의 경우 화학공학 및 관련학과에서 수학하는 학부생들은 실험실에서 시약을 구입하면 동봉되어 오는 서류로서 MSDS를 처음 접하게 된다. 대부분의 학부 기초실험 및 합성·공정실험에서 다루는 화학물질은 이미 한국산업안전보건공단의 물질안전보건자료시스템(Korea MSDS System (KMS))에 MSDS가 등재되어 있다. 화공기초실험 또는 기타 학부실험들을 수강하는 학부생들은 일차적으로 화학제품의 사용자이기 때문에 실험하는 데 사용되는 화학물질들의 MSDS의 각 항목들을 이해하고 숙지하여, 실험 중 발생할 수 있는 화학물질 관련 사고를 예방하고, 사고발생시 적합한 조치를 취할 수 있으면 충분하다. 따라서 본 부록에서는 학부생들이 MSDS를 검색하고 필요한 정보를 습득할 수 있는 요령을 주로 다룬다.

다만 졸업 후 대학원 및 국가·기업연구소나 화공관련업계에 종사하게 되면 새롭게 개발되는 화학물질 및 제품을 제조, 거래, 수입하는 실무에 관여하게 된다. 해당 업무를 안전하고 적법하게 수행하기 위하여 화공엔지니어는 MSDS의 작성 및 제출과 관련한 업무구조 또한 숙지하고 있어야 한다. MSDS의 작성과 제출에 대한 내용은 본 실험교재의 범주를 넘어서므로 본 부록에서는 생략한다.

2. MSDS의 검색 및 열람

검색하고자 하는 물질의 관용명(또는 영문명) 또는 CAS 등록번호[30]를 알고 있다면 MSDS를 확보하고 열람하는 것은 어렵지 않다. 먼저 한국산업안전보건공단 화학물질정보

30) Chemical Abstracts Service (CAS) Registry Number, 화학종들을 구분하기 위하여 미국화학회의 CAS분과에서 부여한 5~10자리의 고유번호.

페이지(https://msds.kosha.or.kr/MSDSInfo/, 그림 1)에서 이미 여러 사용자에 의해 등록된 총 2만여 종[31]의 등록된 MSDS를 검색할 수 있다. 사용자는 상기 화학물질정보 데이터베이스에서 관용명(예: 메탄올, 빙초산 등) 또는 CAS 번호를 이용해 원하는 물질의 MSDS를 확인할 수 있다. 또한 단순히 Google이나 Bing 등 다양한 검색엔진에 '물질명+MSDS'를 검색함으로써 여러 국내·외 화학제품을 생산하는 회사가 웹상에 업로드한MSDS자료를 다운로드 하는 방법으로도 원하는 물질의 MSDS를 확보하고 열람할 수 있다. 학생 단계에서 MSDS를 검색하고 열람하는 경험이 많이 쌓여 각각의 구성 항목들의 내용에 익숙해지면 실제로 작성을 해야 하는 실무를 담당했을 때 어렵지 않게 해낼 수 있다.

그림 1. 한국산업안전보건공단의 물질안전보건자료 시스템 (Korea MSDS System, KMS) 홈페이지 갈무리(https://msds.kosha.or.kr/).

3. MSDS의 구성요소

MSDS의 내용은 총 16가지의 구성요소로 이루어져 있다. 그 내용은 『고용노동부고시 제2020-130호, 제 4장, 제 10조 '작성항목'』에서 정하고 있다. 각 16개 항목은 누락되는 사항 없이 빠짐없이 작성되는 것이 원칙이다. 단, 정보를 구할 수 없는 경우에는 "자료 없음"이, 적용이 불가능하거나 대상이 되지 않는 경우에는 "해당 없음"이 적혀 있다. 해당 16개 항목의 내용은 세계 공통으로 기준으로 삼고 있는 UN에서 설정한 GHS(Globally Harmonized System) 체계에 근거하고 있다. 따라서 MSDS를 작성한 국가가 다르더라도 물질이 동일하다면 MSDS는 동일한 정보를 담고 있다고 할 수 있다. MSDS를 구성하는 16개의 항목은 다음과 같다.

31) 2022년 4월 9일 현재 기준.

1. 화학제품과 회사에 대한 정보
2. 유해성과 위험성
3. 구성성분의 명칭 및 함유량
4. 응급조치 요령
5. 폭발, 화재시 대처 방법
6. 누출 사고시 대처 방법
7. 취급 및 저장 방법
8. 노출 방지 및 개인 보호구
9. 물리화학적 특성
10. 안정성 및 반응성
11. 독성에 관한 정보
13. 폐기 시 주의사항

화공기초실험을 수행하는 학부생의 입장에서는 주로 실험안전을 위하여 MSDS를 열람한다. 사용자의 입장에서는 화학물질을 취급할 때 주의할 사항들이나 실험 후 안전한 폐기 요령과 같은 정보를 습득하는 것이 목적이기 때문에 16개 항목 모두를 읽을 필요는 없다. 이와 같은 경우에는 '2. 유해성과 위험성', '3. 구성성분의 명칭 및 함유량', '4. 응급조치 요령', '5. 폭발, 화재시 대처 방법', '6. 누출 사고시 대처 방법', '7. 취급 및 저장 방법', '8. 노출 방지 및 개인 보호구', '9. 물리화학적 특성', '10. 안정성 및 반응성', '11. 독성에 관한 정보', '13. 폐기 시 주의사항'에서 유용한 정보를 주로 획득할 수 있다.

본 부록에서는 MSDS의 구성요소를 '실험실에서 흔히 접할 수 있는 진한 염산 수용액(hydrochloric acid 20%)'의 MSDS를 예시로 하여 알아보도록 한다. 염산은 기체 상태의 순물질 염화수소(hydrogen chloride)를 물에 녹인 염화수소 수용액을 일컫는다. 염화수소는 산업적으로 염화나트륨을 전기분해하는 클로르알칼리 공정(chlor-alkali process)을 통해 얻은 염소(Cl_2)를 수소(H_2)와 반응시켜 얻는다. 수용액에서 산해리도가 100%에 가까운 강산으로 값싸고 다루기 편리하여 다양한 유·무기화학 관련 공정에 사용되며, 기초실험과 같은 실험 및 실습에도 자주 사용된다. 다만 휘발성이 강한 강산이므로 반드시 퓸 후드와 같은 장소에서 적절한 보호구를 착용하고 주의깊게 다루어야 한다. 본 부록에서는 화합물을 다루는 사용자가 안전 측면에서 주로 참고하게 되는 6개 항목('1. 기본정보', '2. 유해성과 위험성', '4. 응급조치 요령', '5. 폭발, 화재시 대처 방법', '6. 누출 사고시 대처 방법', '8. 노출 방지 및 개인 보호구')에 대한 설명을 이하와 같이 기술하고 있다.

3-1. 화학제품과 회사에 대한 정보

물질안전보건자료
염산(hydrochloric acid, 20%)

1. 화학제품과 회사에 대한 정보

가. 제품명: 염산 (20%)

나. 제품의 권고 용도: 원료 및 중간체, 다양한 공정 보조제, pH 조절제, 환원제, 세정 및 세척제
사용상의 제한 : 권고 용도 이외에 사용하지 마시오.

다. 제조자/공급자 정보
○○화학주식회사 / ○○도 ○○시 ○○로 ○○○
(TEL: 000-000-0000 / FAX: 000-000-0000)
작성자 ○○화학주식회사 기획팀 (000-000-0000)

MSDS의 첫 번째 항목인 '1. 화학제품과 회사에 대한 정보'에서는 화학제품과 그를 제조하고 공급한 회사에 대한 정보와 화학제품의 권고 용도가 쓰여 있다.

3-2. 유해성과 위험성

2. 유해성과 위험성

가. 유해성·위험성 분류

1) 물리적 위험성
금속부식성 물질 : 구분 1

2) 건강 유해성
급성 독성(경구) : 구분 3 / 급성 독성(흡입: 분진/미스트) : 구분 3
피부 부식성/피부 자극성 : 구분 1A / 심한 눈 손상성/눈 자극성 : 구분 1
발암성 : — / 생식세포 변이원성 : —
특정표적장기 독성(1회 노출) : 구분 3(호흡기계 자극)

3) 환경 유해성 - 분류되지 않음

나. 예방 조치 문구를 포함한 경고 표지 항목

1) 그림문자 :

2) 신호어 : 위험

3) 유해·위험 문구
H290 금속을 부식시킬 수 있음

H301 (경구)삼키면 유독함 / H314 피부에 심한 자극과 눈에 손상을 일으킴

H318 눈에 심한 손상을 일으킴 / H331 (가스)흡입하면 유독함

H335 호흡기계 자극을 일으킬 수 있음

4) 예방조치 문구

예방:

P234 원래의 용기에만 보관하시오.

P260 분진/흄/가스/미스트/증기/스프레이를 흡입하지 마시오.

P261 분진/흄/가스/미스트/증기/스프레이를 흡입을 피하시오.

P264 취급 후에는 취급 부위를 철저히 씻으시오.

P270 이 제품을 사용할 때에는 먹거나, 마시거자, 흡연하지 마시오.

P271 옥외 또는 환기가 잘 되는 곳에서만 취급하시오.

P280 보호장갑/보호의/보안경/안면보호구를 착용하시오.

대응:

P301+P310 삼켰다면 즉시 의료기관(의사)의 도움을 받으시오.

P301+P330+P331 삼켰다면: 입을 씻어내시오. 토하게 하지 마시오.

P303+P361+P353 피부(또는 머리카락)에 묻으면: 오염된 모든 의류를 즉시 벗으시오. 피부를 물로 씻으시오 [또는 샤워하시오].

P304+P340 흡입하면: 신선한 공기가 있는 곳으로 옮기고 호흡하기 쉬운 자세로 안정을 취하시오.

P305+P351+P338 눈에묻으면: 몇 분간 물로 조심해서 씻으시오. 가능하면 콘텍트렌즈를 제거하시오. 계속 씻으시오.

P310 즉시 의료기관/의사의 진찰을 받으시오.

P311 의료기관/의사의 진찰을 받으시오.

P312 불편함을 느끼면 의료기관/의사의 진찰을 받으시오.

P321 응급처치를 하시오.

P330 입을 씻어내시오.

P363 다시 사용 전 오염된 의류를 세척하시오.

P390 물질손상을 방지하기 위해 누출물을 흡수시키시오.

저장:

P403+P233 용기는 환기가 잘 되는 곳에 단단히 밀폐하여 저장하시오.

P405 밀봉하여 저장하시오.

P406 금속부식성 물질이므로 제조자 또는 행정관청에서 정한 내부식성 용기 등에 보관하시오.

폐기:

P501 관련 법규에 명시된 내용에 따라 내용물·용기를 폐기하시오.

다. 유해성·위험성 분류기준에 포함되지 않는 기타 유해성·위험성

NFPA 지수 : 

MSDS의 두 번째 항목인 '2. 유해성과 위험성'에는 화학물질의 물리적 위험성, 건강 및 환경 유해성 등이 요약되어 기재되어 있다. 해당 화학물질이 부식성인지, 폭발성인지, 발암위험이 있는지, 돌연변이 유발물질인지 등을 확인할 수 있다.

본 항목은 GHS에서 공표한 표준 기호 체계에 기반하여 기재되어 있다. 유해 및 위험성을 나타내는 그림문자는 GHS 픽토그램을 사용한다. 유해·위험 문구는 GHS의 위험성보고 분류기호를 사용한다. H200번대는 물리화학적인 위험성을, H300번대는 건강 유해성을 나타내며, H는 Hazard의 약자이다. 예방조치 문구는 GHS의 예방보고 분류기호를 사용한다. P200번대, P300번대, P400번대, P500번대는 각각 예방(prevention), 대응(response), 저장(storage), 폐기(disposal)에 관한 조치사항을 나열하고 있다.

3-3. 응급조치 요령

4. 응급조치 요령
가. 눈에 들어갔을 때:
- 눈을 문지르지 마시오.
…(후략)…
나. 피부에 접촉했을 때:
- 오염된 의복 및 신발을 벗고 즉시 적어도 15분 동안 비누와 물로 씻어내시오.
…(후략)…
다. 흡입했을 때:
- 즉시 의료기관(의사)의 진찰을 받으시오.
…(후략)…
라. 먹었을 때:
- 삼켰다면 즉시 의료기관(의사)의 진찰을 받으시오.
…(후략)…
마. 기타 의사의 주의사항:
- 오염상황을 의료관계자에게 알려 그들도 적절한 보호조치를 취하도록 하시오.
- 저복·흡입하여 생긴 증상은 지연될 수 있음.

MSDS의 네 번째 항목인 '4. 응급조치 요령'은 반드시 숙지해야 하는 항목이다. 불의의 사고로 사용자의 신체가 해당 화학물질과 접촉하였을 때 취해야 하는 응급조치 요령들이 나열되어 있다.

3-4. 폭발, 화재시 대처방법

5. 폭발, 화재시 대처방법
가. 적절한 (및 부적절한) 소화제:
1) 적절한 소화제 : 이산화탄소, 건조모래 등
2) 부적절한 소화제 : 자료없음
3) 화재진압수는 나중 처리가 필요하므로 둑이나 저장용기를 활용하여 조치하여 흘려보내지 마시오.
나. 화학물질로부터 생기는 특정 유해성:
- 금속을 부식시킬 수 있음.
…(생략)…
다. 화재 진압 시 착용할 보호구 및 예방조치:
- 구조자는 적절한 보호구를 착용하시오.
…(생략)…

MSDS의 다섯 번째 항목인 '5. 폭발, 화재시 대처방법' 또한 반드시 숙지해야 하는 항목이다. 해당 화학물질로 인하여 화재가 발생하거나 다른 요인으로 화재가 발생하였는데 화재현장에 해당 화학물질이 있는 경우 어떻게 조치해야 하는지 기재되어 있다. 해당 화학물질로 인하여 화재가 발생하였을 때 사용할 수 있는 소화 방법과 사용하면 안 되는 소화 방법에 대해서도 적혀 있다.

3-5. 누출사고시 대처방법

6. 누출사고시 대처방법
가. 인체를 보호하기 위해 필요한 조치사항 및 보호구
- 분진·흄·가스·미스트·증기·스프레이의 흡입을 피하시오.
…(생략)…
나. 환경을 보호하기 위해 필요한 조치사항
- 수로, 하수구, 지하실, 밀폐공간으로의 유입을 방지하시오.
다. 정화 또는 제거방법
- 물질손상을 방지하기 위해 누출물을 흡수시키시오.
…(생략)…

MSDS의 여섯 번째 항목인 '6. 누출사고시 대처방법' 또한 반드시 숙지해야 하는 항목이다. 해당 화학물질이 실험용기나 저장용기 밖으로 유출되어 흘러나왔을 때 사용자가 조치할 수 있는 사항들, 사용자가 스스로를 지키기 위해서 할 수 있는 조치들, 그리고 누출사고를 수습할 때 주의사항 등에 대해서 기재되어 있다.

3-6. 노출 방지 및 개인 보호구

8. 노출 방지 및 개인 보호구

가. 화학물질의 노출 기준, 생물학적 노출기준 등

○ 국내규정: TWA 1 ppm; STEL 2 ppm

○ OSHA 규정: Ceiling 5 ppm, Ceiling 7 mg/m^3

…(후략)…

나. 적절한 공학적 관리

○ 격리 또는 충분한 배기로 공기 중 농도를 일정 이내로 제한하는 공학적 관리를 하시오.

○ 이 물질을 저장 또는 사용하는 설비에서 세안설비 등의 안전설비를 갖추시오.

다. 개인 보호구

1) 호흡기보호 :

- 전면형 산성 흄용 방독마스크 이상을 착용하시오.

2) 눈 보호

- 밀폐형 보안경을 착용하시오.
- 근로자가 접근이 용이한 위치에 샤워식 긴급세척시설 및 세안설비를 설치하시오.

3) 손 보호

- 적합한 내화학성 장갑을 착용하시오.

4) 신체보호

- 화학물질용 보호복 3 또는 4형식(전신) 이상을 착용하시오.

MSDS의 여덟 번째 항목인 '8. 노출 방지 및 개인 보호구'에는 화학물질의 인체독성을 최소화하기 위해서 관리자가 취할 수 있는 조치 및 사용자가 스스로를 지키기 위해서 착용할 수 있는 적합한 개인 보호구가 기재되어 있다.

4. 참고문헌

1) 법률 제18180호『산업안전보건법』(2021. 5. 18.)

2) 고용노동부고시 제2020-130호『화학물질의 분류·표시 및 물질안전보건자료에 관한 기준』(2021. 11. 12.)

3) 고용노동부/산업안전보건공단 '2020-산업안전보건연구원-613'

4) 국립환경과학원고시 제2021-104호『화학물질의 분류 및 표시 등에 관한 규정』(2021. 12. 28.)

5) 한화솔루션 MSDS "염산(20%)"

부록 3
품질관리(QA/QC)

1. 분석방법의 검증지침에 대한 소개

품질관리(QA/QC, quality assurance/quality control)는 통상적으로 제조공정에서 제품의 품질을 보장하고, 경제적으로 생산하는 방법을 말한다. 이를 통해 품질을 향상시키거나 일정 수준 이상으로 유지하고 제품의 출하를 결정하며 작업표준을 규정한다. 실험 중 분석에서도 적절한 검증을 통해 분석결과에 대한 신뢰도를 높일 수 있는데 많은 연구에서 의약품국제조화위원회(ICH, The International Council for Harmonisation of Technical Requirements for Pharmaceuticals for Human Use)의 권고사항이 검증절차로 통용되고 있다. ICH는 1990년 발족하여 25년간 품질 및 안정성 등 70종이 넘는 지침을 개발해왔다. EU, 미국, 일본 등 여러 국가가 ICH에 가입하여 신약개발 및 심사에 이를 적용하고 있으며 우리나라는 2015년 11월에 가입하였다. 분석방법과 관련하여 ICH에서는 "분석방법의 검증을 위한 지침(Validation of analytical procedure, 코드번호 Q2)"을 제공하고 있다. 상기 문서를 기반으로 화공실험에 적용될 수 있는 분석방법의 검증지침에 대해 소개한다[32].

2. 품질보증의 기본사항

품질보증 및 검증지침에는 다음과 같은 용어들이 대표적으로 사용된다.

- 명세서(specification): 시료의 채취 요건, 정확도와 정밀도, 선택성 등 품질관리를 위한 가이드
- 가양성(false positive)과 가음성(false negative): 검출한계에 따른 오차를 %로 나타내는 척도로 실제보다 큰 값으로 분석될 확률을 가양성, 낮게 분석될 확률을 가음성이라고 한다.
- 선택성(selectivity): 시료의 다른 화학종으로부터 분석물질을 식별하는 능력
- 감도(sensitivity): 분석물질의 농도변화에 신뢰가능하게 감응하는 능력

32) Q2 문서는 1993년에 초기버전을, 2005년에 개정1(R1)을 발표하였으며, 식약처의 해설서는 이를 기반으로 하고 있다. 현재 일부사항에 대해 개정2(R2)가 진행 중으로 본 저자는 발표된 개정2의 제안사항이 보다 포괄적인 검증방법을 포함하고 있다고 판단하여 이를 기반으로 작성하였다. 한편, 식품의약품안전처에서는 "의약품 등 밸리데이션 실시에 관한 규정(식약처 고시 제2014-181호, 2014.11.10.)", "의약품 등 분석법의 밸리데이션에 대한 가이드라인 해설서(2015. 12.), 대한민국약전 등에서 관련 내용을 설명 및 반영하고 있다.

- 공인된 기준물질(certified reference material): 결과값(공인값)이 제공되는 표본으로 분석의 정확도 확인에 사용
- 바탕시료(blank sample): 분석값의 바탕값 보정 및 오염확인을 위한 시료
- 매트릭스(matrix): 시료에서 분석물질을 제외한 나머지
- 소량첨가(spike): 시료에 대한 감응값을 교정 곡선과 비교하기 위해 첨가하는 양을 알고 있는 분석물질

3. 분석방법의 검증지침

3-1. 특이성(Specificity)/선택성(Selectivity)

특이성은 불순물, 배합성분 등 혼합물 중 분석대상 물질을 선택적으로 정확하게 측정할 수 있는 능력을 말하고, 식별하고자 하는 성분의 선택성으로 표현한다. 예를 들어 크로마토그래피에서는 가장 근접한 성분간의 체류시간(retention time) 비율로 나타낸다.

3-1-1. 확인시험(identification)

유사한 화합물과의 혼합물 중 분석대상물질을 선택적으로 얻어내는 실험으로 분석대상물질을 함유한 검체에서는 양성, 분석대상물질을 포함하지 않은 검체에서는 음성 반응을 얻음으로써 확인할 수 있다.

3-1-2. 순도시험(purity test)/정량시험(assay test)

분석절차를 통해 불순물, 잔류용매를 포함한 모든 성분(순도시험)/대상물질(정량시험)의 농도를 측정한다.

3-2. 작동범위(Working range)

시험방법이 적용될 수 있는 범위를 정하고, 검정모델(calibration model)을 평가한다.

3-2-1. 응답(Response)[33]

3-2-1-1. 선형응답(Linear response)/직선성(Linearity)

시험방법에서 정하는 범위에서 표준시료(reference material) 및 조제한 혼합물 검체의

33) ICH의 분석방법의 검증을 위한 지침문서의 개정1에서는 직선성만을 평가하고 있으나, 개정2에서 이를 응답으로 확장하여, 비선형적 응답 및 다변수 교정에 대한 평가방법을 제안하고 있다.

농도에 대한 측정응답이 직선적으로 얻어지는가를 통계적방법으로 평가한다. 범위 내 최소 5개의 농도를 권장하고, 최소제곱법(Method of least squares) 등의 방법으로 상관계수(correlation coefficient), y-절편, 잔차제곱의 합(residual sum of square)을 제시한다. 표준화잔차(standized residuel)이 0에 대해 고르게 분포하는가, 결정계수(R^2, coefficient of determination)이 1에 근접하는가를 통해 직선성을 평가한다. 직선성을 얻기 위해서 로그나 제곱근 등 측정값의 변환 혹은 가중치 인자를 적용할 수도 있다.

3-2-1-2. 비선형응답(Non-linear response)

어떤 분석절차에서는 비선형 반응이 나타나며 이때는 검정모델(일반적으로 4-5개의 매개변수 포함)의 유용성을 비선형 회귀분석(예를 들어 결정 계수)을 통해 평가한다.

3-2-1-3. 다변수 교정(Multivariate calibration)

여러 변수를 포함하는 검정모델이 사용될 수 있으며 결정 계수와 같은 예측결과 외에 분석의 오차가 교정 범위에 따라 어떻게 변화하는지에 대한 정보가 포함되어야 한다.

3-2-2. 범위한계검정(Validation of lower range limits)

시험방법의 검출한계(DL, Detection limit)와 정량한계(QL, Quantitation limit)를 정한다[34].

3-2-2-1. 신호 대 잡음(signal-to-noise)에 근거하는 방법

바탕선에 잡음이 있는 경우, 기지의 저농도 분석대상물질을 함유하는 검체와 공시험(blank test) 혹은 적절한 기초선(baseline) 영역의 신호를 비교하여 신호 대 잡음비를 구한다. DL과 QL은 신호 대 잡음 비율이 각각 3:1, 10:1에서 산출되는 것이 적당하다.

3-2-2-2. 선형응답에서 검량선에 근거한 방법

검량선이 선형적으로 표현되는 경우 다음과 같은 식에서 범위의 한계를 계산할 수 있다.

$$DL = \frac{3.3\sigma}{S}$$

34) 개정1에서는 시각적 평가에 근거한 방법(시각적으로 구별이 가능한 수준의 피크 크기 판단 등)도 제안하고 있으나 개정2에서는 삭제되었다.

$$QL = \frac{10\sigma}{S}$$

여기서 σ는 응답크기의 표준편차이고, S는 검량선(calibration curve)의 기울기이다. σ는 검체 및/혹은 잡음의 응답에 대한 값으로 ① 다수의 공시험(혹은 일정 범위의 기초선)의 응답의 표준편차, ② 검출한계에 근접한 분석대상물질을 함유하는 검체에 대한 응답으로부터 작성된 검량선으로부터 회귀직선(regression line) 잔차의 표준편차(residual standard deviation), ③ 상기 회귀직선을 반복시험으로부터 다수 얻어 이들의 y-절편의 표준편차를 사용할 수 있다.

3-3. 정확성(Accuracy)

정확성은 측정값이 참값에 얼마나 근접하는가를 나타내며 정밀도, 작동 범위 내 반응, 특이성이 확립된 후 유추할 수 있다. 규정된 범위를 포함하여 최소한 3개의 농도에서 시험방법의 전체과정을 3회 이상씩 반복 측정한다. 평균 정확성 백분율 혹은 신뢰구간과 해당구간에서의 평균값과 허용되는 참값의 차이로 평가한다. 불순물 시험의 경우 주성분에 대한 불순물의 비율(중량비 혹은 응답면적)을 제시하고, 다변수 분석에서는 평균제곱근 편차(RMSEP, root mean-squared error of prediction)를 사용하여 개별 변수에 대한 모델의 정확성을 평가한다.

3-3-1. 표준물질과의 비교

표준시료와 같이 농도(순도)를 알고 있는 검체에 대해 검증하고자 하는 시험방법을 적용한다.

3-3-2. 스파이킹 실험(Spiking study)

시료에 표준시료를 첨가하여 얻은 분석결과를 원래 시료의 분석결과와 비교하여 해당 물질이 포함되어 있는가를 판단할 수 있다. 첨가하는 표준시료의 양으로부터 해당 물질의 분석 정확성을 평가한다.

3-3-3. 교차절차비교(Orthogonal procedure comparison)

정확성이 알려진 기존 시험방법을 통해 검증하고자 하는 시험방법의 정확성을 평가한다.

3-4. 정밀성(Precision)

정밀성은 시험방법을 여러 번 수행하였을 때 각 측정값 사이의 근접성을 말한다. 분산, 표준편차, 변동계수, 신뢰구간을 제시하고, 다변수 분석에서는 평균제곱근 편차를 추가적으로 제시한다. 정밀성은 하기 항목 전체에 대한 검증을 필요로 한다.

3-4-1. 반복성(병행정밀성, Repeatability)

규정된 범위를 포함한 농도에 대해 최소한 3개의 농도를 각 3회 이상 반복(시험방법의 전조작)하거나 시험농도의 100%의 농도로 6회 이상 반복하여 측정한다. 이 횟수 기준은 아래의 모든 항목에 적용된다.

3-4-2. 실험실 내 정밀성(Intermediate precision)

시험일, 시험자, 실험실의 상태, 실험기기의 변동에 따른 차이를 평가한다. 각각의 요인에 대해 독립적인 시험을 모두 수행할 필요는 없다. 통상적으로 동일한 시험일(intra-day)에 대한 반복을 서로 다른 시험일(inter-day)에 대해서 평가한다.

3-4-3. 실험실 간 정밀성(재현성, Reproducibility)

서로 다른 실험실에서 수행한 시험방법의 결과를 비교한다. 통상적으로 분석방법을 적용하기 위한 목적에서는 생략되나 분석절차의 표준화에 있어서는 필수적으로 요구된다.

3.5. 기타: 완건성(Robustness), 시료 적합성(Sample suitability assessment), 시스템 적합성(System suitability test)

완건성은 의도적으로 분석조건에 변동을 주었을 때, 분석에 대한 신뢰성을 말하고, 시료나 시스템 적합성은 시험방법에 적합한 시료, 시료 준비 방법, 분석기기, 분석기기의 조작방법을 규정한다. 시험방법의 목적에 따라 다양한 조건이 고려될 수 있다.

4. 참고문헌

1) Validation of analytic procedures: text and methodology Q2(R1), ICH(2005.11).
2) Validation of analytic procedures Q2(R2), ICH(2022.3).
3) 의약품 등 시험방법 밸리데이션 가이드라인 해설서, 식품의약품 안전평가원(2015. 12).
4) Daniel C. Harris, *Harris 분석화학*, 10판, 자유아카데미(2021).

부록 4
자외선-가시광선 분광광도계 사용법

1. 목 적

유기물 및 무기물은 전자 전이에 기반하여 물질 고유의 파장의 빛을 흡수한다. 따라서, 물질의 빛 흡수는 물질의 농도를 정확하고 빠르게 측정하는 데 이용될 수 있으며, 그 고유한 흡수 특성(흡수 파장)을 이용해 물질을 분석할 수도 있다. 본 부록을 통해 자외선-가시광선 분광광도계의 원리와 사용법을 익히고, 흡광도를 측정하는 방법을 이해하고자 한다.

2. 이 론

2-1. 흡광도와 Beer-Lambert 법칙

원자나 분자 등의 물질의 에너지 준위는 양자화되어 있어, 물질은 에너지 준위의 차이에 해당하는 파장의 복사선을 흡수할 수 있다. 따라서 물질마다 고유한 파장의 빛의 흡수가 발생한다. 이러한 특정 파장(또는 주파수)에 따른 물질의 복사선 흡수를 나타내는 스펙트럼(spectrum)을 흡수 스펙트럼(absorption spectrum)이라고 한다. 보통 물질의 자외선과 가시광선 영역에서 흡수는 분자 또는 원자 내의 전자 에너지 상태의 전이와 관계가 있고, 적외선 영역에서는 원자 간의 진동 또는 분자의 회전운동 에너지의 전이와 관계가 있다.

원자나 분자가 한 에너지 상태에서 복사선을 흡수하여 다른 에너지 상태로 전이할 때 복사선의 주파수(ν) 또는 파장(λ)은 에너지 준위 사이의 차이(ΔE)와 다음의 관계가 있다.

$$\Delta E = E_2 - E_1 = h\nu = \frac{hc}{\lambda} \tag{1}$$

여기서 c는 광속(3.0×10^8 m·s^{-1}), h는 Plank 상수(6.626×10^{-34} J·s)이다. 따라서 흡수 파장의 측정으로 원자나 분자의 내부 에너지 준위의 차이를 분석할 수 있다.

많은 경우 용매에 시료(sample)를 용해시켜 낮은 농도의 용액의 흡광 스펙트럼을 측정한다. 흡광도는 용질의 농도에 비례하며, Beer-Lambert 법칙을 이용해 시료(용질)의 농도를 정량적으로 분석할 수 있다.

$$A = \log\frac{1}{T} = \log\frac{I_0}{I} = -\log T = \epsilon b C \tag{2}$$

$$T = \frac{I}{I_0} = e^{-\epsilon bC} \tag{3}$$

여기서, T : 투광도

A : 흡광도

ϵ : 몰 흡광계수($M^{-1} \cdot cm^{-1}$)

b : 투과거리(빛이 지나가는 큐벳의 길이, cm)

C : 시료의 농도(M)

I_0 : 입사광의 세기

I : 투과광의 세기

2-2. Double beam UV-VIS 분광광도계

자외선-가시광선 분광광도계(UV-VIS spectrophotometer)는 광원이 발산하는 빛살(light beam)을 그대로 활용하는 single beam 타입과 빛살을 두 개로 나누어 사용하는 double beam 타입으로 구분된다. 각 광도계의 단색화장치(monochromator) 및 검출기(photodetector) 또한 다르게 구성되므로 각각 활용도 면에서 장단점이 있다.

Single beam 타입의 UV-VIS 분광광도계는 diffraction grating에 의해 파장 띠(band)로 펼쳐진 빛살을 시료에 투과시킨 후 photodiode array (PDA) 검출기로 한 번에 모든 파장 영역의 빛을 측정한다. 따라서, 매우 짧은 시간에 흡수 스펙트럼을 얻을 수 있다는 장점이 있으나, 시간에 따른 광원의 불안정성을 보정할 수 없다는 단점을 가지고 있다. 이에 반해 double beam 타입 분광광도계는 빛살을 두 개로 나누어 sample과 reference에 각각 투과시켜 동시에 측정하는데, grating을 회전시켜 한 번에 한 파장의 빛만 slit으로 통과시켜 photomultiplier tube (PMT) 검출기를 통해 흡광을 측정한다. 하나의 파장에서의 흡광도를 측정하므로 스펙트럼 측정에는 상대적으로 더 긴 시간이 소요되나, PMT는 PDA보다 검출 감도가 우수하고 reference beam을 항상 측정하므로 안정된 흡광을 측정할 수 있다는 장점이 있다.

본 부록에서는 두 가지 중 보급이 더 많이 되어 있는 double beam UV-VIS 분광광도계를 기준으로 사용법을 구성하였다. 작성에 참고한 장비는 SCINCO 사의 Mega-900이며, 사용법은 제조사의 승인하에 측정 소프트웨어(LabPro Scan)를 예시로 용액 시료의 흡광 분석 과정을 설명한다.

3. 시약 및 기구

1) 기구 : UV-VIS 분광광도계(UV-VIS Spectrophotometer), 큐벳
2) 시약 : 측정 시료, 용매

4. 실험방법

4-1. 측정 옵션 및 큐벳의 선택

1) Double beam 타입의 분광광도계는 시료 또는 큐벳을 거치하는 sample cell holder 부분이 아래 그림 1 왼쪽과 같이 reference 부와 sample 부로 구분되어 거치하게 되어 있다.

그림 1. Sample cell holder (좌: Double beam type, 우: Single beam type).

2) 제조사마다 차이는 있으나 측정 소프트웨어는 몇 가지 측정 방식을 제공하며, 보통 1) 흡수 스펙트럼 측정 2) 특정 파장 흡광도 측정 3) 정량분석 4) 시간적 흡광 변화 측정(kinetic mode) 등의 측정법이 대표적이다. 이 중 '정량분석' 모드는 Beer-Lambert 이론에 근거한 검량선 측정으로 시료의 흡광을 농도로 자동으로 변환하는 것이며, '시간적 흡광 변화 측정' 모드는 시간에 따라 농도의 변화를 추적하는 것으로 '특정 파장 흡광도 측정'이나 '흡수 스펙트럼 측정'에 기반한 파생 실험법이다. 따라서 본 사용법에서는 '흡수 스펙트럼 측정'과 '특정 파장 흡광도 분석'을 중심으로 설명한다.
3) 용액 시료는 큐벳(cuvette)에 담아 측정하는데, 용매와 측정 파장 영역에 따라 적절한 큐벳을 결정한다. 가장 기본적인 큐벳은 1 cm의 투과 길이와 4 mL 용량의 큐벳이다. 재질에 따라 사용할 수 있는 용매와 자체 흡수 때문에 측정 파장 영역이 제한된다.

석영(quartz) 재질의 다회용 큐벳은 대부분의 용매와 자외선부터 가시광선 파장 영역 모두에서 사용할 수 있다. 합성 유리 큐벳은 짧은 자외선 일부 영역의 측정이 어렵다. 일회용 큐벳의 경우 유기 용매의 사용이 어렵고 재질의 자체 흡수 때문에 사용할 수 있는 파장 영역에 제한이 있으나, 생물 시료처럼 오염의 우려가 있는 시료의 측정에 사용된다. (PS(polystyrene): 340~800 nm, PMMA(polymethyl methacrylate): 300~800 nm) 또한, 시료의 허용 부피에 따라 macro(4 mL), semi-micro(1.5~2.5 mL), micro 등으로 구분하기도 한다.

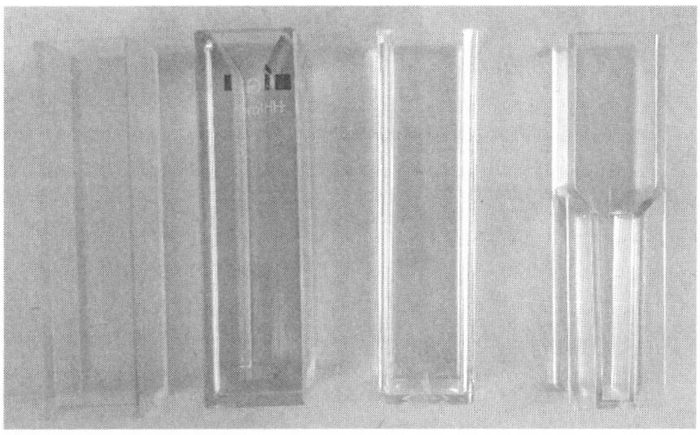

그림 2. Cuvette의 종류.

4-2. 흡수 스펙트럼 측정

- UV-VIS 분광광도계의 가장 일반적인 활용은 용액 시료의 흡수 스펙트럼 분석이다. 많은 유기물과 무기물이 자외선-가시광선 영역에서 고유한 흡수 특성을 가지기 때문에, 시료의 흡수 파장 영역을 확인하여 물질의 종류를 구별하는 기초적인 정성적인 분석에 활용된다. 또한, 시료의 정량분석을 위한 몰흡광계수 도출하기 위한 최대 흡수 파장의 확인에 활용할 수 있다.
  1) 시료를 용매에 용해하여 용액을 제조하고, 사용한 용매를 함께 준비한다.
  2) 시료의 부피, 용매, 측정 파장을 고려하여 큐벳을 준비한다.
  3) PC와 UV-VIS 분광광도계의 전원을 작동하고 큐벳 홀더가 비어있는지 확인한다.
  4) 분광광도계 소프트웨어를 실행하고, 기기가 초기화될 때까지 기다린다.
  5) 일반적으로 광원이 안정화되는 시간이 필요해 장비의 전원을 공급하고 20분 이상 기다리는 것이 좋다.
  6) 흡수 스펙트럼(absorption spectrum) 측정을 위해서 소프트웨어에서 제공하는 여러 측정 모드 중 가장 일반적인 'Spectrum scan' 등의 스펙트럼 분석 모드를 선

택해 실행한다.

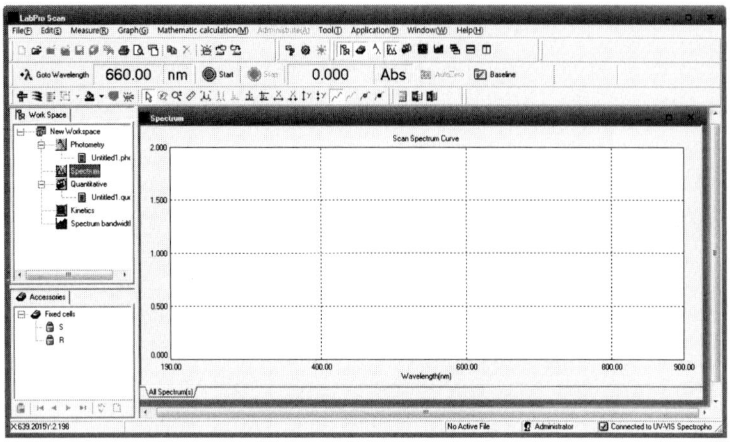

그림 3. 흡수 스펙트럼 측정 모드.

7) 측정 조건(Measurement parameters)을 선택한다. 보통 아래 그림처럼 측정모드(Absorbance, Transmittance 등), 측정 속도(Scanning speed), 측정 파장 간격(Scanning interval), 측정 파장 영역(Wavelength range) 등의 측정 조건을 선택할 수 있다.

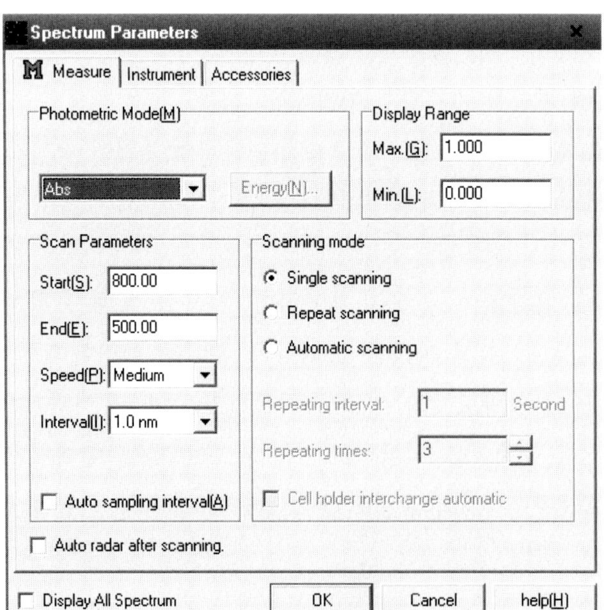

그림 4. 측정 조건 설정.

8) 필요할 경우 소프트웨어에서 zero point를 맞춘다.

9) 용매를 큐벳에 넣고 대조구 보정(blank 또는 baseline)을 하여 측정파장 영역에서 용매의 흡수를 보정한다.

10) 다회용 큐벳의 사용 시에는 큐벳을 세척하여 시료 용액을 넣고 시료(Sample)의 흡광 스펙트럼을 측정한다.

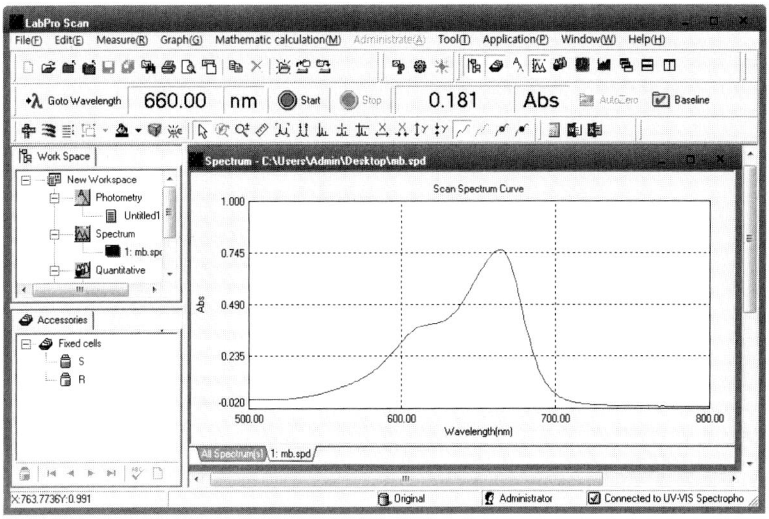

그림 5. **흡수 스펙트럼의 예.**

11) 시료에서 특별한 흡수 봉우리(peak)의 파장을 확인해 시료의 흡수 특성의 분석에 사용하며, 필요 시 해당 파장에서 흡광도를 확인해 흡광계수 결정에 사용한다.

12) 큐벳을 세척한 후 다른 시료 용액을 넣어 상기 과정을 반복하여 시료(Sample)의 흡광 스펙트럼을 측정한다.

13) 측정이 끝난 스펙트럼을 저장하고, 필요하면 csv, xls 등의 데이터 포맷으로 export 한다.

14) 측정이 완료되면 소프트웨어를 종료하고 기기의 전원을 종료한다.

주의사항

1. 제조사마다 보장하는 최대 흡광도는 다르나, 관찰하고자 하는 흡수 밴드의 흡광도가 1 전후가 되도록 농도를 조절해 측정하는 것이 좋다.

4-3. 특정 파장 흡광도 측정 또는 정량 분석

- 특정 파장의 흡광도를 측정해, 검량선 및 몰흡광계수를 이용해 시료의 농도를 분석하는 정량분석이 가능하다. 대부분의 장비 소프트웨어는 해당 기능을 제공한다.
  1) 상기 4.1 절의 초기 준비 과정 (1~5)을 참고해 장비와 시료를 준비한다.
  2) 흡광도 측정 및 정량분석을 위해서 소프트웨어에서 제공하는, 'Photometry' 또는 'Quantification' 등의 흡광도 분석 모드를 선택해 실행한다.

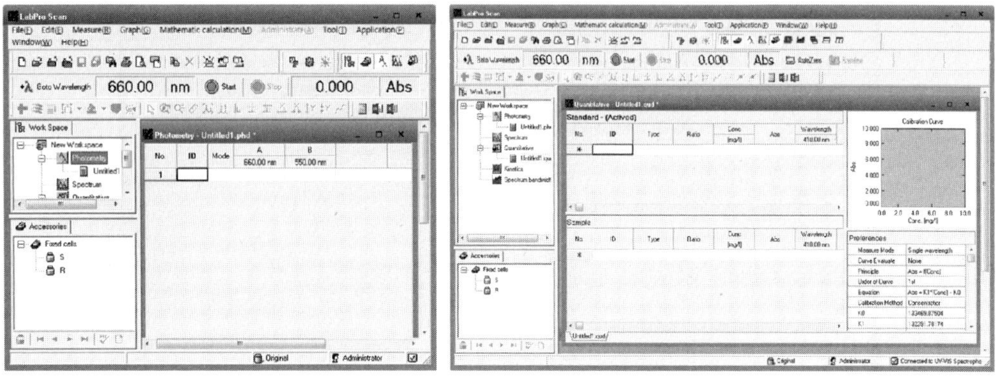

그림 6. 흡광도 측정 모드(좌) 및 정량분석 모드(우).

3) 측정 조건(Measurement parameters)을 선택한다. 보통 아래 그림처럼 파장 측정 유형(Measurement method), 측정 파장을 선택하며, 정량분석 기능의 사용 시에는 농도 단위, 검량 함수 차수 등의 검량선 결정 조건을 선택할 수 있다.

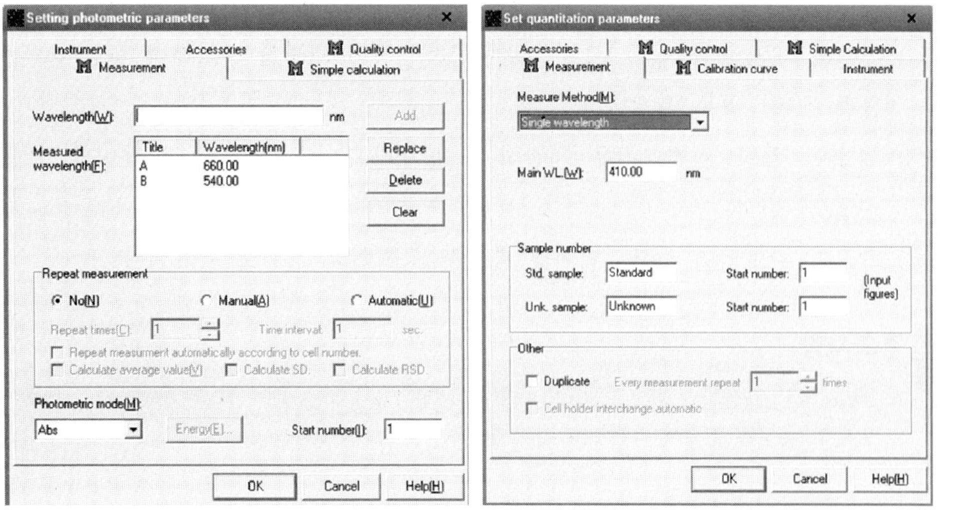

그림 7. 측정 조건 설정: 흡광도 측정 모드(좌) 및 정량분석 모드(우).

4) 필요할 경우 소프트웨어에서 zero point를 맞춘다.
5) 용매를 큐벳에 넣고 대조구 보정(blank 또는 baseline)을 하여 측정 파장 영역에서 용매의 흡수를 보정한다.
6) 다회용 큐벳의 사용 시에는 큐벳을 세척하여 시료 용액을 넣고 해당 파장에서 시료 (Sample)의 흡광도를 측정한다.
7) 표준용액의 흡광도 측정을 위해 검량선을 작성할 경우는 다양한 농도의 표준용액의 흡광도를 같은 파장에서 측정한다. 소프트웨어의 정량분석 기능 사용 시 시료의 농도를 계산해 제공한다.
8) 측정이 끝난 데이터를 저장하고, 필요하면 csv, xls 등의 데이터 포맷으로 export 한다.
9) 측정이 완료되면 소프트웨어를 종료하고 기기의 전원을 종료한다.

주의사항

1. 검량선을 얻을 때는 측정 농도 범위에서 흡광도가 0.4~0.7 되도록 희석해 선형성을 확보하는 것이 좋다.

5. 참고문헌

1) Mega-900 UV-Vis Spectrophotometer Instruction Manual, SCINCO CO., LTD (2016).
2) LabPro Scan software (Ver. 6.1.0), SCINCO CO., LTD.

화학공학기초실험

인쇄일	2023년 2월 22일
발행일	2023년 2월 28일
저 자	이윤우, 나현빈, 강종헌, 김경민, 박용일, 양지웅, 원용선, 이광복, 이홍식
발행인	류승호
발행처	**사단법인 한국화학공학회** 서울특별시 성북구 안암로 119 한국화학회관 5층 전화 (02) 458-3078~9 http://www.kiche.or.kr
인쇄처	㈜한림원 서울특별시 중구 오장동 206-3 넥서스타워 1202호 전화 (02) 2273-4201(대표) 팩스 (02) 2179-9083 http://www.hanrimwon.com

ISBN 978-89-950005-9-5(93570)